单片机系统设计与仿真

——基于 Proteus

肖　婧　编著

北京航空航天大学出版社

内容简介

本书介绍了5大类共12个功能各异且非常实用的单片机控制系统的设计方法及过程，读者既能学习到单片机系统进行仿真设计的全部过程及基本方法，同时也可以掌握常用控制器件的应用知识。

本书内容丰富、通俗、实用，适合于有一定基础的单片机初学者的自学及实践，可用作高等院校学生的教材，也可用作相关科研人员、培训人员的参考资料。

图书在版编目(CIP)数据

单片机系统设计与仿真 ：基于 Proteus / 肖婧编著.
-- 北京 ：北京航空航天大学出版社，2010.8
ISBN 978-7-5124-0159-4

Ⅰ. ①单… Ⅱ. ①肖… Ⅲ. ①单片微型计算机－系统设计－应用软件，
Proteus②单片微型计算机－系统仿真－应用软件，
Proteus Ⅳ. ①TP368

中国版本图书馆 CIP 数据核字(2010)第139013号

单片机系统设计与仿真
——基于 Proteus
肖 婧 编 著
责任编辑 董立娟
*
北京航空航天大学出版社出版发行
北京市海淀区学院路37号(邮编：100191) http://www.buaapress.com.cn
发行部电话：(010)82317024 传真：(010)82328026
读者信箱：emsbook@gmail.com 邮购电话：(010)82316936
北京市松源印刷有限公司印装 各地书店经销
*
开本：787 mm×960 mm 1/16 印张：16.75 字数：375千字
2010年8月第1版 2010年8月第1次印刷 印数：4 000册
ISBN 978-7-5124-0159-4 定价：32.00元

前　言

单片机也被称作“微控制器”、“嵌入式微控制器”、“单片微控制器”。它不是完成某一个逻辑功能的芯片，而是把一个计算机系统集成到一个芯片上。从1974年世界上第一台单片微型计算机诞生至今，虽然仅历经30多年的发展历程，但如今单片机已在生产生活的多个领域得到了广泛的应用。那么，单片机系统设计究竟是怎样进行的，初学者又能否快速掌握这一技术呢?

本书就是在这样的背景之下应运而生的。它从单片机系统设计的相关知识入手，结合12个从实际生活中模拟到的单片机应用系统的具体设计，引导读者由浅入深地学习与掌握单片机系统设计的方法；同时，也可为今后进行更为复杂系统的设计打下良好的基础。

在章节划分上，本书主要分为4章。第1章介绍了单片机系统设计的内涵，其中包括了单片机系统设计前的知识储备以及系统设计的过程分析等。第2章介绍了单片机系统设计的工具，其中主要介绍了Proteus仿真软件的使用方法以及单片机C语言编程的方法。第3章为单片机系统设计初体验。此章由理论到实际，结合一个简单的单片机系统，介绍了初学单片机系统仿真设计的实际过程。第4章为单片机系统设计的实战章节。此章从显示、温度控制、电机控制、声音控制、通信控制5个方面详细介绍了12个功能各异、有一定实际应用价值的单片机应用系统的具体设计过程。这12个应用系统包括4方向实用交通控制系统、基于点阵LED显示屏的实时电子万年历显示器、LCD奥运宣传牌设计、多路智能温度测控系统、模拟自动恒温控制系统、模拟电梯显示控制系统、智能电机转速控制显示系统、多功能音乐播放器、智能防盗密码锁报警系统、基于单片机的红外遥控系统、双机串行通信系统、基于单片机的简易智能信号源发生器等。同时，本书还将设计中涉及的相关器件使用原理进行了一定的介绍。此外，在附录中还为读者提供了多个可自学体验的系统设计题目、PCB布线的实用方法等相关应用资料。

本书在编写的过程中，得到了湖南商学院领导和有关同志的支持和帮助，在此对他们表示衷心的感谢。

由于编者时间仓促，水平有限，书中必有疏漏及错误之处，敬请读者批评指正。

有兴趣的读者可以发送电子邮件到：jx882003@yahoo.com.cn，与作者进一步交流；也可以发送电子邮件到：xdhydcd5@sina.com，与本书策划编辑进行交流。

编　者

2010年4月

目　录

第 1 章　单片机系统设计的内涵 …… 1
1.1　概　述 …… 1
1.2　单片机系统设计前的准备工作 …… 1
1.2.1　设计前的知识储备 …… 1
1.2.2　学会分析任务及总结经验 …… 2
1.3　单片机系统设计的过程 …… 3
1.4　软件程序编写规范 …… 5
1.5　单片机控制板的设计原则 …… 9
1.6　本章小结 …… 10
第 2 章　单片机系统设计工具介绍 …… 11
2.1　单片机设计仿真所需软件 …… 11
2.2　Proteus 仿真软件 …… 12
2.2.1　软件功能 …… 12
2.2.2　Proteus ISIS 界面使用方法 …… 12
2.2.3　学会绘制原理图 …… 20
2.3　单片机 C 语言编程方法 …… 24
2.3.1　C 程序优化 …… 24
2.3.2　在 C51 中变量空间的分配方法 …… 29
2.3.3　Keil C51 编译错误总结 …… 30
2.4　本章小结 …… 31
第 3 章　单片机系统设计初体验 …… 32
3.1　设计任务要求与分析 …… 32
3.2　硬件设计 …… 32
3.2.1　硬件分析 …… 32
3.2.2　绘制原理图 …… 33

3.3　软件设计…………………………………………………………………………………… 36
3.4　仿真调试…………………………………………………………………………………… 39
3.5　本章小结…………………………………………………………………………………… 40
第4章　单片机系统设计实战 ………………………………………………………………… 41
4.1　显示篇……………………………………………………………………………………… 41
4.1.1　4方向实用交通控制系统设计 ………………………………………………………… 41
4.1.2　基于点阵LED显示屏的实时电子万年历显示器设计 ………………………………… 56
4.1.3　LCD奥运宣传牌设计 …………………………………………………………………… 83
4.2　温度控制篇………………………………………………………………………………… 98
4.2.1　温度检测原理及测温元件……………………………………………………………… 98
4.2.2　多路智能温度测控系统设计 ………………………………………………………… 107
4.2.3　模拟自动恒温控制系统设计 ………………………………………………………… 113
4.3　电机控制篇 ……………………………………………………………………………… 124
4.3.1　电机控制原理 ………………………………………………………………………… 124
4.3.2　智能电机转速控制显示系统设计 …………………………………………………… 127
4.3.3　模拟电梯显示控制系统设计 ………………………………………………………… 133
4.4　声音控制篇 ……………………………………………………………………………… 141
4.4.1　声音播放原理 ………………………………………………………………………… 141
4.4.2　多功能音乐播放器设计 ……………………………………………………………… 144
4.4.3　智能防盗密码锁报警系统设计 ……………………………………………………… 169
4.5　通信控制篇 ……………………………………………………………………………… 185
4.5.1　红外通信原理 ………………………………………………………………………… 185
4.5.2　基于单片机的红外遥控系统设计 …………………………………………………… 190
4.5.3　串行通信原理 ………………………………………………………………………… 208
4.5.4　双机串行通信系统设计 ……………………………………………………………… 212
4.5.5　基于单片机的简易智能信号源发生器设计 ………………………………………… 219
4.6　本章小结 ………………………………………………………………………………… 233
附录A　自学体验推荐设计题………………………………………………………………… 234
附录B　C51中的关键字 ……………………………………………………………………… 236
附录C　PCB布线实用方法简介……………………………………………………………… 238
附录D　各种常见集成电路芯片封装外形与名称表………………………………………… 252
参考文献………………………………………………………………………………………… 261

第1章 单片机系统设计的内涵

1.1 概　述

单片机也称作“微控制器”、“嵌入式微控制器”、“单片微控制器”。它不是完成某一个逻辑功能的芯片，而是把一个计算机系统集成到一个芯片上。从 1974 年世界上第一台单片微型计算机诞生至今，虽然仅历经 30 多年的发展历程，但如今已在生产生活的多个领域得到了广泛的应用。

那么，单片机系统设计究竟是怎样进行的呢？设计的内涵是怎样的呢？下面就先从单片机系统设计前的准备工作说起。

1.2 单片机系统设计前的准备工作

在过去初学单片机时，我们基本掌握了一些有关芯片的基本结构及编程等相关知识，但这离实际的使用还有不少的差距。现今社会中，不仅仅利用单一的芯片，而是要将单片机应用到具体的系统设计之中。为了更好地实现后面的系统设计，必须在设计之前完成一定的准备工作。

1.2.1 设计前的知识储备

(1) 使用的芯片及设备知识

单片机适用于电子玩具、工业控制、民用电器、机电一体化产品、航天航海等众多领域，进行系统设计时必然要用到许多芯片以及设备器件，如单片机、显示器件、按键与键盘、电机、电源电路器件、复位及保护电路器件、编程器等。此外，单片机的开发应用还涉及硬件扩展接口和各类传感器。这些芯片器件的结构、外部连线及使用方法等知识都是系统设计前必须了解的。只有对芯片及设备的内部结构与使用方法都非常了解，才有可能做好系统的设计。当然，目前有许多的应用手册可供设计者查阅。因此，在具体应用时，也可根据实际情况去翻查手册。不过基本的应用常识应当预先学习，否则即便是查手册，也可能出现不知从何处入手的情况。

(2) 应用设计的编程语言学习

进行单片机系统设计，必须了解并熟练掌握单片机设计的编程语言，否则设计就无从谈起。目前进行设计的语言，常用的就是汇编语言与C语言。初学单片机时可学习使用汇编语言来进行设计，但学到一定程度时，就应从设计效率出发来学习使用C语言进行单片机系统设计。C语言是简洁、高效、而又最贴近硬件的高级编程语言，许多厂商在推出新的单片机产品时也纷纷配套C语言编译器。笔者建议读者在掌握汇编语言单片机编程方法的基础上，应学习与掌握单片机的C语言编程方法。之后将两种语言融汇贯通，最终实现可交叉使用来完成混合编程。

本书的设计采用的是C语言编程，还为读者介绍了一些C51单片机编程的设计经验，希望读者能有所借鉴。

(3) 设计所需的环境了解

进行系统设计时，可能用到许多设计方法及设计工具。比如利用实际的芯片，直接做成实际的硬件系统；或是利用一定的软件环境先进行模拟仿真设计，设计成功后再转化到实际的系统设计中。不论是采用何种设计方式，相关的设计环境是必须要了解的，这就包括编程环境的掌握和设计仿真软件环境的了解等。换言之，就是应当掌握设计中所用工具的使用方法。比如编程软件，C语言的编程工具可采用C专用的编程工具软件（如Franklin C51、KeilL C51等），也可采用对汇编及C语言都可适用的编程工具（如WAVE）等。设计工具可用到仿真设计软件（如Proteus），此外，还有芯片烧写器等。

1.2.2　学会分析任务及总结经验

完成设计前的知识储备之后，接下来就必须学习分析设计任务。人们见到的设计任务往往就是一些抽象的描述语言。比如要求设计一个交通控制系统，只会提到控制的交通灯数量情况如何、各种灯亮灭的时间有多久等实际系统使用时的功能实现效果要求。系统由哪些组成部分、具体应用到哪些电路元件、设计中采用何种设计的语言、设计中采用哪些软件等内容，在初始的设计任务描述中是不会也不可能出现的。因此，人们就将抽象的设计任务转变为适于设计的具体设计思路内容。

初次开发时由于没经验，可能要经过多次反复才能完成项目。每完成一次设计，就会得到较大的收获和积累，如硬件设计方面、软件设计方面以及设计经验方面的积累等。

在单片机硬件开发设计中应注意以下几个方面：

① 单片机应用开发者在学习好基本单片机系统设计的方法后，应学习应用最新单片机(MCU)进行设计。因为新型MCU在很多方面具有旧MCU所不具备的优点，因此其应用相对也会更为广泛。新型MCU的优势表现在时钟频率的进一步提高（如从6 MHz提高到33 MHz）、指令执行速度的提高（从12个机器周期到6个机器周期，甚至到1个机器周期）、处理器相关功能的提高（如增加了数学处理、模糊控制等）、内部程序存储器和数据存储器容量的

进一步扩大(ROM扩大到64 KB,RAM扩大到2 KB)、A/D和D/A转换器的内部集成、LCD显示等功能模块的内部集成以及外部扩展功能的增强等。如NXP的P89C884单片机内部有64 KB Flash(快闪存储器)、3个计数器、33 MHz时钟、6个机器周期执行一条指令、I^2C总线、ISP/IAP等。

② C语言是普及最广泛的程序设计语言,既有高级语言的各种特点,又可对硬件进行操作,并可进行结构化程序设计,用其编写的程序较容易移植。目前已有专为单片机设计的C语言编译器,如Franklin C51、Keil C51,它们可生成简捷可靠的目标代码,在代码效率和代码执行速度上完全可以和汇编媲美。

③ 扩展了RS-232等标准串口以后,单片机可和PC机通信,对于众多测控方面的人机对话、报表输出、集成控制等功能进行优势互补。如果芯片支持ISP/IAP功能,则还可以进行在线仿真和远程调试远程软件升级。例如,Dallas的1位总线、NXP的I^2C总线等接口均配有较多的专用扩展接口,接口扩展十分方便,所配软件有标准模式,也较容易编写。

④ 扩展接口的开发尽可能采用PSD、FPGA(或CPLD)等器件。这类器件都有开发平台的支持,开发难度较小,开发出的硬件性能可靠、结构紧凑、利于修改、保密性好;这也是硬件接口开发的趋势。如Altera公司生产的EPM7128S应用较广,在中国市场也容易买到;WSI推出的新型可编程的单片机外围器件PSD813F,把单片机外围电路中的许多功能模块组合在一起,为用户提供体积更小、成本更低、开发更快的解决方案。

有时开发一个单片机应用项目,在仿真调试完成后系统运行正常,而接入现场后不能正常运行或运行时好时坏,脱离现场后又一切正常,这种现象就涉及可靠性问题。解决这种问题可以从以下几个方面考虑:

- 选择性能好、抗干扰能力强的供电系统,尽量少地从电源引入干扰;
- 设计电路板时排除可能引起干扰的因素,合理布线,避免高频信号的干扰;
- 选择较好的接地方式,如模拟地和数字地采用一点接地方式,驱动大电流信号时采用光电隔离;
- 数据采集时进行数字滤波处理,常用的数字滤波方式有程序判断滤波、中位值滤波、算术平均滤波、递推平均滤波、防脉冲干扰平均值滤波和一阶滞后滤波等。

由于干扰可能是不同的原因引起,在设计时要根据项目应用场所分析可能出现的干扰,有目的地设计抗干扰电路。

1.3　单片机系统设计的过程

掌握了系统设计所必须采用的基本器件使用方法之后,将一同来了解单片机系统设计的基本过程,如图1.3.1所示。

1. 确定设计方案

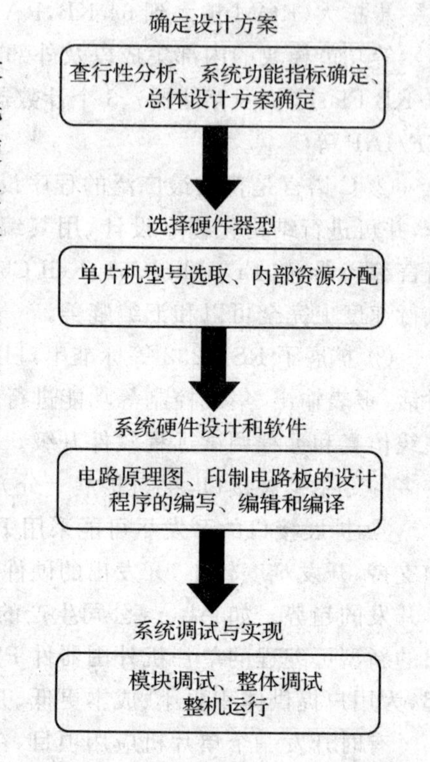

图 1.3.1 单片机系统设计过程示意图

无论是怎样的设计，功能复杂或是功能简单，确定设计方案是设计前必须进行的第一项工作。设计者应首先对设计的可行性进行分析，即分析设计所需的知识面、硬件/软件功能的实现难易程度等是否在设计者的可承受范围之内，还有就是设计时所需的设计条件是否都已齐备等。

当确认设计的可行性之后，就应分析系统实现的整体功能以及相关性能指标。有一些测控系统实现的功能可能有许多种，设计时必须确定这一次设计时具体应实现哪几项功能。同时，在确认实现功能时，就必须确定相应的性能指标。比如显示达到几位，精度达到多少，检测对象是什么，检测误差范围怎样等。

之后就可根据系统实现的功能，结合自身的技术条件以及经济条件等确定具体设计方案。设计方案中应包括设计时所要实现各项功能对应的设计思路，设计者在这一步骤中将抽象的设计功能任务转化为实际的、便于操作易懂的设计思路描述性语言。总体方案是整个系统实现的关键，若方案确定有误，那么无论后面的设计如何，整体系统的设计功能都不可能达到最初的设计要求。因此，设计方案在分析时务必详尽、具体。

2. 选择硬件类型

确定了总体设计方案后，应选择合适的硬件类型。这主要是选择合适的单片机型号，同时确定单片机内部资源的总体分配情况。此外，单片机的一些基本外围电路也应一并确定，比如晶振电路、复位电路、电源电路等。

目前，单片机种类繁多，型号也是五花八门。选用时应从设计方案的角度出发，选择适合自身设计、同时经济成本又不是太高的型号为宜。当然，如果设计对于运行速度、封装外形、今后扩展等方面有特别的要求，同时对于成本方面又没有特别的考量，那么设计者就可考虑选用一些目前性能很不错但价格相对较高的单片机型号。

3. 系统硬件和软件的设计

对系统进行具体设计是单片机系统设计的核心步骤，包括硬件设计和软件设计两个方面。硬件设计主要包括设计电路原理图、设计印制电路板(PCB)或用万用板直接焊出实验板等操作工序。软件设计则主要是根据硬件电路原理图，结合设计的功能要求进行软件程序的编写、编辑和编译，并最终将程序写入单片机中。

在硬件设计中，电路原理图的设计是基础也是关键。在这一设计环节中，必须根据设计的功能要求，结合使用的单片机型号，合理选用各种硬件电路元器件。然后，根据各器件的控制应用基础知识进行线路的连接。绘制电路原理图时，除了考虑系统设计实现的功能外，还必须考虑电气规则以及今后实际硬件工作时是否会有干扰等问题。

在软件设计时，设计者先选择好设计的编程语言种类，如采用C语言或汇编语言等，然后选择一个相应的编程工具软件。此后，设计者应根据设计功能要求以及单片机内部资源的分配情况，先列出程序设计的思路并画出程序实现的基本流程框图。然后，再根据具体绘制好的硬件电路原理图，结合各器件引脚控制的电平信号特点来进行具体程序的编写。编写程序时，应为今后的调试有所考虑，如写详细的注释等。

4. 系统调试与实现

在前面的设计环节都完成之后，接下来就是系统的调试与运行实现阶段了。

在系统调试中，一般先对硬件及软件进行分模块的调试，然后再进行系统的整体调试。在分模块调试中，对于硬件，主要看硬件电路整体连线情况、电路供电情况以及信号的输入与输出是否都在设计的指标要求范围之内；对于软件，主要看主程序以及各子程序的各条语句是否存在语法输入错误、实现功能上是否符合设计流程的要求、程序运行时是否能按照要求进行、是否存在不能正常启停程序等问题。

各模块均调试完成后，会把程序写入单片机中，然后组装连接各硬件模块，看系统通电运行后的各模块配合情况以及整体实现功能。有时会发现模块分开调试时都很正常，但组装起来整体调试就会出现各种不同的问题。其实，这往往就是在设计电路原理图以及印制电路板时缺乏经验，或考虑欠缺导致的。出现问题后，应先分析问题出现的状态，看其是出在什么环节上。一般情况下按照先查找软件问题再查找硬件问题的顺序去查找问题出现的原因。这是因为相对而言，软件问题不需要对整体设计进行调整，设计调整难度相对小很多。当软件修改仍不能解决问题时，就只能考虑根据电路原理图去查找硬件方面的问题了。

当所有故障、设计障碍等均被排除之后，应再将程序通过编程器烧写固化到单片机中，并将系统放置到最终的使用现场进行实际运行且工作一段时间。当系统能够稳定地完成设计所有的功能时，就可认定系统已达到设计的各项要求了。

1.4　软件程序编写规范

随着社会的进步，系统设计功能不断增强，相应的软件程序代码也就越来越复杂，源文件也越来越多。对于设计开发者而言，除了保证程序运行的正确性和提高代码的运行效率外，规范风格的程序编码会对软件的升级、修改、维护带来极大的方便，也能保证程序员不陷入“代码泥潭”中无法自拔。设计一个成熟的软件产品或是程序文件，除了有详细丰富的设计文档之外，必须在编写代码时就有条不紊，细致严谨。

本书总结了11条编码规范，包含了程序排版、注释、命名、可读性、变量、程序效率、质量保证、代码编译、代码测试和版本控制等内容，希望读者能从中掌握到编写软件程序时的一些基本规则。

(1) 排　版

关键词和操作符之间加适当的空格。在相对独立的程序块与块之间加空行。

较长的语句、表达式等要分成多行书写。划分出的新行要进行适当的缩进，使排版整齐，语句可读。长表达式要在低优先级操作符处划分新行，操作符放在新行之首。循环、判断等语句中若有较长的表达式或语句，则要进行适应的划分。若函数或过程中的参数较长，则也要进行适当的划分。

不允许把多个短语句写在一行中，即一行只写一条语句。函数或过程的开始、结构的定义及循环、判断等语句中的代码都要采用缩进风格。

C/C＋＋语言是用大括号"{"和"}"界定一段程序块的，编写程序块时"{"和"}"应各独占一行并且位于同一列，同时与引用它们的语句左对齐。在函数体的开始、类的定义、结构的定义、枚举的定义以及if、for、do、while、switch、case语句中的程序都要采用如上的缩进方式。

(2) 注　释

注释要简单明了。边写代码边写注释，修改代码同时修改相应的注释，以保证注释与代码的一致性。要在必要的地方注释，注释量要适中。注释的内容要清楚、明了，含义准确，防止注释二义性。保持注释与其描述的代码相邻，即注释的就近原则。

对代码的注释应放在其上方相邻位置，不可放在下面。对数据结构的注释应放在其上方相邻位置，不可放在下面；对结构中每个域的注释应放在此域的右方；同一结构中不同域的注释要对齐。

变量、常量的注释应放在其上方相邻位置或右方。全局变量要有较详细的注释，包括对其功能、取值范围、哪些函数或过程存取它以及存取时注意事项等的说明。

在每个源文件的头部要有必要的注释信息，包括文件名、版本号、作者、生成日期、模块功能描述(如功能、主要算法、内部各部分之间的关系、该文件与其他文件关系等)、主要函数或过程清单及本文件历史修改记录等。

在每个函数或过程的前面要有必要的注释信息，包括函数或过程名称、功能描述、输入、输出及返回值说明、调用关系及被调用关系说明等。

(3) 命　名

对于较短的单词可通过去掉"元音"形成缩写；而较长的单词可取单词头几个字符的优先级，并用括号明确表达式的操作顺序，避免使用默认优先级。

(4) 可读性

首先，避免使用不易理解的数字，用有意义的标识来替代。其次，不要使用难懂的技巧性很高的语句。然后，源程序中关系较为紧密的代码应尽可能相邻。

(5) 变 量

去掉没必要的公共变量。

构造仅有一个模块或函数可以被修改或创建、而其余有关模块或函数只能被访问的公共变量，防止多个不同模块或函数都可以修改、创建同一公共变量的现象。

仔细定义并明确公共变量的含义、作用、取值范围及公共变量间的关系。明确公共变量与操作此公共变量的函数或过程的关系，如访问、修改及创建等。向公共变量传递数据时，要十分小心，防止赋予不合理的值或越界等现象发生。防止局部变量与公共变量同名。

仔细设计结构中元素的布局与排列顺序，使结构容易理解、节省占用空间，并减少引起误用现象。结构的设计要尽量考虑向前兼容和以后的版本升级，并为某些未来可能的应用保留余地(如预留一些空间等)。

留心具体语言及编译器处理不同数据类型的原则及有关细节。严禁使用未经初始化的变量。声明变量的同时对变量进行初始化。编程时，要注意数据类型的强制转换。

(6) 函数及过程

函数的规模尽量限制在 200 行以内，且一个函数最好仅完成一个功能。要为简单功能编写函数。而函数的功能应该是可以预测的，也就是只要输入数据相同就应产生同样的输出。

尽量不要编写依赖于其他函数内部实现的函数。避免设计多参数函数，不使用的参数从接口中去掉。用注释详细说明每个参数的作用、取值范围及参数间的关系。要检查函数所有参数输入的有效性以及函数所有非参数输入的有效性，如数据文件、公共变量等。

函数名应准确描述函数的功能。避免使用无意义或含义不清的动词为函数命名。

函数的返回值要清楚、明了，让使用者不容易忽视错误情况。明确函数功能，精确(而不是近似)地实现函数设计。

减少函数本身或函数间的递归调用。编写可重入函数时，若使用全局变量，则应通过关中断、信号量(即 P、V 操作)等手段对其加以保护。

(7) 可测性

编写代码之前，应预先设计好程序调试、测试的方法、手段以及各种调测开关及相应测试代码(如打印函数等)。

在进行集成测试/系统联调之前，要构造好测试环境、测试项目及测试用例，同时仔细分析并优化测试用例，以提高测试效率。

(8) 程序效率

编程时要经常注意代码的效率。在保证软件系统的正确性、稳定性、可读性及可测性的前提下，提高代码效率。但不能一味追求代码效率，而对软件的正确性、稳定性、可读性及可测性造成影响。

编程时，要随时留心代码效率；优化代码时，要考虑周全。要仔细构造或直接用汇编语言编写调用频繁或性能要求极高的函数。可考虑通过对系统数据结构划分与组织的改进，以及对程序算法的优化来提高空间效率。

尽量减少循环嵌套层次。在多重循环中，应将最忙的循环放在最内层。应避免循环体内含判断语句，并将循环语句置于判断语句的代码块之中。

尽量用乘法或其他方法代替除法，特别是浮点运算中的除法。

(9) 质量保证

在软件设计过程中必须构筑软件质量，这主要包括：

① 代码质量保证优先原则。

- 正确性，指程序要实现设计要求的功能。
- 稳定性、安全性，指程序稳定、可靠、安全。
- 可测试性，指程序要具有良好的可测试性。
- 规范/可读性，指程序书写风格、命名规则等要符合规范。
- 全局效率，指软件系统的整体效率。
- 局部效率，指某个模块/子模块/函数的本身效率。
- 个人表达方式/个人方便性，指个人编程习惯。

② 只引用属于自己的存储空间。防止引用已经释放的内存空间。过程/函数中分配的内存，在过程、函数退出之前要释放。

③ 过程/函数中申请的(为打开文件而使用的)文件句柄在过程/函数退出前要关闭。要防止内存操作越界。

④ 时刻注意表达式是否会上溢、下溢。认真处理程序所能遇到的各种出错情况。

⑤ 系统运行之初要初始化有关变量及运行环境，防止引用未经初始化的变量。另外，要对加载到系统中的数据进行一致性检查。

⑥ 严禁随意更改其他模块或系统的有关设置。也不能随意改变与其他模块的接口，必须在充分了解系统的接口之后，再使用系统提供的功能。

⑦ 要时刻注意易混淆的操作符。当编完程序后，应从头至尾检查一遍这些操作符。不使用与硬件或操作系统关系很大的语句，而使用建议的标准语句。

⑧ 使用第三方提供的软件开发工具包或控件时，首先要注意充分了解应用接口、使用环境及使用时注意事项。其次不能过分相信其正确性。另外，除非必要，否则不要使用不熟悉的第三方工具包与控件。

(10) 代码编译

编写代码时要注意随时保存并定期备份，防止由于断电、硬盘损坏等原因造成代码丢失。

同一项目组内，最好使用相同的编辑器及相同的设置选项，并统一编译开关选项。合理地设计软件系统目录，方便开发人员使用。打开编译器的所有报警开关，然后再对程序进行编译。

使用工具软件(如 Visual SourceSafe)对代码版本进行维护。

(11) 代码测试与维护

代码的单元测试要求至少达到语句覆盖,而且要跟踪每一条语句,并观察数据流及变量的变化。其次,清理、整理或优化后的代码也要经过审查及测试。当代码版本进行升级时,必须经过严格的测试方可进行使用。

1.5 单片机控制板的设计原则

(1) 元器件布局的考虑

元器件布局时,应该把相互有关的元件尽量放得近一些。例如,时钟发生器、晶振、CPU 的时钟输入端都易产生噪音,在放置的时候应该把它们靠近些。对于那些易产生噪声的器件、小电流电路、大电流电路、开关电路等,应尽量使其远离单片机的逻辑控制电路和存储电路(ROM、RAM);如有可能,则将这些电路另外制成电路板,会更加有利于抗干扰,提高电路工作时的可靠性。

(2) 去耦电容的设置

尽量在关键元件,如 ROM、RAM 等芯片旁边安装去耦电容。实际上,印制电路板走线、引脚走线和接线等都可能含有较大的电感效应。大的电感可能在 VCC 走线上引起严重的开关噪声尖峰,防止其产生的唯一方法是在 VCC 与电源地之间安放一个 0.1 μF 的去耦电容。如果电路板上使用的是表面安装零件,则可以用片状电容直接紧靠着元件,在 VCC 引脚上固定。最好是使用瓷片电容,因为这种电容有较低的静电损耗(ESL)和高频阻抗,另外这种电容在温度和时间上的介质稳定性也很不错。尽量不要使用钽电容,因为它在高频下的阻抗较高。

另外在安放去耦电容时需要注意以下几点:

① 在印制电路板的电源输入端跨接 100 μF 左右的去耦电容;如果体积允许,电容量大一些更好。

② 原则上每个集成电路芯片的旁边都需要放置一个 0.01 μF 的瓷片电容;如果电路板的空隙太小而放置不下,可以每 10 个芯片左右放置一个 1~10 μF 的钽电容。

③ 对于抗干扰能力弱的、关断时电流变化大的元件和 RAM、ROM 等存储元件,应该在电源线(VCC)和地线之间接入去耦电容。

④ 电容的引线不要太长,特别是高频旁路电容不能带引线。

(3) 接地线的处理

在这种电路中地线的种类有很多(有系统地、屏蔽地、逻辑地、模拟地等),地线布局是否合理,将决定整个电路的抗干扰能力。在设计地线和接地点的时候,应该考虑以下问题:

① 逻辑地和模拟地要分开布线,不能合用,将它们各处的地线分别与相应的电源地线相连。设计时,模拟地线应尽量加粗,而且尽可能加大引出端的接地面积。一般来讲,对于输入

输出的模拟信号，与单片机电路之间最好通过光耦进行隔离。

② 在设计逻辑电路的印制板时，其地线应构成闭环形式，可提高电路的抗干扰能力。

③ 地线应尽量粗。如果地线很细，则地线电阻将会很大，造成接地电位随电流的变化而变化，致使信号电平不稳、电路的抗干扰能力下降。在布线允许的情况下，要保证主要地线的宽度至少在 2～3 mm，元件引脚上的接地线应在 1.5 mm 左右。

④ 要注意接地点的选择。当板上信号频率低于 1 MHz 时，由于布线和元件之间的电磁感应影响很小，而接地电路形成的环流对于干扰的影响较大，所以要采用一点接地，使其不形成回路。当电路板上信号频率高于 10 MHz 时，由于布线的电感效应明显，地线阻抗变得很大，此时接地电路形成的环流就不再是主要问题了，所以应采用多点接地，尽量降低地线阻抗。

⑤ 电源线的设置除了要根据电流的大小尽量加粗线宽度外，布线时还应使电源线、地线的走线方向与数据线的走线方向一致。此外，还可用地线将电路板的底层没有走线的地方铺满，这些方法都有助于增强电路的抗干扰能力。

(4) 数据线宽度选择

数据线的宽度也应尽可能宽，以减小阻抗。至少不小于 0.3 mm，如果采用 0.46 mm 或者更大，则更为理想。

(5) 电路板过孔的处理

由于电路板的过孔会带来约 10 pF 的电容效应，对于高频电路，将会引入太多的干扰，所以在布线的时候应该注意。

1.6　本章小结

本章主要介绍了单片机系统设计的内涵、单片机系统设计前的准备工作、系统设计的过程、软件程序编写的基本规范以及单片机控制设计的原则等。通过本章的学习，读者可基本了解单片机系统设计所应包含的内容，为后面具体的系统设计方法学习打下基础。

第2章

单片机系统设计工具介绍

在了解了一些单片机系统设计的基本知识后，读者可通过本章的学习了解单片机系统设计时所需使用的一些工具以及C51编程时的有益经验。通过本章的介绍，读者可以基本掌握利用Proteus仿真设计软件进行电路原理图绘制的方法及过程。同时，还介绍了一些C51编程的经验及解错方法供读者借鉴。

2.1 单片机设计仿真所需软件

单片机系统仿真设计时，常用到的是两类软件，即仿真软件和编程软件。编程软件主要完成程序语言的编写、编辑以及编译等任务，而仿真软件则完成虚拟硬件电路的设计、测试及运行等任务。

(1) 仿真软件

进行系统设计时可能需要进行多次系统器件的修改或功能的调整，若每次都用实际的硬件电路器件来制作，无疑会耗费过多的设计成本。如果在系统设计最终方案确定前采用仿真软件来代替实际硬件电路器件，那么，一方面由于仿真软件的便捷性将使得用户可以在更短时间内确定其设计方案；同时另一方面，由于仿真设计时所需使用的硬件较少，系统设计成本将会因此减少很多。

目前，常用的单片机仿真设计软件是Proteus软件，后面的章节将对其功能以及使用方法等进行较为详细的介绍。

(2) 编程软件

无论是单片机仿真设计还是实际硬件电路设计，单片机编程都是必不可少的。编程软件是完成程序的编写、编辑、编译、调试等功能的软件。目前的编程软件种类很多，比如WAVE、Keil等，常用的是Keil软件。在这类软件中，用户可实现汇编语言或是C语言程序语句的编写，同时进行源程序的编译、调试，直到得到最终系统所需的.hex文件。

2.2　Proteus 仿真软件

Proteus 是英国 Labcenter electronics 公司研发的仿真设计工具软件，不仅可进行模拟电路、数字电路、模/数混合电路的设计与仿真，还可以进行多种单片机系统的设计与仿真。它可令使用者从原理图设计开始，到电路分析与仿真、单片机调试及仿真、系统功能测试与验证，再到形成最终的 PCB 设计图，这所有的系统设计过程都在一个软件中完成。

2.2.1　软件功能

Proteus 软件主要分为两个分立的功能软件，其一为 Proteus VSM(Virtual System Modelling)，即 Proteus 虚拟系统模拟软件；另一个为 Proteus PCB Design，即 Proteus 印制电路板设计软件。前者可实现数字电路、模拟电路及数/模混合电路的设计与仿真，特别是能实现单片机与外设混合电路系统的设计与仿真；后者则基于高性能网表的设计系统，能完成高效高质的 PCB 设计。

Proteus VSM 中又包含了几个子模块组件，有 ISIS(Intelligent Schematic Input System，智能原理图输入系统)、PROSPICE(混合模型仿真器)、微型 CPU 库、元器件和 VSM 动态器件库以及 ASF (Advanced Simulation Feature，即高级图标仿真)等。在单片机系统设计时就是利用 ISIS 实现原理图的输入以及仿真调试等基本操作的。

2.2.2　Proteus ISIS 界面使用方法

在完成 Proteus 软件的安装过程之后，电脑的开始菜单中就会出现 Proteus 程序菜单。比如本书选用的是 Proteus 7.4 版本，因此界面上出现的是 Proteus 7 Professional 程序菜单。选择 ISIS，即可进入原理图智能输入系统。进入程序过程如图 2.2.1 所示。

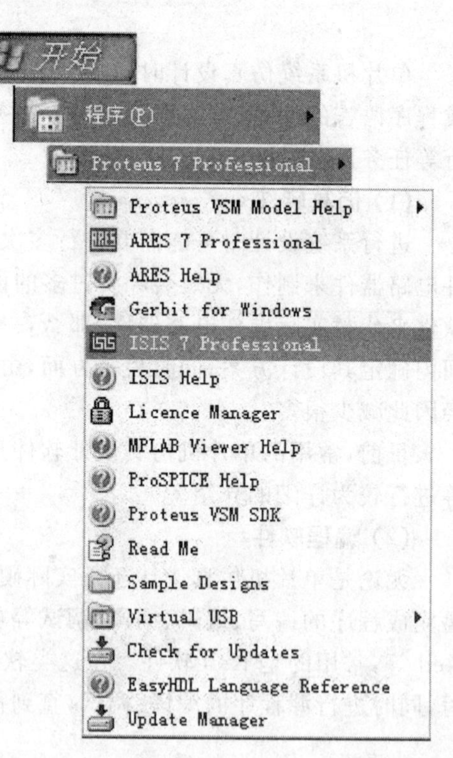

图 2.2.1　进入 Proteus ISIS 过程示意图

进入 Proteus ISIS 后，界面如图 2.2.2 所示。

由图 2.2.2 可知，Proteus ISIS 界面主要可分为菜单栏、工具栏(包括标准工具栏和绘图工具栏)、窗口(包括预览窗口、对象选择器窗口、图形编辑窗口)、按钮(包括对象选择按钮、预览对象方位控制按钮、仿真进程控制按钮)以及状态栏等部分。

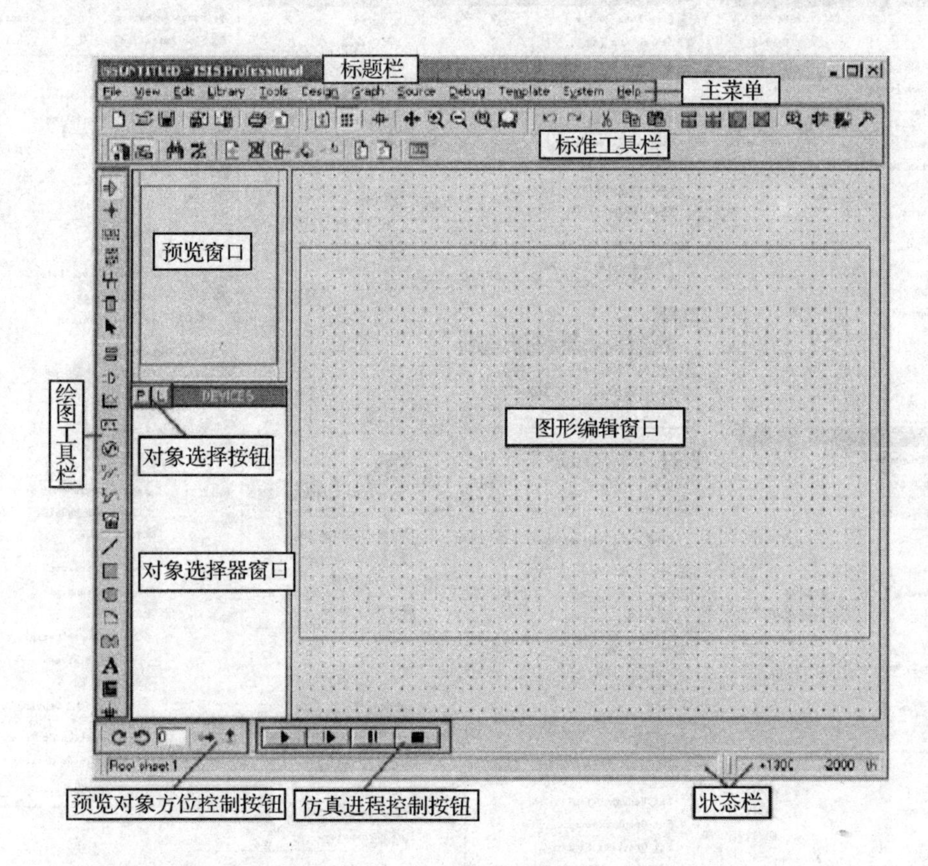

图 2.2.2　Proteus ISIS 界面

1. Proteus ISIS 菜单栏介绍

Proteus ISIS 菜单栏包括 12 项选择,各子菜单选择示意图如图 2.2.3 所示。菜单中许多功能均能通过工具栏的选择来完成,因此本书仅对各菜单简单介绍。

1) File 菜单

该菜单主要可完成文件的新建(New Design)或打开(Open Design)、存储(Save Design)、导入(Import)、导出(Export)、打印(Print)等常见的文件操作。

Proteus ISIS 绘制好的原理图文件是以 DSN 为后缀进行存储的。File 菜单中导入文件,其实是指将目前绘制原理图文件中的一部分读入到另一个文件中去,这部分文件将以后缀名 SEC 存储为局部文件的形式。导出文件是指将当前的选中对象(若没有选中对象则默认为图形编辑窗口中的所有图形)生成另一文件。

图 2.2.3 Proteus ISIS 菜单选择示意图

常利用导出图形菜单(Export Graphics)功能将画好的原理图导出生成电路原理图，如图 2.2.4 所示。图中默认为黑白色的背景，也选择其他背景色。

这样生成的电路原理图较之界面截取获得的电路原理图方式而言(分别如图 2.2.5(a)及图 2.2.5(b)所示)，可控制选择图形生成的大小、背景颜色等，非常便捷。

2) View 菜单

此菜单项中包含了一些针对图形编辑窗口的显示控制操作内容，如窗口的定位、栅格显示方式的调整、图形的缩放等。

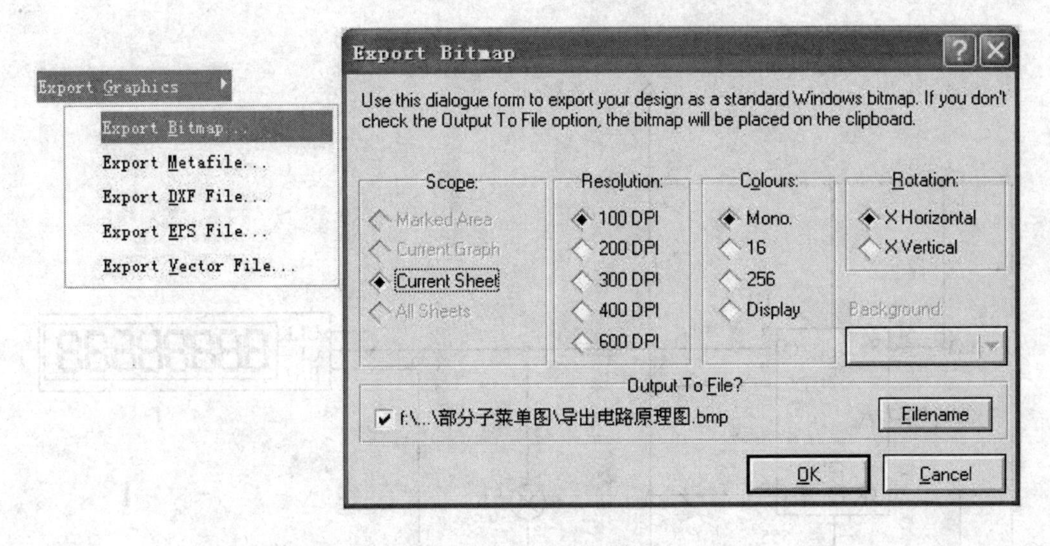

图 2.2.4　导出图形菜单

3) Edit 菜单

此菜单中的各项与一般的文字处理软件中编辑菜单类似，可完成如剪切、复制、查找等功能。

4) Tools 菜单

该菜单为工具菜单，包含12个子菜单功能。主要为实时注解(Real Time Annotation)、自动画线(Wire Auto Router)、搜索标签(Search and Tag)、属性分配工具(Property Assignment Tool)、全局注解(Global Annotator)、导入文件数据(ASCII Data Import)、以4种方式输出元器件清单(Bill of Materials)、电气规则检查(Electrical Rule Check)、编译网络标号(Netlist Compiler)、编译模型(Model Compiler)、将网络标号导入PCB(Netlist to ARES)以及从PCB返回原理设计(Backannotate from ARES)等。

5) Design 菜单

此菜单为工程设计菜单，包含了10个子菜单功能。主要有编辑设计属性(Edit Design Properties)、编辑原理图属性(Edit Sheet Properties)、编辑设计说明(Edit Design Notes)、配置电源(Configure Power Rails)、新建一张原理图(New Sheet)、删除原理图(Remove Sheet)、转到原理图(Goto Sheet)、转到上一张原理图(Previous Sheet)、转到下一张原理图(Next Sheet)以及设计搜索器(Design Explorer)等。

6) Graph 菜单

该菜单可针对打开的图形仿真界面中的内容进行编辑控制。主要功能包括编辑仿真图形(Edit Graph)、增加观测跟踪曲线(Add Trace)、仿真图形(Simulate Graph)、查看日志(View Log)、导出数据(Export Data)、清除数据(Clear Data)、一致性分析(Conformance Analysis

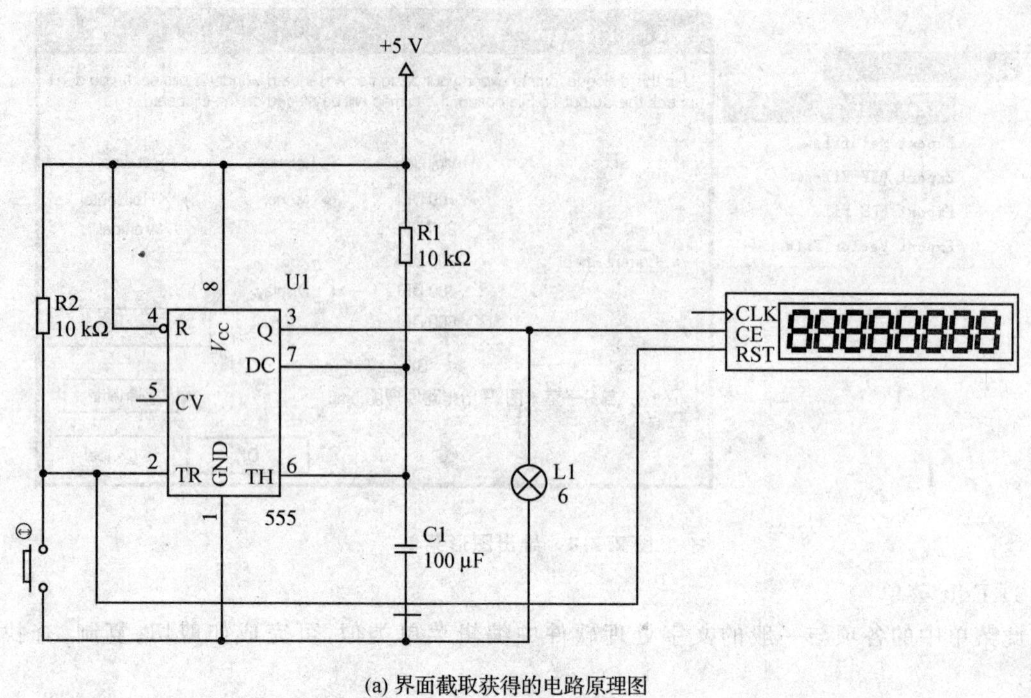

(a) 界面截取获得的电路原理图

(b) Proteus软件导出生成的电路原理图

图 2.2.5 两种生成电路原理图方式的比较

(All Graph))以及批处理模式一致性分析(Batch Mode Conformance Analysis)等。

7) Source 菜单

该菜单可实现对源程序文件的添加、编辑及编译操作。主要功能包括添加或移除源程序文件(Add/Remove Source files)、定义代码编译工具(Define Code Generation Tools)、设置外部文字编辑器(Setup External Text Editor)以及编译所有源程序文件(Build All)等。

8) Debug 菜单

此菜单为调试菜单,功能包括控制系统是否运行、以何种方式进行仿真以及单步运行时的控制等。

9) Library 菜单

该菜单有 9 个子菜单主要包括选取元器件或符号(Pick Device/Symbol)、自制元器件(Make Device)、自制符号(Make Symbol)、外封装设置工具(Packaging Tool)、释放元件(Decompose)、对库进行编译(Compile to Library)、自动放置以选用的库元件(Autoplace Library)、查看封装错误(Verify Packaging)以及库元件管理(Library Manager)等。

10) Template 菜单

此为模板菜单,可设置整幅原理图的默认属性,如图形曲线颜色、原理图大小、文字字体以及节点样式等。在进行原理图绘制时,软件是有一套默认设置好的通用属性设置的。用户可根据一些特殊要求修改,以适应自己的设计要求。

11) System 菜单

该菜单可实现查看系统信息,检测更新文件信息,设置系统环境、路径、原理图纸大小以及设置仿真各项参数等系统设置功能。刚开始用 Proteus 软件时,这个菜单中的内容最好是在逐步弄清楚各项功能后再设置改变,否则可能会导致软件应用中出现问题。

12) Help 菜单

这是 Proteus 软件的帮助菜单,为用户提供了一些在绘制原理图时可能遇到的问题进行指导。如用户进入后键入问题关键词就可看到相关的帮助性说明,只不过其中的内容都是英文。

2. Proteus ISIS 工具栏

(1) 工具功能概述

Proteus 软件的工具栏包括标准工具栏与绘图工具栏两个大部分。其中,标准工具栏中包含了一些文件处理常用的工具、了屏幕缩放以及与元件 PCB 封装相关的一些工具。而绘图工具栏则包含了模式选择工具以及普通字符曲线绘制工具。各工具栏的图标及其含义如表 2.2.1 所列。

读者在使用时,若选择模式选择工具,则应根据需要先单击工具图标,然后再在对象选择器窗口中出现的对话框中选择需要的具体工具进行下一步操作;若选择标准工具栏,如剪切某些元件,则应先用鼠标在图形绘制窗口中框选需要进行操作的元件或对象,然后再单击剪切工具。

表 2.2.1　工具栏图标及其含义

工具类别	图　标	选择路径	功　能
文件操作工具		File→New Design	新建设计
		File→Load Design	装载设计
		File→Save Design	保存设计
		File→Import Section	导入局部文件
		File→Export Section	将选中对象导出为局部文件
		File→Printer	打印当前设计
		File→Set Area	设置选取区域
编辑操作工具		Edit→Undo	撤销前次操作
		Edit→Redo	恢复前次操作
		Edit→Cut to Clipboard	剪切选中对象
		Edit→Copy to Clipboard	复制到剪贴板
		Edit→Paste from Clipboard	粘贴
		Copy Tagged Objects	复制选中对象
		Move Tagged Objects	移动选中对象
设计操作工具		Tools→Wire Auto Router	自动布线
		Design→New Sheet	新建图纸
设计操作工具		Tools→Property Assignment Tool	属性标注
		Design→Remove Sheet	删除当前页
		Tools→Electrical Rule Check	电气检查

工具类别	图　标	选择路径	功　能
普通字符曲线绘制工具			绘制直线工具
			绘制方框工具
			绘制圆形工具
			绘制圆弧工具
			绘制多边形工具
			绘制文字工具
			绘制符号工具
			绘制坐标原点工具
模式选择工具			普通光标选择模式
			元件选取模式
			连接点放置模式
			线路网络标号放置模式
			器件文字放置模式
			总线放置模式
			子电路绘制模式
屏幕显示控制工具		View→Redraw	显示刷新
		View→Grid	栅格开关
		View→Origin	原点显示开关
		View→Pan	以鼠标所在点为显示中心
		View→Zoom Out	放大
		View→Zoom In	缩小
		View→Zoom All	显示整张图
		View→Zoom To Area	查看局部图

续表 2.2.1

工具类别	图标	选择路径	功能
编辑操作工具		Library→Pick Device/Symbol	选取器件
		Library→MakeDevice	自制元件
		Library→Packaging Device	定义封装
		Library→Decompose	释放元件
		Rotate(Reflect Tagged Objects)	旋转选中对象
		Delete All Tagged Objects	删除选中对象
设计操作工具		Tools→Search and Tag	查找并选中
		Design→Zoom to Child	转到子原理图
设计操作工具		Design→Design Explorer	设计查找
		Tools→Bill of Materialt	生成元件清单
		Tools→Netlist to ARES	导出网络表并进入PCB区

工具类别	图标	选择路径	功能
配件模型工具箱		终端选择工具箱	
		元件引脚绘制工具	
		仿真图表工具箱	
		录音机工具	
		信号源工具箱	
		电压探针(检测某点对地电压)	
		电流探针(检测某线路上的电流)	
		虚拟仪器工具箱	
仿真运行控制按钮		运行	
		单步运行	
		暂停	
		停止	
方位控制按钮		右转90°	
		左转90°	
		水平翻转	
		垂直翻转	

(2) 部分特殊工具应用介绍

1) 终端选择工具箱

该工具箱图标为单击后,对象选择窗口中将出现如图2.2.6所示的界面。

2) 仿真图表工具箱

该工具箱图标为,其中含有一些可实现绘制仿真图表的工具。各仿真图表如图2.2.7所示。

3) 信号源工具箱

该工具箱图标为,其中提供了一些信号源模型,各信号源如图2.2.8所示。

4) 虚拟仪器工具箱

该工具箱图标为,其中包含了一些虚拟测量仪器模型。虚拟仪器如图2.2.9所示。

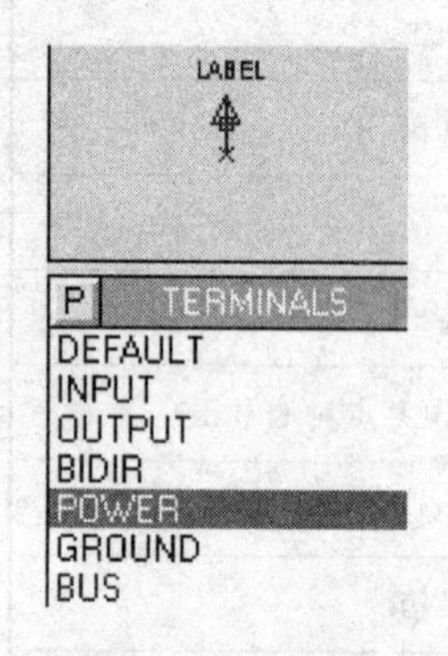

图 2.2.6 终端选择工具

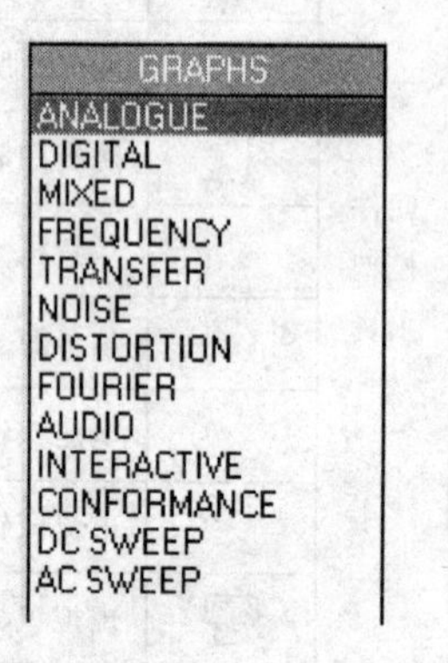

图 2.2.7 仿真图表工具

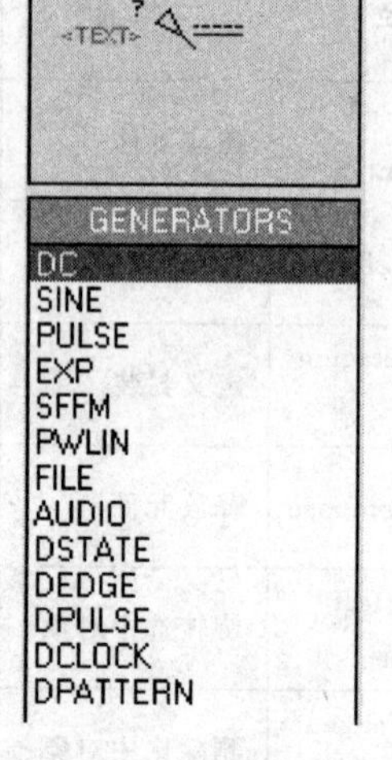

图 2.2.8 信号源工具

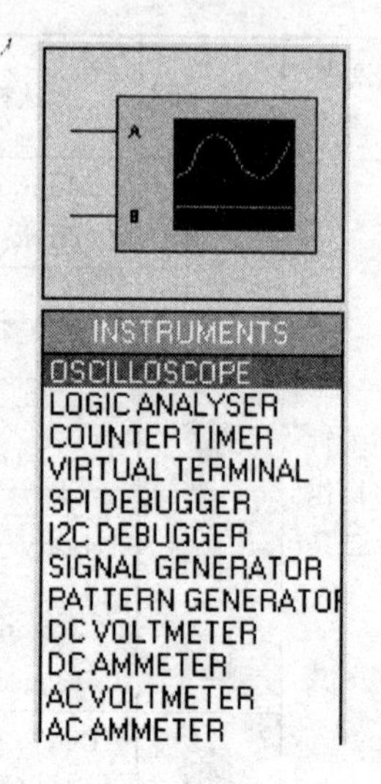

图 2.2.9 虚拟仪器工具

2.2.3 学会绘制原理图

(1) 新建设计并存储文件

打开 Proteus ISIS 界面，先单击□或选择 File→New Design 菜单项新建一个设计文件。之后再按照自行定义名称路径等将文件存储到规定的位置上。Proteus 软件存储的文件是以 DSN 为后缀。

(2) 选取元件

接下来就可进行元件的选取了。单选元件选取模式工具按钮，然后再在对象选择窗口中单击 P 按钮，就可进入元件选取窗口，如图 2.2.10 所示。

在图 2.2.10 的关键词(Keywords)文本框中键入所需元件的型号等关键内容后，软件就会自动在元件库中进行搜索，并在结果窗(Results)中显示与关键词相匹配的元件名称及其相关参数描述信息。单击结果窗中某一个元件，则右侧的元件预览框(Preview)及 PCB 封装预览框(PCB Preview)中将同步显示该元件的电路符号以及 PCB 封装符号。

当找到与设计要求相符的元件时，在结果窗中双击该元件，则元件就会放入到原先 Proteus 软件主界面的对象选择窗口中，如图 2.2.11 所示。当选择完所有元件后，关闭元件选取窗口即可返回 Proteus 软件主界面。

(3) 放置元件及删除元件

接下来进行元件的放置操作。元件放置时，应先选择普通元件，即从元件选取窗口中单击而得；再放置终端，即(终端选择工具箱)中的电源、地等；然后从(信号源工具箱)中选择信

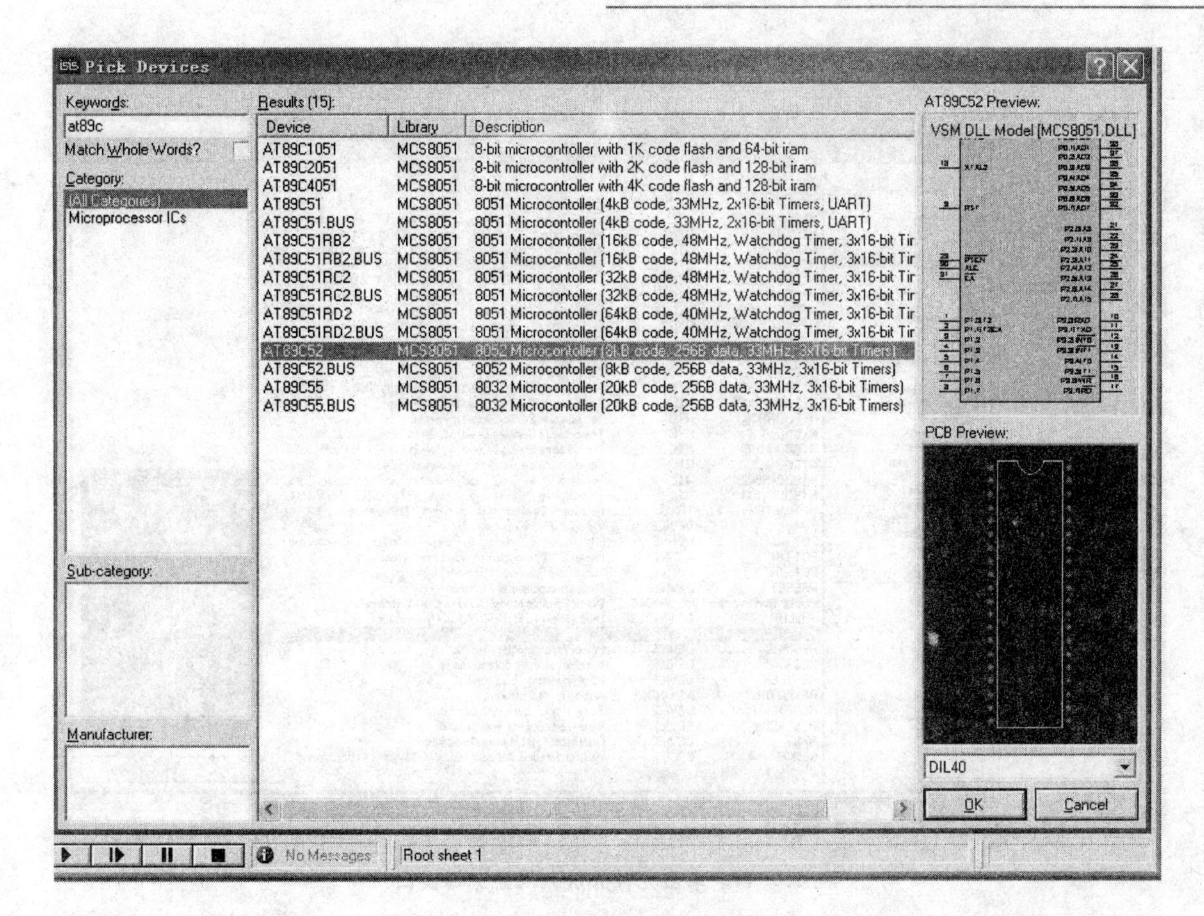

图 2.2.10　元件选取窗口

号源放置(有时这部分可能不需要);最后在(虚拟仪器工具箱)中选取虚拟仪器放置。

步骤:首先在对象选择窗口单击需放置的元件;然后将鼠标移到图形编辑窗口中单击,此时鼠标会变成元件的红色虚影;当移动到需要放置的地方时,再次单击,则元件便放置到了图形编辑窗口中。若需要删除多余的元件,则只需将鼠标移动到删除的元件符号处,然后右击即可。

(4) 旋转元件

根据电路设计的要求,元件的方向往往需要进行旋转设置。旋转元件可选择在元件放置到图形编辑窗口前进行,也可以在放置到图形编辑窗口后再进行。

放置前进行旋转元件时,应先在对象选择窗口中单击元件,再单击旋转按钮 0 ,这样通过查看元件预览窗口中元件的形态就可知道元件旋转的效果。

将元件放置到图形编辑窗口后就可以旋转元件了,操作时,可先将鼠标指针移动到需旋转的元件处,然后右击选择弹出的旋转选项内容。

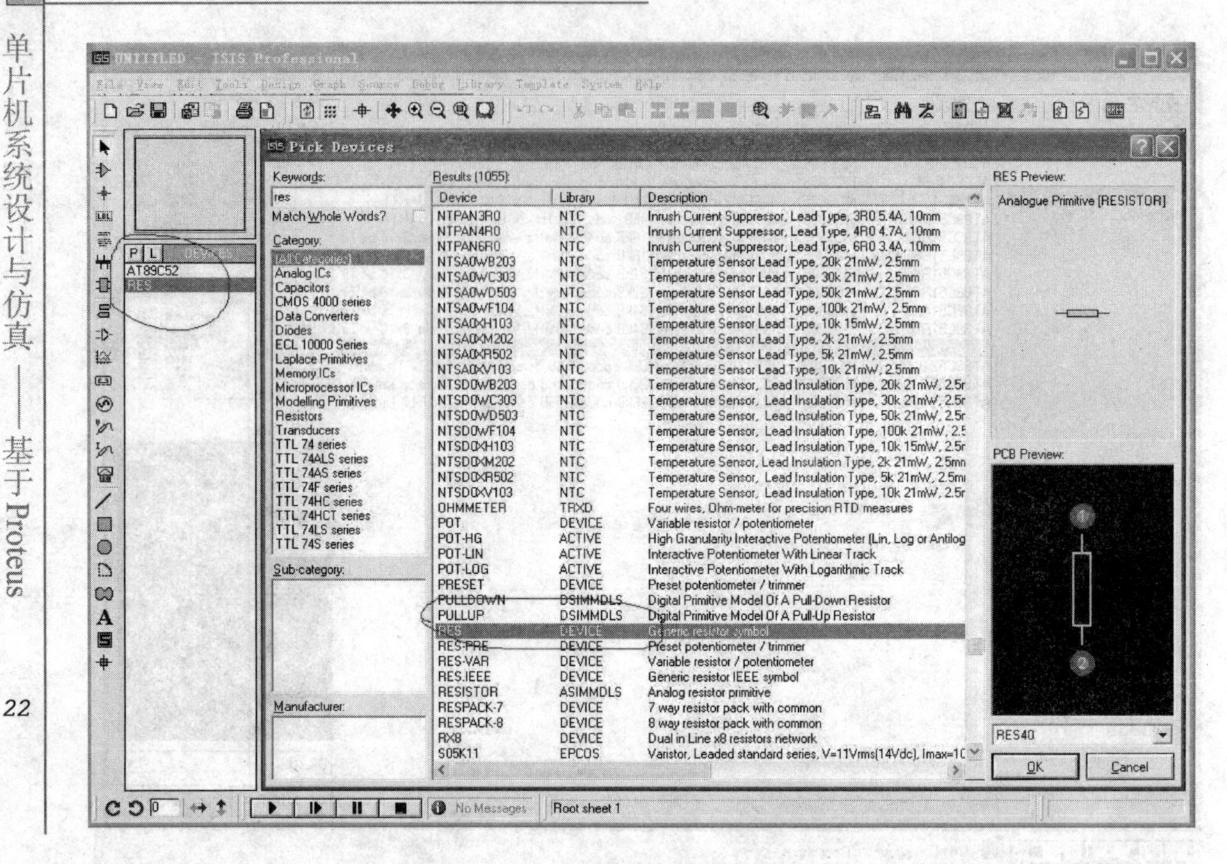

图 2.2.11　单击元件并放入对象选择窗口

(5) 连　线

接下来就可以进行连线了。连线时，应先单击一次需连线的元件引脚，然后将鼠标指针移动到与之连接的另一元件的引脚或连线上再次单击，这样就完成了一条连线。若要删除连线，也是用双击鼠标右键来实现。连线过程如图 2.2.12 所示。

(6) 元件参数修改

下面就应进行元件参数的设置或修改了。这部分主要是修改元件的标识名称号（如 R1、C2 等）以及元件的本身电路参数（如电阻的阻值、电容的容量等）。修改时，只需将鼠标指针移动到元件上双击，在弹出的对话框中进行修改操作即可。

图 2.2.13 为将一个电阻 R1 的阻值变为 100k 的过程示意图。其中，Component Reference 文本框是元件的电路名称，此处为 R1；Resistance 文本框为元件的阻值，若是其他类型元件，则此文本框的名称将会做相应的变化，此处修改前为 10k，修改后变成了 100k。若不需要在电路图中显示这些内容，则只须选中相应栏后面的隐藏选项（Hidden）处即可。

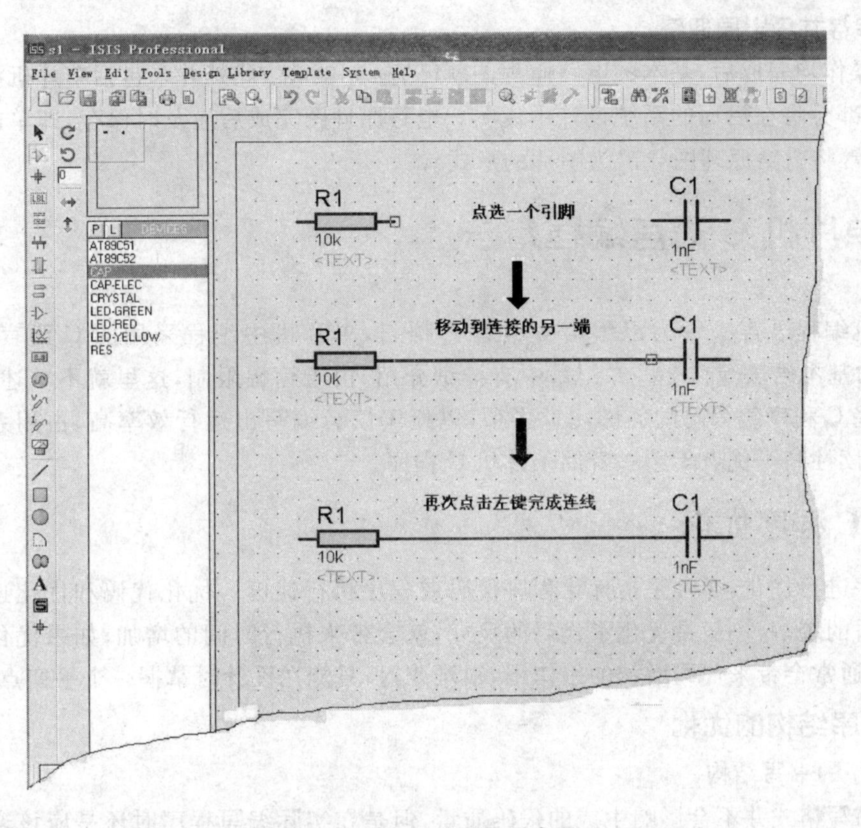

图 2.2.12　连线过程示意图

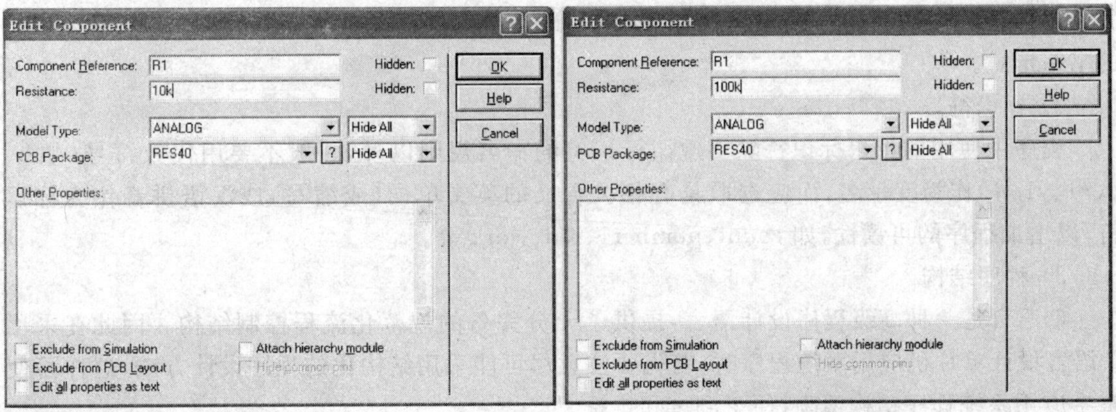

(a) 修改前　　(b) 修改后

图 2.2.13　元件参数修改过程示意图

(7) 保存并导出原理图

上述操作均完成后，基本的电路原理图就已完成。当然，此处并未包括单片机源程序添加等步骤，这部分将在后面的系统设计中说明。电路原理图完成后应及时保存，即单击工具按钮▣。除外，常将电路原理图导出为图片的形式。

2.3 单片机C语言编程方法

单片机编程语言一般为汇编语言或者C语言，单片机中编程采用的C语言称为C51。C51编程的基本语法等在一些专门籍中有详细介绍，由于篇幅限制，这里就不赘述了，只为读者介绍一些C程序编写时的关键注意事项，以便于读者编写出运行效率高、占用系统存储空间较少、可读性高等优点集于一身的单片机C程序。

2.3.1 C程序优化

对程序进行优化，通常是指优化程序代码或程序执行速度。优化代码和优化速度实际上是一个矛盾的统一，一般是优化了代码的尺寸，就会带来执行时间的增加；如果优化了程序的执行速度，通常会带来代码增加的副作用，很难兼得，只能在设计时掌握一个平衡点。

1. 程序结构的优化

1）程序的书写结构

虽然书写格式并不会影响生成的代码质量，但是在实际编写程序时还是应该遵循一定的书写规则。一个书写清晰、明了的程序，有利于以后的维护。在书写程序时，特别是对于While、for、do…while、if…elst、switch…case等语句或这些语句的嵌套组合时，应采用“缩格”的书写形式。

2）标识符

程序中使用的用户标识符除要遵循标识符的命名规则以外，一般不要用代数符号（如a、b、x1、y1等）作为变量名，而应选取具有相关含义的英文单词（或缩写）或汉语拼音作为标识符，以增加程序的可读性，如count、number1、red、work等。

3）程序结构

C语言是一种高级程序设计语言，提供了十分完备的规范化流程控制结构。因此在采用C语言设计单片机应用系统程序时，首先要注意尽可能采用结构化的程序设计方法，这样可使整个应用系统程序结构清晰，便于调试和维护。

对于一个较大的应用程序，通常将整个程序按功能分成若干个模块，不同模块完成不同的功能。各个模块可以分别编写，甚至还可以由不同的程序员编写。一般单个模块完成的功能较为简单，设计和调试也相对容易一些。

在C语言中，一个函数可以认为是一个模块。所谓程序模块化，不仅是要将整个程序划分成若干个功能模块，更重要的是，还应该注意保持各个模块之间变量的相对独立性，即保持模块的独立性，尽量少使用全局变量等。对于一些常用的功能模块，还可以封装为一个应用程序库，以便需要时可以直接调用。但是在使用模块化时，如果将模块分成太细太小，又会导致程序的执行效率变低(进入和退出一个函数时保护和恢复寄存器将会占用一些时间)。

4) 定义常数

在程序化设计过程中，对于经常使用的一些常数，如果将它直接写到程序中去。一旦常数的数值发生变化，就必须逐个找出程序中所有的常数并逐一修改，这样必然会降低程序的可维护性。因此，应尽量采用预处理命令方式来定义常数，而且还可以避免输入错误。

5) 减少判断语句

能够使用条件编译(ifdef)的地方就使用条件编译而不使用 if 语句，有利于减少编译生成的代码长度。

6) 表达式

对于一个表达式中各种运算执行的优先顺序不太明确或容易混淆的地方，应当采用圆括号明确它们的优先顺序。表达式不能写得太复杂，否则时间久了以后，自己也不容易看懂，不利于以后的维护。

7) 函　数

对于程序中的函数，在使用之前，应说明其类型，对函数类型的说明必须保证它与原来定义的函数类型一致；对于没有参数和没有返回值类型的函数应加上 void 说明。

如果需要缩短代码的长度，则可以将程序中一些公共的程序段定义为函数，Keil 中的高级别优化就是这样的。如果需要缩短程序的执行时间，则在程序调试结束后，将部分函数用宏定义来代替。注意，应该在程序调试结束再定义宏，因为大多数编译系统在宏展开之后才会报错，这样会增加排错的难度。

8) 变　量

尽量少用全局变量，多用局部变量。因为全局变量是放在数据存储器中，定义一个全局变量 MCU 就少一个可以利用的数据存储器空间。如果定义了太多的全局变量，会导致编译器无足够的内存可以分配。而局部变量大多定位于 MCU 内部的寄存器中，在绝大多数 MCU 中，使用寄存器操作速度比数据存储器快，指令也更多更灵活，有利于生成质量更高的代码；而且局部变量所占用的寄存器和数据存储器在不同的模块中可以重复利用。

9) 设定合适的编译程序选项

许多编译程序有几种不同的优化选项，使用前应理解各优化选项的含义，然后选用最合适的一种优化方式。通常情况下，一旦选用最高级优化，编译程序会尽可能地追求代码优化，从而影响程序的正确性，导致程序运行出错。因此应熟悉所使用的编译器，应知道哪些参数在优化时会受到影响，哪些参数不会受到影响。

比如在 ICCAVR 中，有 Default 和 Enable Code Compression 两个优化选项。在 CodeVisionAVR 中，有 Tiny 和 small 两种内存模式。在 IAR 中，共有 7 种不同的内存模式选项。GCCAVR 中优化选项更多，一不小心更容易选到不恰当的选项。

2. 代码的优化

(1) 选择合适的算法和数据结构

应该熟悉算法语言，知道各种算法的优缺点。将比较慢的顺序查找法用较快的二分查找或乱序查找法代替，插入排序或冒泡排序法用快速排序、合并排序或根排序代替，都可以大大提高程序执行的效率。选择一种合适的数据结构也很重要。比如在一堆随机存放的数据中使用大量的插入和删除指令，就比使用链表要快得多。

数组与指针具有十分密切的关系，一般来说，指针比较灵活简洁，而数组则比较直观，容易理解。大部分的编译器使用指针比使用数组生成的代码更短，执行效率更高。但是在 Keil 中则相反，使用数组比使用的指针生成的代码更短。

(2) 使用尽量小的数据类型

能够使用字符型(char)定义的变量，就不要使用整型(int)变量来定义；能够使用整型变量定义的变量就不要用长整型(long int)；能不使用浮点型(float)变量就不要使用浮点型变量。当然，在定义变量后不要超过变量的作用范围，如果超过变量的范围赋值，C 编译器并不报错，但程序运行结果却错了，而且这样的错误很难发现。

在 ICCAVR 中，可以在 Options 中设定使用 printf 参数，尽量使用基本型参数(%c、%d、%x、%X、%u 和%s 格式说明符)，少用长整型参数(%ld、%lu、%lx 和%lX 格式说明符)，浮点型的参数(%f)也尽量不要使用，其他 C 编译器也一样。在其他条件不变的情况下，使用%f 参数会使生成的代码数量增加很多，执行速度降低。

(3) 使用自加、自减指令

通常使用自加、自减指令和复合赋值表达式(如 a－＝1 及 a＋＝1 等)能够生成高质量的程序代码，编译器通常都能够生成 inc 和 dec 之类的指令，而使用 a＝a＋1 或 a＝a－1 之类的指令，有很多 C 编译器会生成 2～3 个字节的指令。在 AVR 单片适用的 ICCAVR、GCCAVR、IAR 等 C 编译器中书写方式生成的代码是一样的，也能够生成高质量的 inc 和 dec 之类代码。

(4) 减少运算的强度

可以使用运算量小但功能相同的表达式替换原来复杂的的表达式，如下：

1) 求余运算

```
a = a % 8;
```

可以改为：

```
a = a&7;
```

说明：位操作只需一个指令周期即可完成，而大部分的C编译器的“%”运算均是调用子程序来完成。代码长，则执行速度慢。通常，只要求是求2n方的余数，均可使用位操作的方法来代替。

2）平方运算

```
a = pow(a,2.0);
```

可以改为：

```
a = a * a;
```

说明：在内置硬件乘法器的单片机中(如51系列)，乘法运算比求平方运算快得多，因为浮点数的求平方是通过调用子程序来实现的。在自带硬件乘法器的AVR单片机中，如ATmega163中，乘法运算只需2个时钟周期就可以完成。即使是在没有内置硬件乘法器的AVR单片机中，乘法运算的子程序比平方运算的子程序代码短，执行速度快。

如果是求3次方，如：

```
a = pow(a,3.0);
```

更改为：

```
a = a * a * a;
```

则效率的改善更明显。

3）用移位实现乘除法运算

```
a = a * 4;
b = b/4;
```

可以改为：

```
a = a<<2;
b = b>>2;
```

说明：如果需要乘以或除以2n，则可以用移位的方法代替。在ICCAVR中，如果乘以2n，则都可以生成左移的代码；而乘以其他的整数或除以任何数，均调用乘除法子程序。用移位的方法得到代码比调用乘除法子程序生成的代码效率高。实际上，只要是乘以或除以一个整数，均可以用移位的方法得到结果，如：

```
a = a * 9
```

可以改为：

```
a = (a<<3) + a
```

(5) 循　环

1) 循环语

对于一些不需要循环变量参加运算的任务可以把它们放到循环外面，这里的任务包括表达式、函数的调用、指针运算、数组访问等，应该将没有必要执行多次的操作全部集合在一起，放到一个 init 的初始化程序中进行。

2) 延时函数

通常使用的延时函数均采用自加的形式：

```
void delay (void)
{
unsigned int i;
for (i = 0;i<1000;i ++ )
;
}
```

将其改为自减延时函数：

```
void delay (void)
{
unsigned int i;
for (i = 1000; -- i;)
;
}
```

两个函数的延时效果相似，但几乎所有的 C 编译器对后一种函数生成的代码均比前一种代码少 1～3 个字节，因为几乎所有的 MCU 均有为 0 转移的指令，采用后一种方式能够生成这类指令。

在使用 while 循环时也一样，使用自减指令控制循环会比使用自加指令控制循环生成的代码少 1～3 个字母。但是在循环中有通过循环变量 i 读/写数组的指令时，使用预减循环时有可能使数组超界，要引起注意。

3) while 循环和 do…while 循环

用 while 循环时有以下两种循环形式：

```
unsigned int i;
i = 0;
while (i<1000)
{
i ++ ;
//用户程序
}
```

或者：

```
unsigned int i;
i = 1000;
Do
i-- ;
//用户程序
while (i>0);
```

在这两种循环中，使用 do…while 循环编译后生成代码的长度短于 while 循环。

(6) 查　表

在程序中一般不进行非常复杂的运算，如浮点数的乘除、开方以及一些复杂的数学模型的插补运算；对这些既消耗时间又消费资源的运算，应尽量使用查表的方式，并且将数据表置于程序存储区。如果直接生成所需的表比较困难，也尽量在启动时先计算，再在数据存储器中生成所需的表；程序运行时直接查表就可以了，从而减少程序执行过程中重复计算的工作量。

(7) 其　他

比如使用在线汇编及将字符串和一些常量保存在程序存储器中，均有利于优化。

2.3.2 在 C51 中变量空间的分配方法

① data 区空间小，所以只有频繁用到或对运算速度要求很高的变量，才放到 data 区内，比如 for 循环中的计数值。

② data 区内最好放局部变量。

因为局部变量的空间是可以覆盖的(某个函数的局部变量空间在退出该函数时释放，由别的函数的局部变量覆盖)，可以提高内存利用率。当然静态局部变量除外，其内存使用方式与全局变量相同。

③ 确保程序中没有未调用的函数。

Keil C 里遇到未调用函数时，编译器就将其认为可能是中断函数。函数里用的局部变量的空间是不释放的，也就是同全局变量一样处理。这一点是 Keil C 中的一个缺陷。

④ 程序中遇到的逻辑标志变量可以定义到 bdata 中，从而大大降低内存占用空间。

51 系列芯片中有 16 个字节位寻址区 bdata，其中可以定义 8×16＝128 个逻辑变量。定义方法是：bdata bit LedState；但位类型不能用在数组和结构体中。

⑤ 其他不频繁用到和对运算速度要求不高的变量都放到 xdata 区。

⑥ 如果想节省 data 空间就必须用 large 模式将未定义内存位置的变量全放到 xdata 区，当然最好对所有变量都要指定内存类型。

⑦ 当使用到指针时，要指定指针指向的内存类型。

C51 中未定义指向内存类型的通用指针占用 3 个字节，而指定指向 data 区的指针只占 1

个字节，指定指向 xdata 区的指针占 2 个字节。如指针 p 是指向 data 区，则应定义为"char data * p;"。还可指定指针本身的存放内存类型，如"char data * xdata p;"；其含义是指针 p 指向 data 区变量，而其本身存放在 xdata 区。

2.3.3 Keil C51 编译错误总结

1. 第一种错误信息

(1) 错误提示语

```
* * * WARNING L15:  MULTIPLE CALL TO SEGMENT
SEGMENT:   ? PR? _WRITE_GMVLX1_REG? D_GMVLX1
CALLER1:   ? PR? VSYNC_INTERRUPT? MAIN
CALLER2:  ? C_C51STARTUP
* * * WARNING L15:  MULTIPLE CALL TO SEGMENT
SEGMENT:   ? PR? _SPI_SEND_WORD? D_SPI
CALLER1:   ? PR? VSYNC_INTERRUPT? MAIN
CALLER2:   ? C_C51STARTUP
* * * WARNING L15:  MULTIPLE CALL TO SEGMENT
SEGMENT:   ? PR? SPI_RECEIVE_WORD? D_SPI
CALLER1:   ? PR? VSYNC_INTERRUPT? MAIN
CALLER2:   ? C_C51STARTUP
```


(2) 错误产生原因分析

该警告表示链接器发现有一个函数可能被主函数和一个中断服务程序(或者调用中断服务程序的函数)同时调用，或者同时被多个中断服务程序调用。

出现这种问题的原因之一是这个函数是不可重入性函数。当该函数运行时它可能会被一个中断打断，从而使得结果发生变化，并可能引起一些变量形式的冲突(即引起函数内一些数据的丢失，可重入性函数在任何时候都可以被 ISR 打断，一段时间后又可以运行，但是相应数据不会丢失)。

原因之二是用于局部变量和变量(arguments，[自变量，变元数值，用于确定程序或子程序的值])的内存区被其他函数的内存区所覆盖，如果该函数被中断，则它的内存区就会被使用，这将导致其他函数的内存冲突。

例如，前面一个警告语句说的是，函数 WRITE_GMVLX1_REG 已经在 D_GMVLX1. C 或者 D_GMVLX1. A51 被定义，同时它又被一个中断服务程序或者一个调用了中断服务程序的函数再次调用了，调用它的函数是 VSYNC_INTERRUPT，在 MAIN. C 中。

(3) 解决方法

① 如果确定两个函数决不会在同一时间执行(该函数被主程序调用并且中断被禁止)，并且该函数不占用内存(假设只使用寄存器)，则可以完全忽略这种警告。

② 如果该函数占用了内存，则应该使用链接器(linker)OVERLAY 指令将函数从覆盖分析(overlay analysis)中除去，例如：

```
OVERLAY (? PR? _WRITE_GMVLX1_REG? D_GMVLX1 ! *)
```

防止了该函数使用的内存区被其他函数覆盖。如果该函数中调用了其他函数，而这些函数在其他地方也被调用时，则可能需要也将这些函数排除在覆盖分析(overlay analysis)之外。这种 OVERLAY 指令能使编译器除去上述警告信息。

③ 如果函数可以在其执行时被调用，则情况会变得更复杂一些。这时可以采用以下几种方法：

- 主程序调用该函数时禁止中断，可以在该函数被调用时用 #pragma disable 语句来实现禁止中断的目的。必须使用 OVERLAY 指令将该函数从覆盖分析中除去。
- 复制两份该函数的代码，一份到主程序中，另一份复制到中断服务程序中。
- 将该函数设为重入型。例如：

```
void myfunc(void) reentrant {
  ...
}
```

这种设置将产生一个可重入堆栈，用于存储函数值和局部变量。用这种方法时重入堆栈必须在 STARTUP. A51 文件中配置。且这种方法会消耗更多的 RAM 并会降低重入函数的执行速度。

2. 第二种错误信息

1) 错误提示语

```
*** WARNING L16: UNCALLED SEGMENT, IGNORED FOR OVERLAY PROCESS
    SEGMENT: ? PR? _COMPARE? TESTLCD
```

2) 错误分析

说明：程序中有些函数(或片段)以前(调试过程中)从未被调用过，或者根本没有调用它的语句。

这条警告信息前应该还有一条信息指示出是哪个函数导致了这一问题。只要做点简单的调整就可以，不理它也没什么影响。

3) 解决方法

去掉 COMPARE()函数或利用条件编译 #if …… #endif，则可保留该函数并不编译。

2.4　本章小结

本章主要介绍了单片机系统设计时所需的工具软件，以及一些用 C 语言进行单片机编程的经验及解错方法。

第3章

单片机系统设计初体验

本章将介绍一个简单的单片机系统设计的全过程，使读者可以掌握单片机系统设计的过程及方法，并熟悉 Proteus 软件的应用方法。

3.1 设计任务要求与分析

1. 设计任务及要求

这里设计的是一个简单的单片机设计系统，即简易彩灯显示控制器。该系统要求如下：

➢ 彩灯要求按照一字排开设置；
➢ 显示时按照从左至右再从右至左显示；
➢ 显示次数应两轮。

2. 任务分析

不论单片机设计系统实现的功能是简单还是复杂，设计时都必须先对任务要求进行分析。根据设计任务要求实现的功能看，主要有两点，即要一字排开的一排彩灯，且彩灯要能按照要求至少显示两轮。由此可知，系统所需包含的部件应有单片机、单片机外围电路（如晶振、复位电路等）、彩灯电路。3 个部件之间的关系方框图应如图 3.1.1 所示。

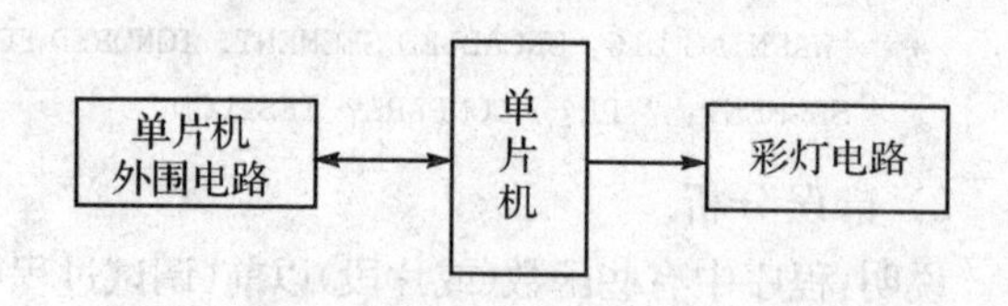

图 3.1.1 简易彩灯显示控制器设计方框图

3.2 硬件设计

3.2.1 硬件分析

首先，确定单片机型号。虽然目前是在仿真设计环境中，但仿真设计的目的是更好地完成今后的实际设计。因此，在实际设计时必须考虑性价比。实际设计中常用的是 AT89C52 型号单片机，在Proteus仿真软件中也相应选择该型号的单片机。

其次，彩灯选择方面。在实际设计中，彩灯可用各色的小灯来组成，也可用较大的不同颜色的彩色指示灯组成。在Proteus仿真软件中，可选择用多个发光二极管来组成彩灯。

彩灯数量可使用8个，这样用单片机P1口的8根线就可实现控制。连线时必须将发光二极管的负极接单片机的引脚，将其正极通过限流电阻接+5 V电源。这是因为，单片机引脚输出的电流较小，若将其输出的高电平控制发光二极管正极导通，那么必然需要增加驱动电路元件。虽然在仿真条件下，这样连接时发光二极管仍正常亮灭；但在实际设计时，由于使用彩灯功率有可能比较大，若按照仿真设计的惯性思维去设计，就有可能不能点亮或点亮效果不好。因此，最好从一开始就用单片机引脚输出低电平控制发光二极管的负极导通，这样无论是在什么情况下都不会有太大的问题了。

本章设计系统的功能比较简单，因此，晶振电路及复位电路可采用比较常用且简单的连接形式。仿真设计时，由于软件已将单片机工作的晶振频率等作为单片机自身属性的一部分，因此，可直接在其属性中定义，外接晶振等则可省略。本书第4章的单片机系统设计实战中有一些系统的晶振等电路就做了省略。不过，还是建议读者不要省略这些外围电路，毕竟这些电路在实际设计时是必须的。

3.2.2 绘制原理图

完成系统设计的电路原理图是硬件电路设计的一个阶段性目标，只有这部分完成之后，后面的设计过程才能继续进行。由于该任务涉及的元件比较少，因此过程也相对简单，即先打开Proteus软件，之后绘制的过程为：先新建一个设计文件（此处用s1.DSN作为设计文件名）；其次，选取各个电路元件并放置到图形编辑窗口中；然后进行元件位置的调整、连线以及属性的调整等操作；最后，输出电路原理图。

1. 元件的选取

实际设计时，应当列清单如下：单片机为AT89C52单片机，复位电路与晶振电路用到的电解电容为10 μF以及2个22 pF瓷片电容（或涤纶电容、独石电容），而外接的晶体振荡器为12 MHz的硅材料晶体振荡器，另外还有8个发光二极管（即彩灯，实际设计时必须指定其直径大小）、用作限流的220 Ω电阻共8个以及复位电路中用到的10 kΩ电阻1个。

那么在Proteus仿真设计环境下，上述元件在选取时是否会有所变化呢？我们来看看元件选取窗口中的元件库。在仿真软件中，单片机的型号输入时与实际的型号相同，则必须用电路中的符号或英文缩写来查找，否则很难从元件库中找到元件。各元件对应仿真设计时的器件型号如下：

① 电解电容采用的是CAP-ELEC型号，在仿真电路中的元件符号为—||—，左端为正极，右端为负极。

② 软件中有许多无极性电容模型，且元件选取窗口中对每一种都有针对其材料的描述。这里选取的电容为CAP型号，在仿真电路中的元件符号为⊣⊢。

③ 晶体振荡器仿真软件元件库中型号为CRYSTAL，在仿真电路中的元件符号为⊣□⊢；

④ 发光二极管在仿真软件中有多种款式可供选择，有些是仅有亮灭效果，但没有颜色；有些是虽有颜色但点亮效果一般；也有颜色及点亮效果都不错的，这些可根据设计要求去选择。发光二极管在元件搜索时的关键字是LED。这里采用黄色发光二极管，型号为LED-YELLOW，在仿真电路中的元件符号为→⊳|—。读者也可用其他颜色的，如绿色（LED-GREEN）、红色（LED-RED）、蓝色（LED-BLUE）等。

⑤ 电阻在仿真软件中也有多种可供选择的型号，查找时的关键字为RES。读者可根据电阻型号的描述选取电阻。这里采用的电阻为普通的RES，仿真电路中的元件形态为—▭—。

2. 电源和地等终端的选取放置

单击终端选择工具箱按钮，在弹出的对象选择项目中选择电源和地。

在对象预览窗口中，电源即POWER的预览元件符号为。放置到图形编辑窗口中时，电源元件会变成。值得注意的是，这种电源为默认的+5 V电源；若需要使用其他的电源，则需要到元件选取窗口中选择。

在对象预览窗口中，地即GROUND的其预览元件符号为。放置到图形编辑窗口中时，地的元件符号会变成⏚。

3. 元件属性值的修改

元件放置后，软件自动为每一个元件给定一个默认的属性参数，比如元件名、容量、阻值等，但很多属性参数都需要根据设计要求进行调整。图3.2.1为根据本章的设计要求对部分元件进行属性参数修改时的界面。

可见单片机属性中关键参数为对象名（Component Reference）、对象型号（Component Value）、时钟频率（Clock Frequency）以及源程序（Program File）等几项。其中，源程序项需在完成后面软件设计并形成编译hex文件后，方可将其加入到单片机中。在图3.2.1中，源程序中已加入了编译好的程序文件（文件名为MCU_TEST.HEX）。图3.2.1中其他元件的属性相对比较容易修改，读者可参看图示来设置。

4. 电路原理图导出

电路原理图导出的过程：首先选择File→Export Graphics→Export Bitmap菜单项，在弹出的窗口中设置图形导出参数。若不修改参数，则导出图形的默认色彩为黑白色，即白色背景，元件、连线等则为黑色。设置好参数后，应在“Output To File?”栏中设置图形文件的保存路径及名称。然后单击OK按键。这样，电路原理图就按照设置要求存储为图形文件了。图3.2.2为本章设计的电路原理图。

Edit Component
Component Reference: U1　Hidden:
Component Value: AT89C52　Hidden:
PCB Package: DIL40　Hide All
Program File: MCU_TEST.HEX　Hide All
Clock Frequency: 12MHz　Hide All
Advanced Properties:
Simulate Program Fetches　No　Hide All
Other Properties:
Exclude from Simulation　Attach hierarchy module
Exclude from PCB Layout　Hide common pins
Edit all properties as text
OK　Help　Data　Hidden Pins　Cancel

(a) 单片机芯片属性参数修改

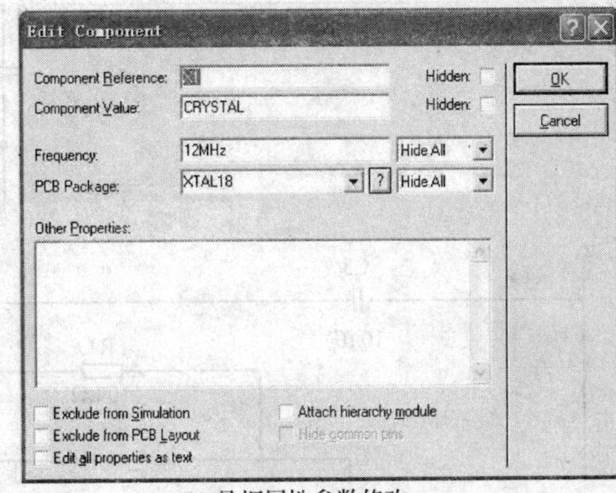

(b) 晶振属性参数修改

Edit Component
Component Reference: C1　Hidden:
Capacitance: 22pF　Hidden:
PCB Package: CAP10　Hide All
Other Properties:
Exclude from Simulation　Attach hierarchy module
Exclude from PCB Layout　Hide common pins
Edit all properties as text
OK　Help　Cancel

(c) 22 pF无极性电容

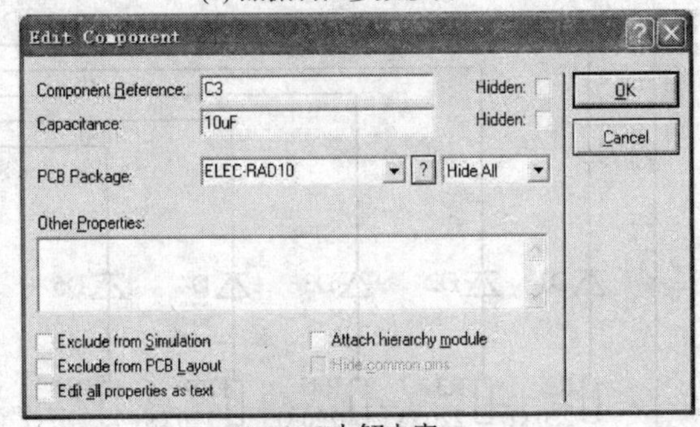

(d) 10 μF电解电容

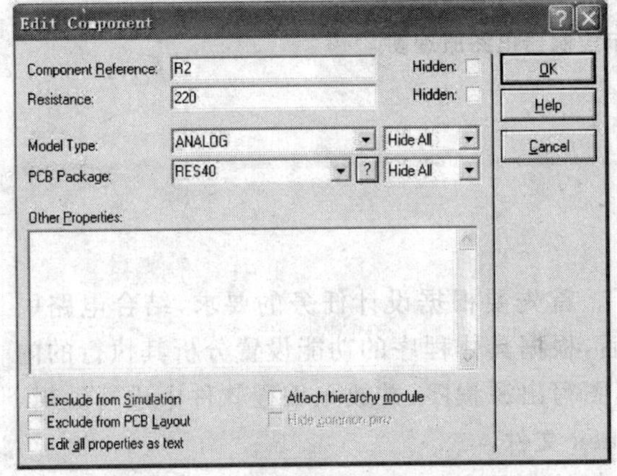

(e) 电阻参数修改

图 3.2.1　元件属性参数修改界面

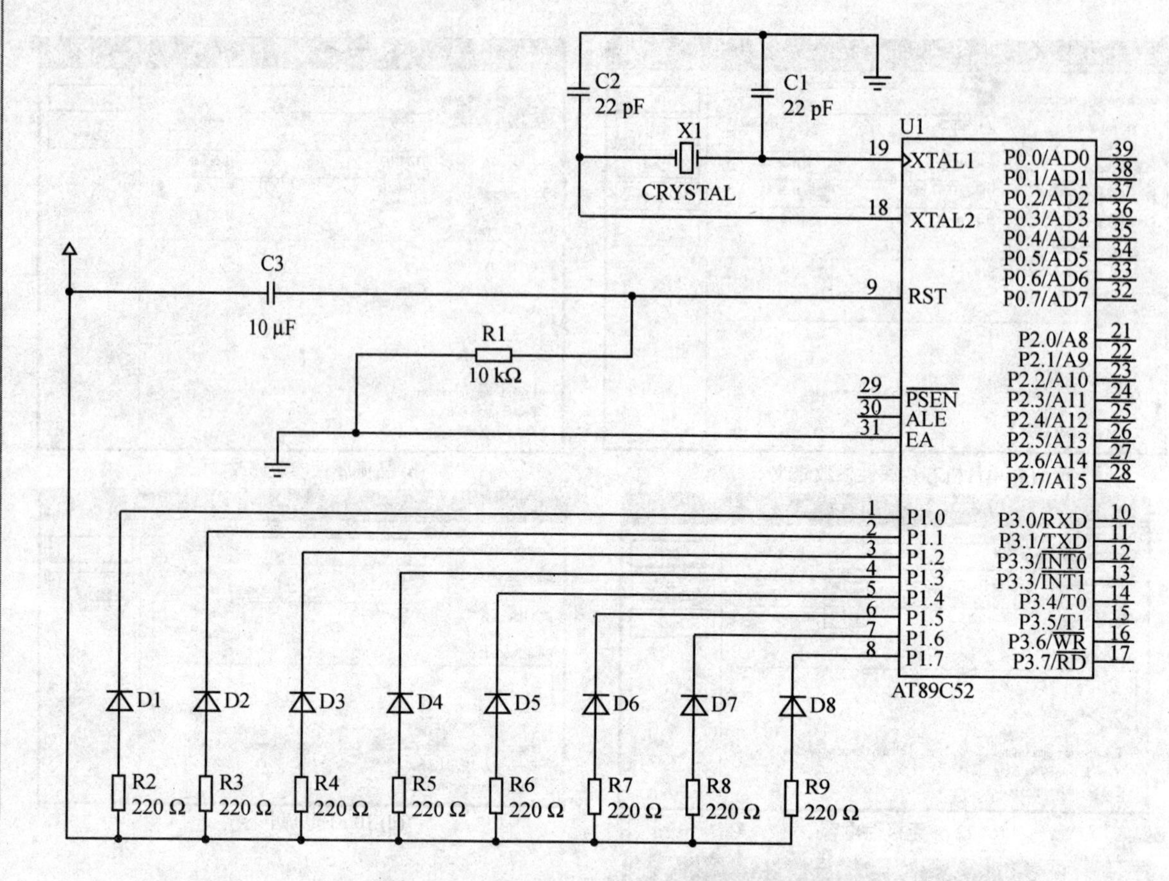

图 3.2.2　简易彩灯显示控制器电路原理图

3.3　软件设计

1. 设计分析

接下来就要进行软件程序的编写设计工作了。首先要根据设计任务的要求，结合电路引脚连线来分析软件程序应包含哪些具体程序；然后，根据具体程序的功能设置分析其执行的内部流程，形成程序流程图。之后，再根据程序流程图写出源程序，并放入编程软件中进行编辑、编译，最后形成能放入单片机中进行系统控制的 hex 文件。

由于本章的设计任务仅要求“显示至少两轮，每轮先从左至右显示，再从右至左显示”，但对于每次显示的具体点亮彩灯个数情况等则没有要求。因此这里先点亮左侧第一个彩灯，然后点亮第 2、第 3 直到第 8 个，从而完成一次从左至右点亮的过程；然后再反向从右至左依次点亮彩灯。将全部过程共执行两次，这样就可实现两轮显示的目的。

读者也可将每次点亮的彩灯效果按照自己的想法设置点亮方案，比如每次仅点亮一个彩灯，或者每次点亮不同个数的彩灯等。

由于采用单片机的 P1 口引脚连接发光二极管的负极，因此，需要某个彩灯点亮时，应使与之连接的单片机引脚输出低电平。我们可根据前面的点亮方案列出彩灯显示码，在程序设计时，只须利用查表的方法即可实现点亮效果了。

本章设计的程序功能较为简单，程序应包括主程序以及延时子程序两部分。主程序主要实现两重循环，外重循环实现显示两轮的操作；内重循环则实现一轮显示时先从左至右依次显示，然后再从右至左依次显示。显示时，必然需要一定的延时，否则，发光二极管会以非常快的速度点亮，因而让人眼看不清到底是哪些灯在点亮，影响点亮效果。

2. 程序流程

程序流程如图 3.3.1 所示。

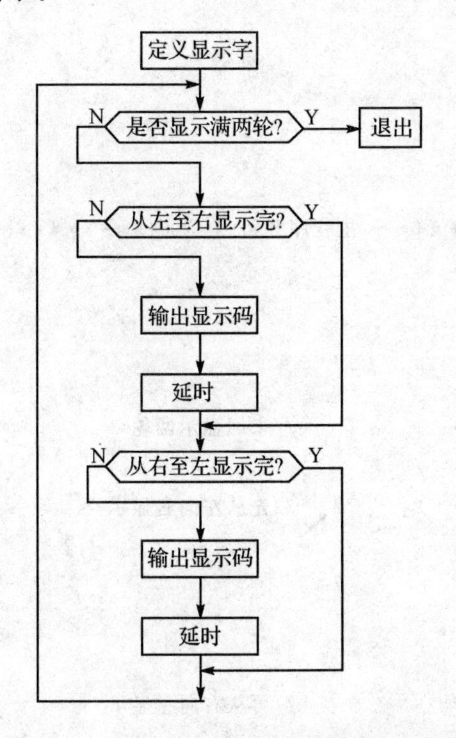

图 3.3.1　简易彩灯显示控制器主程序流程图

3. 参考源程序

```
/*************************************************************
        简易彩灯显示控制器 C51 程序
*************************************************************/
```

```
#define uchar unsigned char
#define uint unsigned int
#include <reg52.h>
/******定义显示字*****/
uchar code ss1[] = {0xFE,0xF9,0xF3,0xE7,0xCF,0x9F,0x3F,0x7F};//彩灯从左开始显示码
uchar code ss2[] = {0x7F,0x3F,0x9F,0xCF,0xE7,0xF3,0xF9,0xFE};//彩灯从右开始显示码
/********************** 延时子程序 ************************/
void Delay(uchar  a)
    {
        uchar  i;
        i = a;
        while(i -- )
                {
                    ;
                }
    }

/********************** 主程序开始 **********************/
void main(void)

{
    uchar m,n;
    for(n = 0;n<2;n ++ )                      //来回显示两轮
     {
      for(m = 0;m<8;m ++ )                    //先从左向右显示
       {
        P1 = ss1[m];
        Delay(2);
       }
      for(m = 0;m<8;m ++ )                    //再从右向左显示
       {
        P1 = ss2[m];
        Delay(2);
       }
     }
}
```

3.4　仿真调试

完成硬件设计与软件设计之后，接下来就可进行系统功能的仿真调试了。调试时，利用仿真进程控制按钮来控制系统的运行效果。

单击运行按键，则程序开始运行；再单击暂停按键，此时程序暂停，同时系统运行效果也保持在相应的状态不变。图 3.3.2 为系统正停在显示第 2 个和第 3 个彩灯的状态。

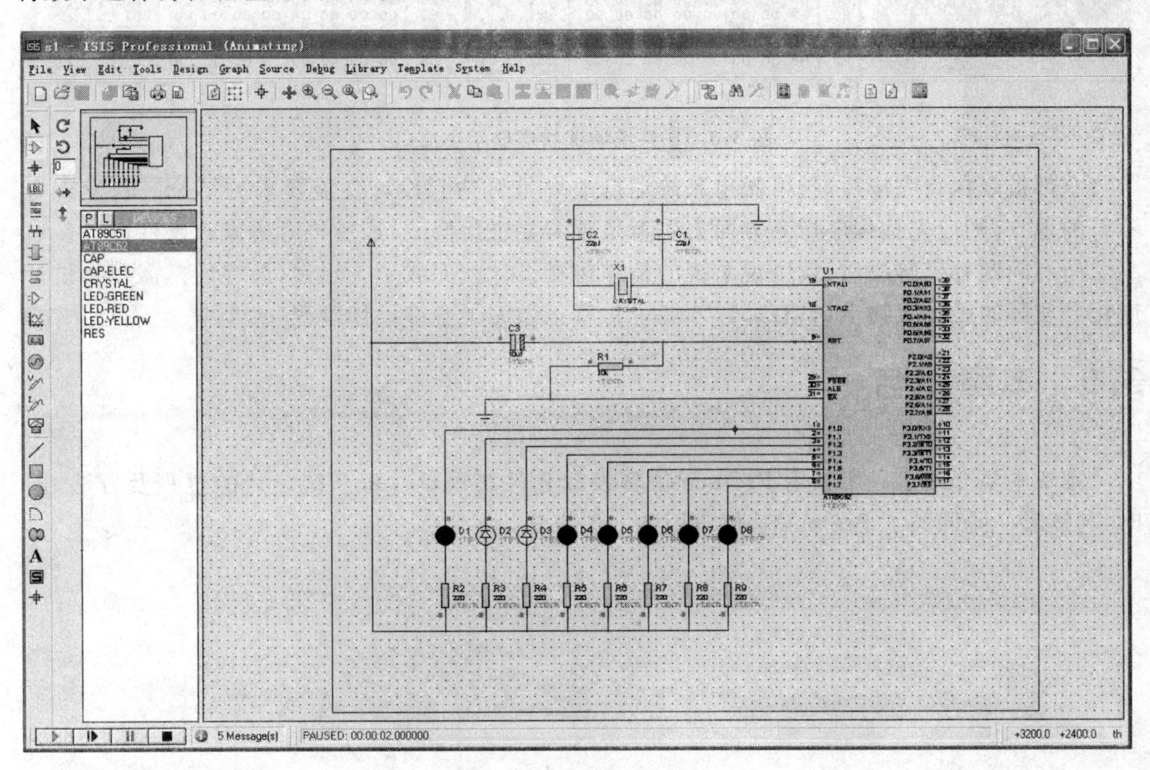

图 3.3.2　系统运行暂停时

调试时可以选择步进的方式，即逐条执行程序，逐条观察执行的效果。为了分析查看寄存器、SFR 标志存储器、数据存储单元等的同步状态变化，可在暂停时将 Debug 菜单中的观察窗口(Watch Window)、CPU 寄存器(8051 CPU Registers)、SFR 标志存储器(8051 CPU SFR Memory)以及数据单元(8051 CPU Internal Memory)等观察小窗打开。这样当再单击步进运行按键时，各小窗口中各段的数据就会根据程序运行的状态变化具体显示(读者在调试时应充分利用软件的这部分调试功能)。图 3.3.3 为系统处于图 3.3.2 的暂停状态时寄存器、SFR 以及数据存储单元等小窗口中数据的显示状态。其中高亮(阴影)显示的表示执行程序后发生状态变化的位置及当前值。

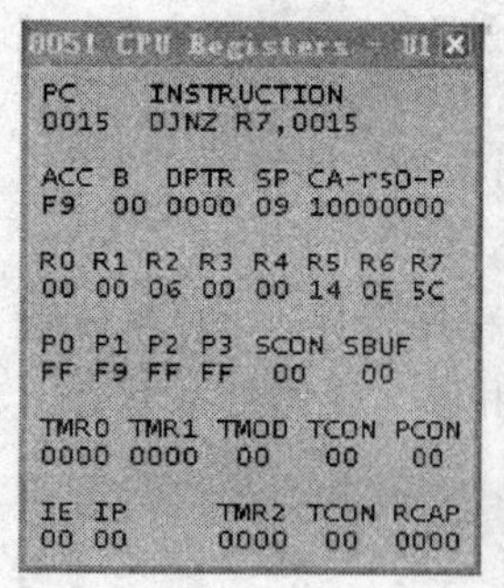

8051 CPU SFR Memory - U1

80	FF	09	00	00	00	00	00	00
88	00	00	00	00	00	00	02	00
90	F9	00	00	00	00	00	00	00
98	00	00	00	00	00	00	00	00
A0	FF	00	00	00	00	00	00	00
A8	00	00	00	00	00	00	00	00
B0	FF	00	00	00	00	00	00	00
B8	00	00	00	00	00	00	00	00
C0	00	00	00	00	00	00	00	00
C8	00	00	00	00	00	00	00	00
D0	80	00	00	00	00	00	00	00
D8	00	00	00	00	00	00	00	00
E0	F9	00	00	00	00	00	00	00
E8	00	00	00	00	00	00	00	00
F0	00	00	00	00	00	00	00	00
F8	00	00	00	00	00	00	00	00

8051 CPU Internal (IDATA) Memory - U1

00	00	00	06	00	00	14	0E	5C
08	09	00	00	00	00	00	00	00
10	00	00	00	00	00	00	00	00
18	00	00	00	00	00	00	00	00
20	00	00	00	00	00	00	00	00
28	00	00	00	00	00	00	00	00
30	00	00	00	00	00	00	00	00
38	00	00	00	00	00	00	00	00
40	00	00	00	00	00	00	00	00
48	00	00	00	00	00	00	00	00
50	00	00	00	00	00	00	00	00
58	00	00	00	00	00	00	00	00
60	00	00	00	00	00	00	00	00
68	00	00	00	00	00	00	00	00
70	00	00	00	00	00	00	00	00
78	00	00	00	00	00	00	00	00

图 3.3.3　系统调试状态显示小窗口

全部指令执行完毕后，就可做出系统运行效果是否达到设计功能要求的结论。若发现有不符的地方，则应先从程序指令方面去思考是否需要进行修改，最后再考虑修改硬件设计。

所有问题都已解决后，就可说系统的整体仿真设计就完成了。当然，最终还是需要将设计应用到实际的硬件实物上，只有那样才能说是真正做完了全部设计过程。

3.5　本章小结

本章主要介绍了一个利用 Proteus 仿真设计软件实现单片机系统设计的过程及方法，同时，与读者一同回顾了 Proteus 软件应用的一些方法。

第4章

单片机系统设计实战

本章将从目前常用的一些控制应用角度出发，为读者介绍具体实用的单片机控制系统的设计原理、方法、过程等。希望读者能通过本章的学习掌握单片机控制系统的设计方法，同时学会举一反三，改进系统功能并应用于实际的设计。

4.1 显示篇

4.1.1 4方向实用交通控制系统设计

1. 设计任务及思路分析

随着社会的发展，人们生活的节奏变得越来越快，于是道路上行驶的车也变得越来越多了。为了协调通行，常用交通控制系统来控制指示各方的行动。因此，交通灯成为了目前日常生活中非常常见的电路控制系统之一。

道路路口有很多种类型，如丁字路口、十字路口等。相对应的，交通灯就有3方向控制、4方向控制等类型。控制的行路方向越多，交通控制系统所需具备的功能就越复杂。

这里介绍一种实用的4方向交通控制系统的设计。设计任务与思路可分析如下：

任何一个实际的十字路口，按方位划分可以分为东、西、南、北4个方向。每一个方向上，对于车而言，有直行、左转、右转3种通行方式；而对于行人而言，只有通行或不能通行两种情况。国内汽车均采用靠右通行的原则，因此，一般情况下，右转弯是不需要交通控制灯的，且可以与直行同时进行；而左转弯时，车辆必然挡住直行车辆的行进，因此，不能与直行同时进行。

也就是说，当南北方向车辆允许通行时，东西方向的车辆应当禁止通行。而且，当南北方向车辆允许直行时，此方向上的左转应当禁止；反之，当南北方向车辆允许左转时，此方向上的直行应当禁止。南北方向车辆的直行通行时间与左转通行时间之和即为此方向的车辆通行总时间，同时也是东西方向车辆的禁止通行时间。为了方便控制，通行时间应当还可以实现人工设置。

可见，本章节的设计应当有4个方向控制电路，每个方向都应有车辆与行人通行的指示灯和通行时间指示器，而且系统还应有通行时间设置按键。

接下来就进行具体的设计，分为硬件设计、软件设计以及后期调试等部分。硬件设计中，应完成各电路部分中芯片的选型、引脚连线的确定以及电源供给等工作；软件设计中，应完成控制器中程序的编写、编辑、编译等工作；而后期调试则是将程序写入控制器，并接通电路电源，查看系统工作的状况。若发现存在系统功能与设计要求不符的情况，则重新分析修改设计，直到系统工作实现的功能与设计要求一致为止。

2. 硬件设计

(1) 总体设计

根据以上的设计任务与思路分析可知，一个实用的 4 方向交通控制系统应当包括单片机控制器模块、交通指示灯、数字显示器、按键等几个部分，如图 4.1.1 所示。

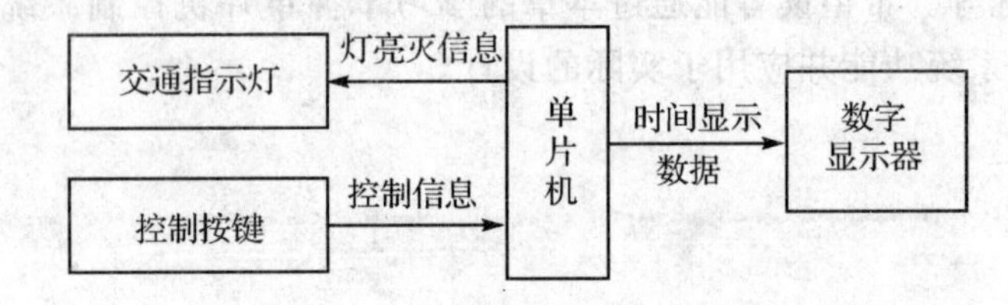

图 4.1.1　4 方向实用交通控制系统方框图

控制器一般是采用单片机。而交通指示灯的颜色应当有红、绿、黄 3 种。红灯亮表示禁止通行，绿灯亮表示允许通行，黄灯闪烁表示即将发生由红灯点亮向绿灯点亮的转换，或是由绿灯点亮向红灯点亮的转换。数码显示器则用来表示当前通行或禁行的时间，常采用数码管。电路的总体电路图如图 4.1.2 所示。

(2) 单片机电路设计

这里本书采用的单片机为 Atmel 公司的 AT89C52 单片机。这是因为目前市场上该款单片机的应用比较普遍，且价格也比较便宜。

由于交通控制系统有车辆交通指示灯、行人指示灯、通行时间显示器以及设置按键等控制对象，因此，单片机电路设计时，应合理考虑各控制对象的引脚分配。这里利用 P1 口和 P3 口的部分引脚连接交通指示灯，P0 口和 P2 口引脚连接控制通行时间显示器，P3 口的部分引脚连接控制设置按键。

具体来说，南北方向指示灯利用的引脚为：P1.4、P1.5、P1.6 分别连接车辆左转指示灯、直行指示灯和黄灯，P3.0 和 P1.3 分别连接行人的通行指示灯和等待指示灯。东西方向指示灯利用的引脚为：P1.0、P1.1、P1.2 分别连接车辆左转指示灯、直行指示灯和黄灯，P3.1 和 P1.7 分别连接行人的通行指示灯和等待指示灯。P0 口作为数码管显示数据基本输出通路，而 P2.0～P2.5 引脚则作为数码管显示选通的数据控制引脚。P3.3、P3.4 引脚连接控制按键。单片机模块电路图如图 4.1.3 所示。

单片机的外围电路(如复位电路、晶振电路、电源等)在图 4.1.3 中都没有连接。并非这些

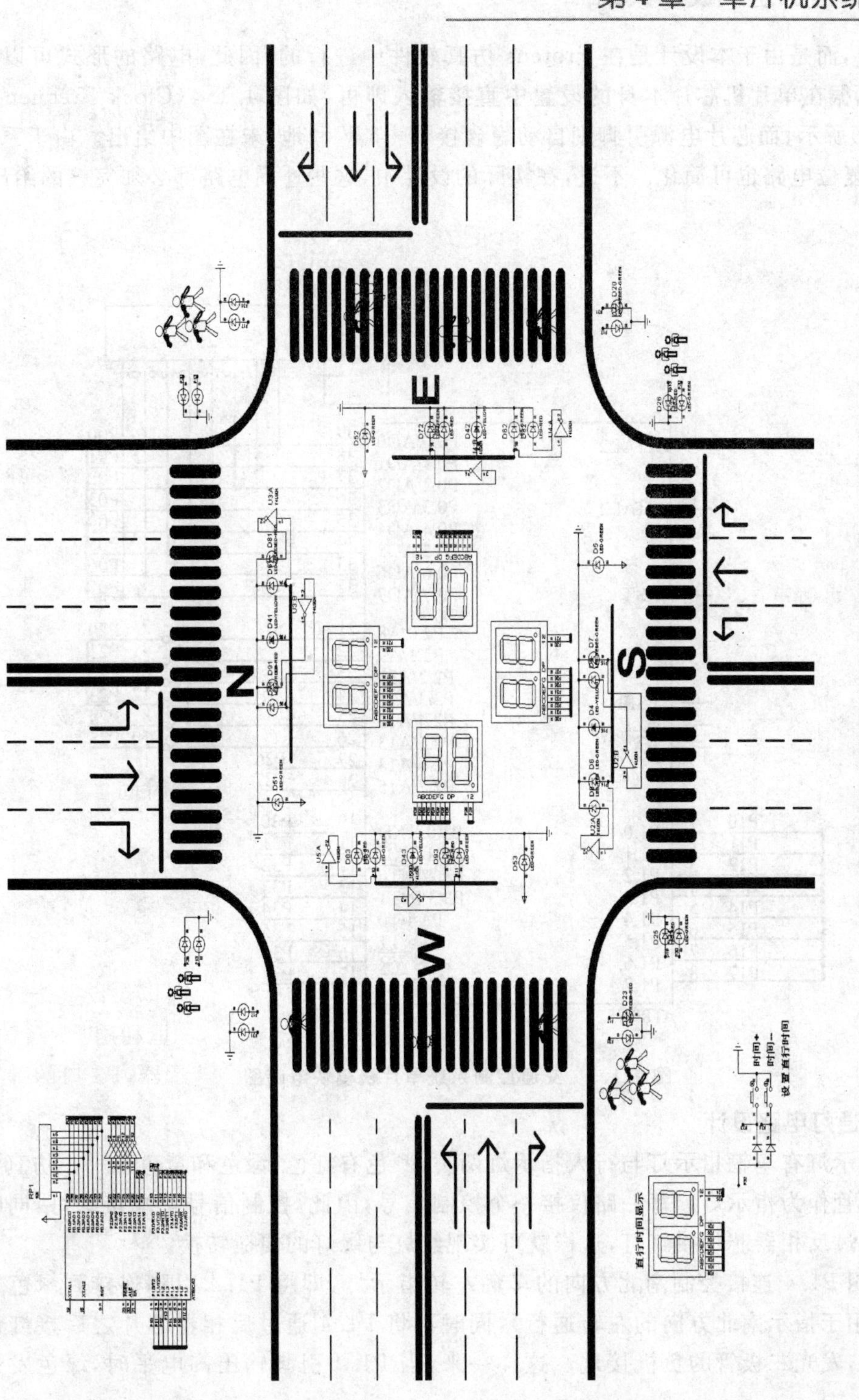

图 4.1.2　4方向实用交通控制系统总体电路图

电路不需要，而是由于本设计是在 Proteus 仿真软件中进行的，因此，电路的形式可以有一定的简化。晶振在单片机芯片本身的设置中直接输入即可，如图 4.1.4(Clock Frequency 设置为 12 MHz)所示；而芯片电源引脚则自动隐含接了 +5 V 和地，未在图中给出。由于系统本身比较简单，复位电路也可简化。不过，在实际的设计中，这些外围电路都必须完整的给出，不能省略。

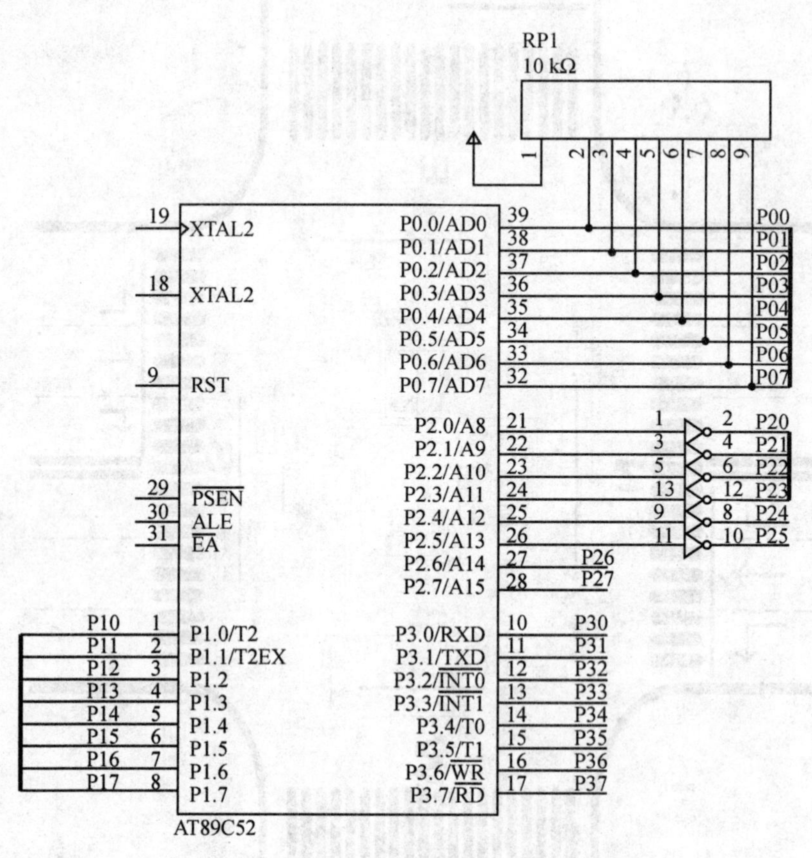

图 4.1.3　交通控制系统单片机模块电路图

(3) 交通灯电路设计

交通指示灯有车辆指示灯与行人指示灯两类，颜色有红色、绿色和黄色 3 种。仿真设计采用发光二极管作为指示灯。每一路仅接一个控制信号，因此，控制信号一端接绿灯，同时再将控制信号通过反相器芯片接红灯，这样就可实现红灯与绿灯的便捷转换。

例如，用 P1.4 连接控制南北方向的车辆左转指示灯，即将 P1.4 引脚连接到绿色发光二极管正极(用于指示南北方向的左转通行)，同时再将 P1.4 通过反相器芯片之后接红色发光二极管正极，发光二极管的负极接地。这样一来，当 P1.4 引脚输出高电平时，绿色发光二极

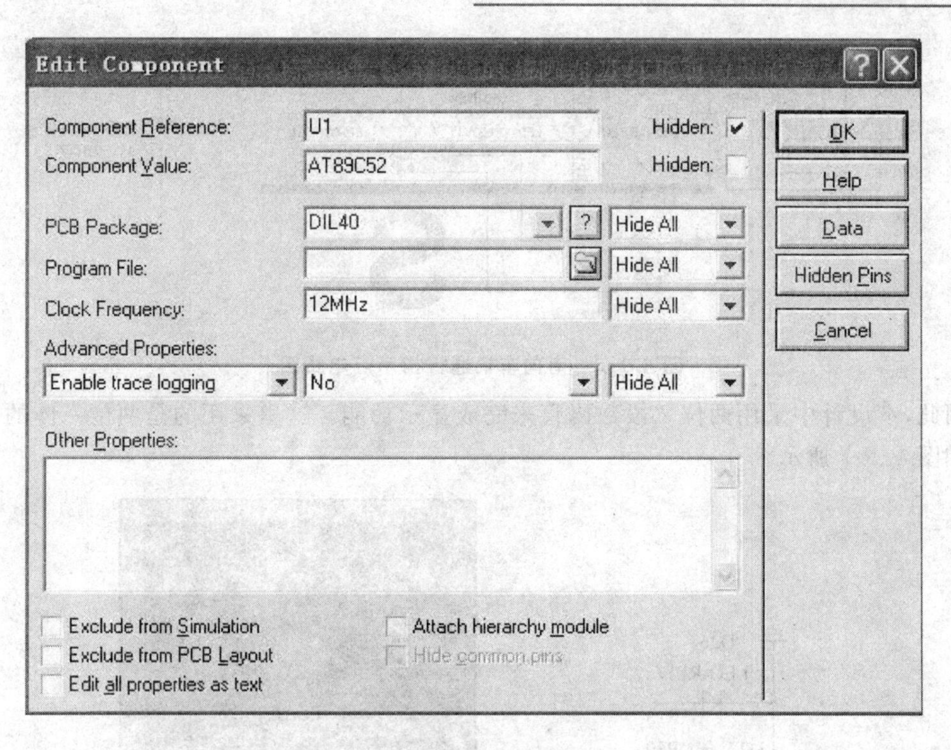

图 4.1.4　Proteus 软件中单片机芯片设置图

管亮，而红色发光二极管灭；反之，当 P1.4 引脚输出低电平时，绿色发光二极管灭，而红色发光二极管亮从而实现南北方向左转的控制。

具体来说，南北方向指示灯利用的引脚为：P1.4、P1.5、P1.6 分别连接车辆左转指示灯、直行指示灯和黄灯，P3.0 和 P1.3 分别连接行人的通行指示灯和等待指示灯。东西方向指示灯利用的引脚为：P1.0、P1.1、P1.2 分别连接车辆左转指示灯、直行指示灯和黄灯，P3.1 和 P1.7 分别连接行人的通行指示灯和等待指示灯。

图 4.1.5 为南向的车辆通行指示灯电路图。其中，D8、D6 为左转的红色和绿色指示灯，D4 为黄色指示灯，D9、D7 为直行的红色和绿色指示灯，D5 为右转指示灯。D5 直接接高电平，因此电路工作时是直接点亮显示；读者也可以考虑改进电路，加入控制信号连接该指示灯，使其也可实现按一定的设计要求来点亮。由于其余 3 个方向电路图与此基本一致，只是控制连接的单片机引脚不同而已，因此，在此省略。

图 4.1.6 为南北方向行人通行指示灯电路图。其中，D26 为红色发光二极管，D27 为绿色发光二极管，分别用 P1.3 和 P3.0 连接控制这两个指示灯。读者也可考虑用车辆指示灯电路控制连接的方式来予以改进。同样，图中省略了其他几个方向的行人通行指示灯电路图。

(4) 通行时间显示电路设计

目前实际使用的交通控制系统中通行时间一般都是两位数字，即显示的数据都是 0～99

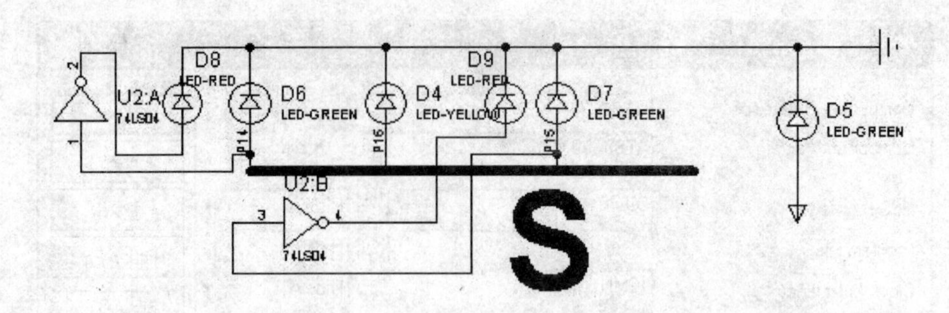

图 4.1.5 南向车辆通行指示灯电路图

以内,因此,本设计中采用两位 7 段数码管来完成显示功能。这里采用的是两位一体的 7 段数码管,如图 4.1.7 所示。

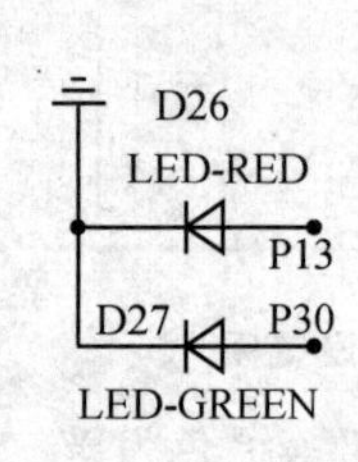

图 4.1.6 行人通行指示灯电路图

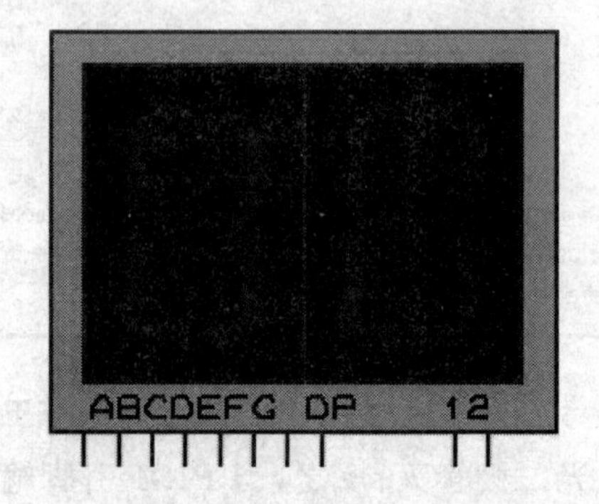

图 4.1.7 两位一体 7 段数码管

两位一体 7 段数码管中两个数码管的基本数据通路是公用的,通过两根选通引脚控制两个数码管来进行显示。设计中采用的数码管为共阴数码管,也就是说数码管的负极连接在一起,而其正极则连接外部的控制信号。因此,当外部控制信号为高电平时该段发光二极管就会点亮。选通控制线作为总体控制端,当外部信号为低电平时,相应数码管的段码才能进行显示。

单片机 P0 口作为数码管显示数据基本输出通路,P0.0～P0.7 分别连接数码管的 a、b、c、d、e、f、g、dp 段码连接线。P2.0～P2.5 引脚作为数码管显示选通的数据控制引脚。其中,P2.0、P2.1 分别控制南北方向通行时间显示数码管的十位和个位选通口,P2.2、P2.3 分别控制东西方向通行时间显示数码管的十位和个位选通口。系统还另外提供了一个显示器来显示单独设置的通行时间,并用单片机的 P2.4、P2.5 分别控制显示数码管的个位和十位选通口,以便实现数据的显示。

4 方向通行时间显示电路图如图 4.1.8 所示。

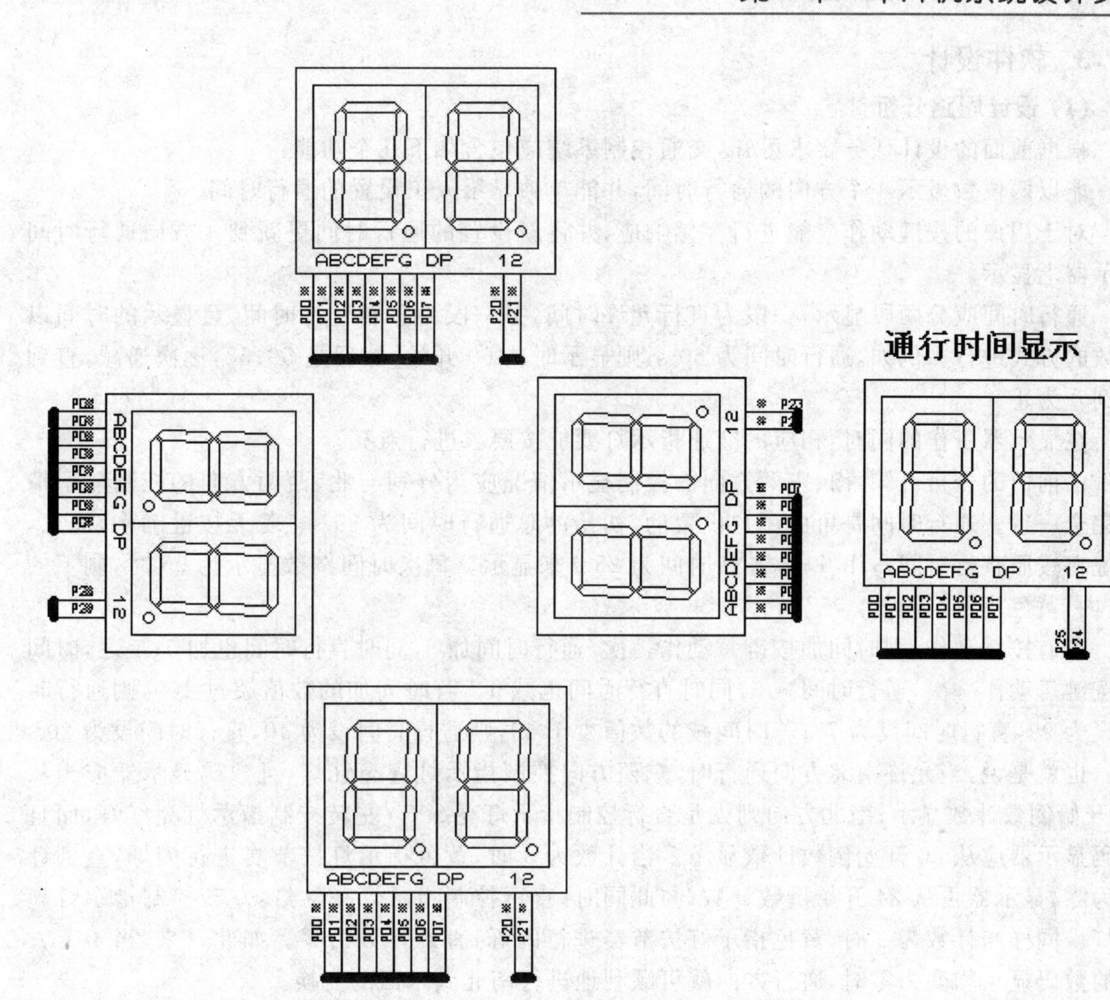

图 4.1.8　4方向通行时间显示电路图

(5) 通行时间设置按键电路设计

本系统中提供了设置通行时间的按键电路。P3.3、P3.4引脚分别连接时间加、时间减控制按键，当有按键动作时，就将相应的时间设置要求送入单片机中。此处按键设置的功能较简单，读者可考虑加入一些其他功能按键。例如，某方向全部禁止通行，其他方向只允许直行；或是添加夜间与白天通行区别控制按键等。

图 4.1.9 为通行时间设置按键电路图。

图 4.1.9　设置通行时间按键电路图

3. 软件设计

(1) 设计思路分析

根据前面的设计任务要求可知，交通控制系统应包含如下几个功能：

能以两位数显示4个方向的通行时间，并能单独显示人工设置的通行时间。

对于用户的按键动作应能进行存储响应，并将新设置的通行时间更新到4方向通行时间显示器上显示。

通行时间应分两段显示，一段为直行允许时间，另一段为左转允许时间，且显示的时间以倒数的方式进行。例如，通行时间为60 s，则显示时从60开始，然后是59、58，逐次递减，直到减到0为止。

在显示器工作的同时，相应的交通指示灯要能按要求进行点亮。

由前面的分析可知，南、东两方向的控制显示情况应当分别与北、西两方向的控制显示情况完全一致。通行时间是可由用户设置的，初始的总通行时间为85 s。若无按键动作，那么，系统将按照直行时间占用60 s，左转时间为25 s来显示。每次时间倒数显示为03时，剩下的4 s内，黄色指示灯闪烁。

若有按键动作，则时间加按键每动作一次，通行时间加5，同时直行时间也加5；反之，时间减按键每动作一次，通行时间减5，同时直行时间也减5。若时间加的数值超过100，则通行时间设为99，直行时间设为79；若时间减的数值少于40，则通行时间设为40，直行时间设为20。

也就是说，当允许南北方向通行时，东西方向控制指示灯应亮红灯，且数码显示器应当从80开始倒数计数显示；南北方向则先是直行控制指示灯亮绿灯，左转控制指示灯亮红灯，而且数码显示器应从60开始倒数计数显示。当计数为3时，黄色指示灯按节奏进行闪烁，直到计数为零，显示器再从24开始倒数计数；与此同时，直行控制指示灯亮红灯，左转控制指示灯亮绿灯。同样当计数为3时，黄色指示灯按节奏进行闪烁，直到计数为零。如此一来，当4个方向的数码显示均变为零时，通行方向就可顺利地进行南北到东西的变换。

(2) 程序流程

可见，系统程序除了主程序外，应当还有显示子程序、按键处理程序等部分。显示子程序完成显示器显示数据的提取、设置等操作；按键处理程序可以放在中断服务程序中，在其中响应按键的动作，并将时间加或时间减的动作及时更新到显示数据存储单元中。两个子程序的流程可参照程序注释分析得出。主程序的程序流程图如图4.1.10所示。

(3) 参考C51源程序

在下面的参考源程序中，除了能实现本章节设计要求外，还有一部分供读者思考外加功能。首先是定义控制位部分，程序中添加了针对P2.7、P2.6、P3.5、P3.6、P3.7引脚的定义，分别定义为交通繁忙指示灯、交通正常指示灯、交通正常按键、交通繁忙按键、交通特殊按键等。其次是按键处理外部0中断服务子程序，其中添加了针对3个未添加按键的动作响应程序。即交通正常按键动作时，设置通行时间为60，其中直行时间为40；交通繁忙按键动作时，设置

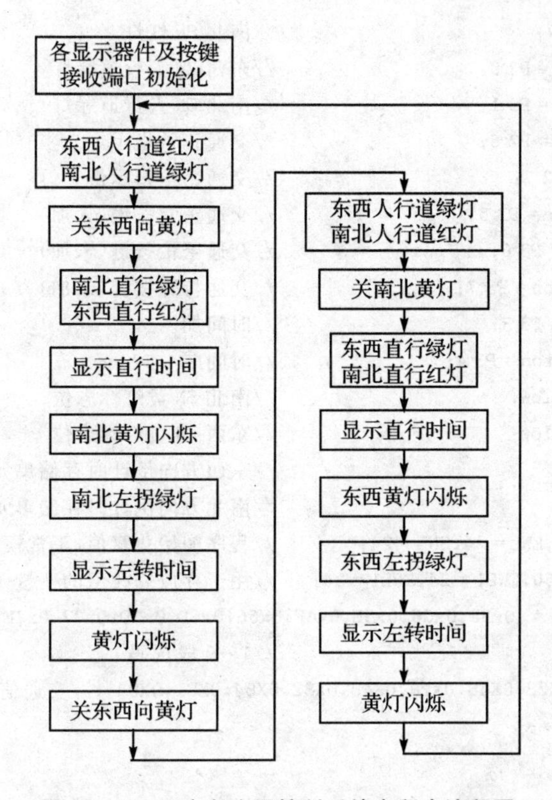

图 4.1.10 4方向交通控制系统主程序流程图

通行时间为45，其中直行时间为30；交通特殊按键动作时，设置通行时间为75，其中直行时间为55。根据这些内容，读者只需在相应的电路位置上添加指示灯以及按键即可实现上述外加功能。

```
#define  uchar  unsigned char
#define  uint  unsigned int
#include <reg52.h>
/*****定义控制位 ************************/
sbit    Time_Show_LED2 = P2^5;              //通行时间显示数码管个位控制位
sbit    Time_Show_LED1 = P2^4;              //通行时间显示数码管十位控制位
sbit    EW_LED2 = P2^3;                     //东西显示数码管个位控制位
sbit    EW_LED1 = P2^2;                     //东西显示数码管十位控制位
sbit    SN_LED2 = P2^1;                     //南北显示数码管个位控制位
sbit    SN_LED1 = P2^0;                     //南北显示数码管十位控制位
sbit    SN_Yellow = P1^6;                   //南北 SN 黄灯
sbit    EW_Yellow = P1^2;                   //东西 EW 黄灯
sbit    EW_Red = P1^3;                      //东西 EW 红灯
```

```
sbit      SN_Red = P1^7;                         //南北 SN 红灯
sbit      EW_ManGreen = P3^0;                    //东西 EW 人行道绿灯
sbit      SN_ManGreen = P3^1;                    //南北 SN 人行道绿灯
sbit      Special_LED = P2^6;                    //交通正常指示灯
sbit      Busy_LED = P2^7;                       //交通繁忙指示灯
sbit      Nomor_Button = P3^5;                   //交通正常按键(未加)
sbit      Busy_Btton = P3^6;                     //交通繁忙按键(未加)
sbit      Special_Btton = P3^7;                  //交通特殊按键(未加)
sbit      Add_Button = P3^3;                     //时间加
sbit      Reduces_Button = P3^4;                 //时间减
bit       Flag_SN_Yellow;                        //南北 SN 黄灯标志位
bit       Flag_EW_Yellow;                        //东西 EW 黄灯标志位
char      Time_EW;                               //东西方向倒计时存储单元
char      Time_SN;                               //南北方向倒计时存储单元
uchar EW = 85,SN = 60,EWL = 24,SNL = 24;        //程序初始化赋值,正常模式
uchar EW1 = 85,SN1 = 60,EWL1 = 24,SNL1 = 24;    //用于存放修改值的变量
uchar code table[10] = {0x3F,0x06,0x5B,0x4F,0x66,0x6D,0x7D,0x07,0x7F,0x6F};
                                                 //1~9 段选码
uchar code S[8] = {0X28,0X48,0X18,0X48,0X82,0X84,0X81,0X84};//交通信号灯控制代码
/**** 主程序 *****/
void main(void)

{
    Busy_LED = 0;
    Special_LED = 0;
    IT0 = 1;                                     //INT0 负跳变触发
    TMOD = 0x01;                                 //定时器工作于方式 1
    TH0 = (65536 - 50000)/256;                   //定时器赋初值
    TL0 = (65536 - 50000) % 256;
    EA = 1;                                      //CPU 开中断总允许
    ET0 = 1;                                     //开定时中断
    EX0 = 1;                                     //开外部 INT0 中断
    TR0 = 1;                                     //启动定时

     while(1)

{                   /******* S0 状态 **********/
                    EW_ManGreen = 0;             //东西 EW 人行道禁止
                    SN_ManGreen = 1;             //南北 SN 人行道通行
```

```
Flag_EW_Yellow = 0;              //东西 EW 关黄灯显示信号
Time_EW = EW;
Time_SN = SN;
while(Time_SN>= 5)
{P1 = S[0];                      //南北 SN 通行,东西 EW 红灯
 Display();}
/******* S1 状态 **********/
P1 = 0x00;
while(Time_SN>= 0)
{Flag_SN_Yellow = 1;             //南北 SN 开黄灯信号位
EW_Red = 1;                      //南北 SN 黄灯亮,等待左拐信号,东西 EW 红灯
 Display();
}
/******* S2 状态 **********/
Flag_SN_Yellow = 0;              //东西 SN 关黄灯显示信号
Time_SN = SNL;
while(Time_SN>= 5)
{P1 = S[2];                      //南北 SN 左拐绿灯亮,东西 EW 红灯
 Display();}
/******* S3 状态 **********/
P1 = 0x00;
while(Time_SN>= 0)
{Flag_SN_Yellow = 1;             //南北 SN 开黄灯信号位
EW_Red = 1;                      //南北 SN 黄灯亮,等待停止信号,东西 EW 红灯
Display();}
/*********** 赋值 **********/
EW = EW1;
SN = SN1;
EWL = EWL1;
SNL = SNL1;
/******* S4 状态 **********/
EW_ManGreen = ~EW_ManGreen;      //东西 EW 人行道通行
SN_ManGreen = ~SN_ManGreen;      //南北 SN 人行道禁止
Flag_SN_Yellow = 0;              //南北 SN 关黄灯显示信号
Time_EW = SN;
Time_SN = EW;
while(Time_EW>= 5)
{P1 = S[4];                      //东西 EW 通行,南北 SN 红灯
 Display();}
```

```
                /*******S5 状态 **********/
                P1 = 0X00;
                while(Time_EW>= 0)
                {Flag_EW_Yellow = 1;          //东西 EW 开黄灯信号位
                SN_Red = 1;                    //东西 EW 黄灯亮,等待左拐信号,南北 SN 红灯
                Display();}
                /*******S6 状态 **********/
                Flag_EW_Yellow = 0;            //东西 EW 关黄灯显示信号
                Time_EW = EWL;
                while(Time_EW>= 5)
                {P1 = S[6];                    //东西 EW 左拐绿灯亮,南北 SN 红灯
                 Display();}
                /*******S7 状态 **********/
                P1 = 0X00;
                while(Time_EW>= 0)
                {Flag_EW_Yellow = 1;          //东西 EN 开黄灯信号位
                SN_Red = 1;                    //东西 EW 黄灯亮,等待停止信号,南北 SN 红灯
                Display();}
                  /***********赋值 **********/
                EW = EW1;
                SN = SN1;
                EWL = EWL1;
                SNL = SNL1;
            }
    }
/****延时子程序 ****/
void Delay(uchar    a)
    {
        uchar  i;
        i = a;
        while(i--){;}
    }
/****显示子程序 ****/
void Display(void)
    {
        char h,l;
        h = Time_EW/10;
        l = Time_EW % 10;                      //东西显示时间数据提取
          P0 = table[l];                       //显示数据传送
```

```
        EW_LED2 = 1;                                //东西显示数码管个位显示不允许
        Delay(2);                                   //延时消抖
        EW_LED2 = 0;                                //东西显示数码管个位显示允许
        P0 = table[h];                              //显示数据传送
        EW_LED1 = 1;                                //东西显示数码管十位显示不允许
        Delay(2);                                   //延时消抖
        EW_LED1 = 0;                                //东西显示数码管十位显示允许
        h = Time_SN/10;
        l = Time_SN % 10;                           //南北显示时间数据提取
        P0 = table[l];                              //显示数据传送
        SN_LED2 = 1;                                //南北显示数码管个位显示不允许
        Delay(2);                                   //延时消抖
        SN_LED2 = 0;                                //南北显示数码管个位显示允许
        P0 = table[h];                              //显示数据传送
        SN_LED1 = 1;                                //南北显示数码管十位显示不允许
        Delay(2);                                   //延时消抖
        SN_LED1 = 0;                                //南北显示数码管十位显示允许
        h =  EW1/10;
        l =  EW1 % 10;                              //通行时间显示数据提取
        P0 = table[l];                              //显示数据传送
        Time_Show_LED1 = 1;                         //通行时间显示数码管十位显示不允许
        Delay(2);                                   //延时消抖
        Time_Show_LED1 = 0;                         //通行时间显示数码管十位显示允许
        P0 = table[h];                              //显示数据传送
        Time_Show_LED2 = 1;                         //通行时间显示数码管个位显示不允许
        Delay(2);                                   //延时消抖
        Time_Show_LED2 = 0;                         //通行时间显示数码管个位显示允许
    }
/****外部 0 中断服务(按键处理)子程序****/
void EXINT0(void)interrupt 0 using 1
    {
        EX0 = 0;                                    //关中断

    if(Add_Button == 0)                             //时间加按键有动作
        {
            EW1 + = 5;                              //通行时间加 5
            SN1 + = 5;                              //直行时间加 5
              if(EW1>= 100)
               {
```

```
                EW1 = 99;
                SN1 = 79;
            }
        }
    if(Reduces_Button == 0)                    //时间减按键有动作
        {
            EW1 - = 5;                         //通行时间减 5
            SN1 - = 5;                         //直行时间减 5
            if(EW1 <= 40)
            {
                EW1 = 40;
                SN1 = 20;
            }
        }
    if(Nomor_Button == 0)                      //测试按键 P3.5 是否按下,按下为正常状态(未加)
        {
            EW1 = 60;
            SN1 = 40;
            EWL1 = 19;
            SNL1 = 19;
            Busy_LED = 0;                      //关繁忙信号灯
            Special_LED = 0;                   //关特殊信号灯
        }
    if(Busy_Btton == 0)                        //测试按键 P3.6 是否按下,按下为繁忙状态(未加)
        {
            EW1 = 45;
            SN1 = 30;
            EWL1 = 14;
            SNL1 = 14;
            Special_LED = 0;                   //关特殊信号灯
            Busy_LED = 1;                      //开繁忙信号灯
        }
    if(Special_Btton == 0)                     //测试按键 P3.7 是否按下,按下为特殊状态(未加)
        {
            EW1 = 75;
            SN1 = 55;
            EWL1 = 19;
            SNL1 = 19;
            Busy_LED = 0;                      //关繁忙信号灯
```

```
            Special_LED = 1;                    //开特殊信号灯
        }
        EX0 = 1;                                //开中断
    }
/ **** T0 中断服务程序 ****/
    void timer0(void)interrupt 1 using 1
{
    static uchar count;
    TH0 = (65536 - 50000)/256;
    TL0 = (65536 - 50000) % 256;
    count ++ ;
    if(count == 10)
    {
      if(Flag_SN_Yellow == 1)                   //测试南北黄灯标志位
      {SN_Yellow = ~SN_Yellow;}
      if(Flag_EW_Yellow == 1)                   //测试东西黄灯标志位
      {EW_Yellow = ~EW_Yellow;}
    }
    if(count == 20)
    {
    Time_EW -- ;
    Time_SN -- ;
    if(Flag_SN_Yellow == 1)                     //测试南北黄灯标志位
        {SN_Yellow = ~SN_Yellow;}
    if(Flag_EW_Yellow == 1)                     //测试东西黄灯标志位
        {EW_Yellow = ~EW_Yellow;}
    count = 0;
    }
}
```

4. 系统调试

系统进行调试，实际上就是将电路连接好以后，再将编译为 16 进制形式的程序文件写入单片机中。由于是在仿真环境下，因此，写入程序的过程非常简单，只需双击单片机芯片，然后在 Program File 文本框输入文件的名称即可，如图 4.1.11 所示。

准备工作完成后，单击 Proteus 软件的运行按键，即可发现系统运行效果与设计要求完全一致，说明设计已成功完成。

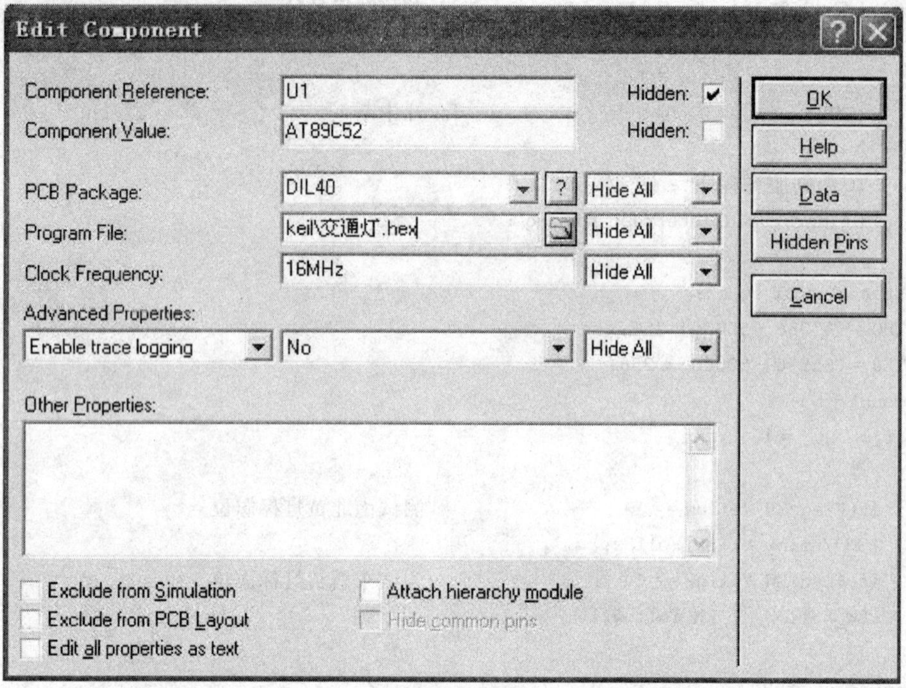

图 4.1.11 将程序写入单片机设置图

4.1.2 基于点阵 LED 显示屏的实时电子万年历显示器设计

1. 设计任务及思路分析

(1) 设计任务及分析

点阵式 LED 显示屏是随着计算机及相关的微电子、光电子技术的迅猛发展而形成的一种新型信息显示媒体。它利用发光二极管构成的点阵模块或像素单元组成可变面积的显示屏幕,以可靠性高、使用寿命长、环境适应能力强、性能价格比高、使用成本低等特点,在短短的 10 来年中,迅速发展为平板显示的主流产品,在信息显示领域得到了广泛的应用。例如,车站发车时间提示、股票大厅中的股票价格显示板、商场的活动广告栏、候机厅的起飞时间表等。

应用点阵显示器实际上就是将小块的点阵组合成设计所需的大小、形状和颜色,再用单片机控制实现各种文字或图形的变化,从而达到广告宣传和提示的目的。

本小节的任务是设计一个利用单片机控制,并用点阵 LED 显示屏显示的实时电子万年历。要求能模拟真实的电子万年历,循环滚动显示实时的年、月、日、星期、时、分、秒等内容,且各部分均能由用户分别进行修改。

分析可得如图 4.1.12 所示的系统方框图。

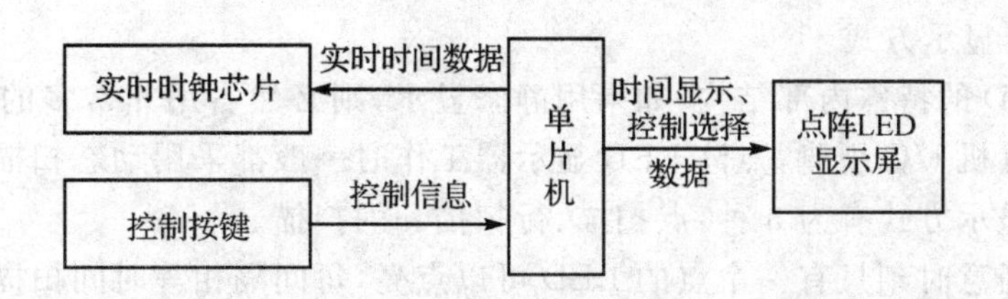

图 4.1.12　基于点阵 LED 显示屏的实时电子万年历显示器方框图

显示年、月、日、星期、时、分、秒等内容时，各部分显示的要求是不同的。其中，年是 4 位数，一般是从 2006 一直到 9999；月两位数，即 1～12，且 1～9 月的十位数应当不能显示；日按月份有 4 种，即 28、29、30、31；星期则是汉字，从一～日；时是 00～23 的两位数；分和秒都是 00～59 的两位数。

（2）相关器件应用介绍

1）点阵 LED 显示屏

a）点阵 LED 工作原理

点阵 LED 显示器按大小有很多种，常见的有 8×8、16×8 点阵等。图 4.1.13 就是一个 8×8 的点阵 LED 显示器。顾名思义，点阵 LED 就是将多个发光二极管按照一定的要求组合在一起，从而构成一个阵列显示整体。8×8 点阵 LED 就是由 8 行 8 列发光二极管排列构成的显示器件。

图 4.1.14 为点阵 LED 显示器的内部结构图。可见，点阵 LED 显示器中，同一行的 LED 共阳，而阴极独立；同一列的 LED 则共阴，而阳极独立。

图 4.1.13　8×8 点阵 LED 显示器实物图

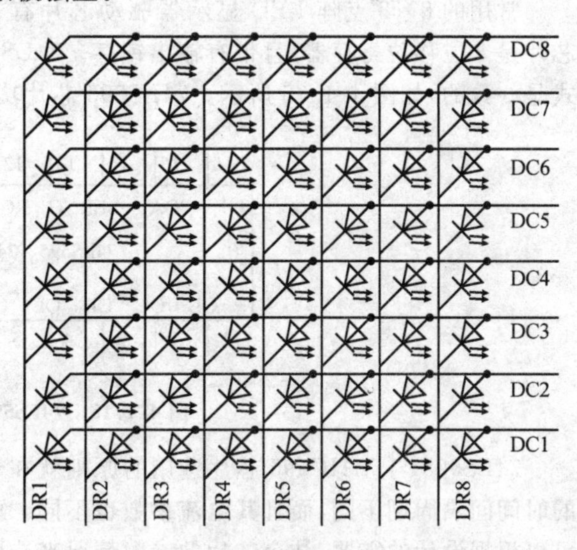

图 4.1.14　点阵 LED 显示器内部结构图

b）点阵 LED 显示方式

正因点阵 LED 的特殊内部结构，如果用静态显示，则必然占用非常多的 I/O 引脚。为了不占用过多的单片机 I/O 引脚，点阵 LED 显示器工作时一般都采用动态扫描的显示方式。实际运用的扫描式显示方式有为 3 种：点扫描、行扫描和列扫描。

点扫描就是任意时刻只有一个点的 LED 可以点亮，每间隔相等时间扫描到相继的下一个点的 LED 点亮显示。而行扫描就是任意时刻只有一行的 LED 可以点亮，每间隔相等时间扫描到相继的下一行的 LED 点亮显示。列扫描就是任意时刻只有一列的 LED 可以点亮，每间隔相等时间扫描到相继的下一列的 LED 点亮显示。

点阵 LED 显示的要求是必须保证能正确、稳定、无闪烁且亮度高。

要实现稳定、无闪烁的显示要求，则必须在满足人眼视觉暂留效应的同时，合理选择扫描间隔的周期时间。若选用点扫描方式，则扫描频率必须大于 16×64＝1 024 Hz，即扫描周期小于 1 ms 即可完成正常显示的要求。若使用行扫描和列扫描方式，则频率必须大于 16×8＝128 Hz，那么周期小于 7.8 ms 即可符合视觉暂留要求。

而要实现亮度高的显示要求，则必须考虑点阵 LED 显示器中单体 LED 的正向压降大小情况来合理设置驱动的电流大小。尽管多数点阵 LED 显示器单体 LED 的正向压降为 2 V 左右，但大亮点的点阵显示器单体 LED 的正向压降可达 6 V。因此，一次驱动一列或一行 8 个高亮度型 LED 时，必须外加驱动电路以便提高电流，否则 LED 亮度会不足。不过，一行或一列驱动的平均电流应当限制在 20 mA 以内。

c）点阵 LED 显示器驱动

常用的 8×8 点阵 LED 显示器驱动芯片有 74LS595（或 74HC595）、74596 等。74LS595 芯片是 8 位移位寄存器，且带有输出锁存。74LS595 芯片与 74HC595 芯片的引脚与外封装形式是一致的，如图 4.1.15 所示。74LS595 芯片功能如表 4.1.1 所列。

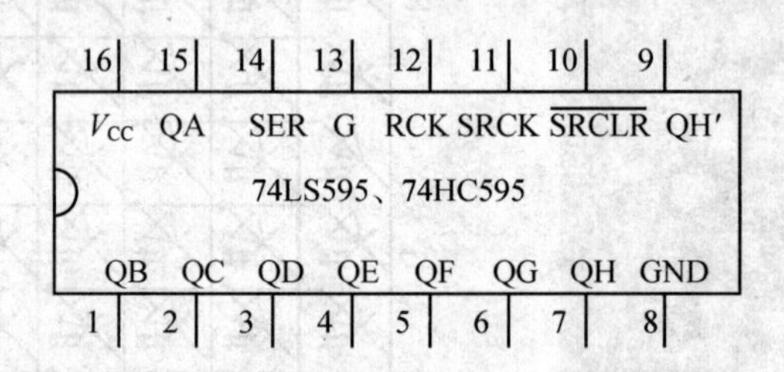

图 4.1.15　74LS595 芯片引脚图

74LS595 与 74HC595 芯片选用的原则就在于芯片电流在 SRCK、RCK、$\overline{G}$ 等引脚中传送的时间间隔周期不同，而且其电流参数也不同。两种芯片的参数比较如表 4.1.2 所列。读者可以根据设计的需要，结合芯片的参数情况来选取合适点阵 LED 显示器驱动芯片。

表 4.1.1 74LS595 芯片功能表

输入					功能
$\overline{SRCLR}$	SER	SRCK	RCK	$\overline{G}$	
L	X	X	X	X	移位寄存器清除
H	L	↑	X	X	逻辑低电平移入移位寄存器
H	H	↑	X	X	逻辑高电平移入移位寄存器
H	X	↓	X	X	移位寄存器保持不变
H	X	L	↑	X	移位寄存器数据存入 8 位锁存器
H	X	L	↓	X	锁存器数据保持不表
H	X	L	L	L	锁存输出 QA～QH 被允许
H	X	L	L	H	输出 QA～QH 呈高阻态

表 4.1.2 74LS595 与 74HC595 芯片工作参数比较表

项 目	大 小	输 入	IN	输 出	OUT	LS	HC	单 位
t_{pd}	max	SRCK		L→H	↑	18	53	ns
t_{pd}	max	SRCK		H→L	↓	25	53	ns
t_{pd}	max	RCK		L→H	↑	18	44	ns
t_{pd}	max	RCK		H→L	↓	35	44	ns
t_{pd}	max	$\overline{G}$		H→Z	▲	30	38	ns
t_{pd}	max	$\overline{G}$		L→Z	▼	38	38	ns
t_{pd}	max	$\overline{G}$		Z→H	△	30	38	ns
t_{pd}	max	$\overline{G}$		Z→L	▽	38	38	ns
t_{pd}	max	$\overline{SRCLR}$		QH'		35	44	ns
I_{cc}	max					65	0.08	mA
I_{IH}	max	SER	H			20		μA
I_{IL}	max	SER	L			0.4		mA
I_{IH}	max	OTHERS	H			20		μA
I_{IL}	max	OTHERS	L			0.2		mA
I_{OH}	max			QH'	H	1	4	mA
I_{oL}	max			QH'	L	16	4	mA
I_{OH}	max			OTHERS	H	2.6	6	mA
I_{oL}	max			OTHERS	L	24	6	mA
I_{ZH}	max			Q	H	20		μA
I_{ZL}	max			Q	L	20		μA

2）实时时钟芯片

常用的实时时钟芯片有DS12B887、DS1302、PCF8563等。这里采用的实时时钟芯片DS1302是Maxim/Dallas公司推出的一种高性能的实时时钟芯片，可以对年、月、日、周日、时、分、秒进行计时，且具有闰年补偿功能，工作电压为2.5～5.5 V。DS1302是DS1202的升级产品，与DS1202兼容，但增加了主电源/后背电源双电源引脚，同时提供了对后背电源进行涓细电流充电的能力。

DS1302芯片采用三线串行接口，用同步串行方式实现与CPU之间的同步数据传输。内部有一个31字节的用于临时性存放数据的RAM寄存器。此外，DS1302芯片还有低功耗以及易于使用的特点。在保持状态时，该芯片的功率小于1 mW，而且采用的晶振也是普通32.768 kHz晶振。

在应用上，除了时钟芯片的常见应用外，还可用DS1302和超级电容构成的电源备份电路。从而实现系统时间和日期数据的备份。由DS1302和超级电容构成的电源备份电路如图4.1.16所示。其中，DS1302的V_{CC2}接主电源，V_{CC1}接超级电容的正极。针对不同的电源备份系统，超级电容或电池可做不同的选择，如可充电的镍氢电池、镍镉电池以及容量不同的超级电容等。

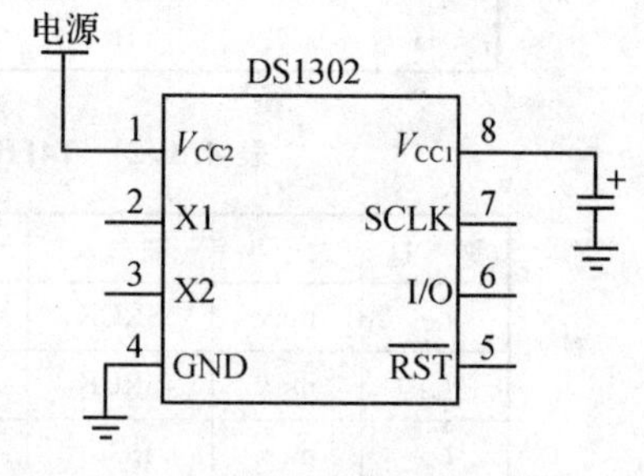

图4.1.16 DS1302和超级电容构成的电源备份电路应用图

a）DS1302芯片引脚

DS1302芯片引脚分布情况如图4.1.16所示。各引脚说明如下：

V_{CC2}为主电源接入引脚，V_{CC1}为后备电源接入引脚。在主电源关闭的情况下，芯片也能保持时钟的连续运行。DS1302由V_{CC1}或V_{CC2}两者中的较大者供电。当V_{CC2}比V_{CC1}超0.2 V时，由V_{CC2}给DS1302供电。当V_{CC2}小于V_{CC1}时，由V_{CC1}为DS1302供电。

X1、X2为振荡源接入引脚，外接32.768 kHz晶振。

$\overline{RST}$为复位/片选线。通过把$\overline{RST}$输入驱动置高电平来启动所有的数据传送。$\overline{RST}$输入有两种功能：一种是$\overline{RST}$接通控制逻辑，允许地址/命令序列送入移位寄存器；另一种是$\overline{RST}$提供终止单字节或多字节数据的传送手段。当$\overline{RST}$为高电平时，所有的数据传送被初始化，允许对DS1302进行操作。如果在传送过程中$\overline{RST}$置为低电平，则终止此次数据传送，I/O引脚变为高阻态。上电运行时，在$V_{CC}>2.0$ V之前，$\overline{RST}$必须保持低电平。只有在SCLK为低电平时，才能将$\overline{RST}$置为高电平。

I/O为串行数据输入/输出端（双向），SCLK为时钟输入端。

b）DS1302的控制字节

DS1302的控制字如图4.1.17所示。

控制字节的最高有效位（位7）必须是逻辑1，如果它为0，则不能把数据写入DS1302中。

位 6 如果为 0，则表示存取日历时钟数据；为 1 表示存取 RAM 数据。位 5～位 1 依次表示操作单元的地址的 A4～A0 位。控制字节的最低有效位（位 0）如为 0，则表示要进行写操作；若为 1，则表示进行读操作。

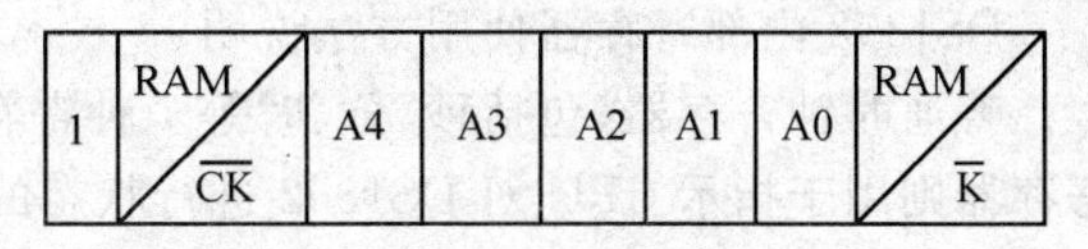

图 4.1.17　DS1302 控制字节

输出时，控制字节总是从最低有效位开始输出。

c) DS1302 的数据输入输出（I/O）

在控制指令字输入后的下一个 SCLK 时钟的上升沿，数据写入 DS1302，数据输入从低位（位 0）开始。同样，在紧跟 8 位的控制指令字后的下一个 SCLK 脉冲的下降沿读出 DS1302 的数据，读出数据时从低位 0 到高位 7。

d) DS1302 的寄存器

DS1302 有 12 个寄存器，其中 7 个寄存器与日历、时钟相关，存放的数据位为 BCD 码形式，其日历、时间寄存器及其控制字见表 4.1.3。

表 4.1.3　DS1302 日历、时间寄存器及其控制字表

寄存器	命令字		取值范围	各位内容							
	写操作	读操作		7	6	5	4	3	2	1	0
秒寄存器	80H	81H	00～59	CH	10 s			s			
分寄存器	82H	83H	00～59	0	10 min			min			
时寄存器	84H	85H	01～12 00～23	12/24	0	A/P	HR	HR			
日寄存器	86H	87H	01～28/29 01～30 01～31	0	0	10DATE		DATE			
月寄存器	88H	89H	01～12	0	0	0	10M	MONTH			
周寄存器	8AH	8BH	01～07	0	0	0	0	0	DAY		
年寄存器	8CH	8DH	00～99	10YEAR				YEAR			
控制寄存器	8EH	8FH		WP	0	0	0	0	0	0	0
涓流充电器	90H	91H		TCS				DS		RS	
时钟突发寄存器	BEH	BFH		对所有寄存器（除涓流充电器外）数据顺序读/写							
RAM 寄存器 0	C0H	C1H		RAM 寄存器 0 的 8 位数据							
…	…	…		…							
RAM 寄存器 30	FCH	FDH		RAM 寄存器 30 的 8 位数据							
RAM 突发寄存器	FEH	FFH		对所有寄存器数据连续读/写							

DS1302 内部寄存器使用方法说明：

普通时钟寄存器(包括秒、分、时等7种寄存器)用于表示普通时钟数据内容，而其他3种寄存器则用于指示CPU对DS1302进行状态的控制或设置。

秒寄存器中位7的CH表示时钟停止位，当CH=0时，振荡器工作允许；CH=1时，振荡器停止。小时寄存器中的位7为12/24小时标志，当它为1时，表示12小时模式；当它为0时，表示24小时模式。小时寄存器中的位5为上午(AM)或下午(PM)标志，当它为1时，表示下午模式；当它为0时，表示上午模式。

控制寄存器是用于程序初始运行时，将DS1302设置为读或写状态而提供给用户的。当此寄存器内容设置好以后，普通时钟数据才能进行后续的读/写操作。WP位为写保护标志，当WP=0时，寄存器数据能够写入；当WP=1时，寄存器数据不能写入。

涓流充电器是用于对DS1302进行涓流充电前状态设置的。TCS为涓流充电选择位，当TCS=1010时，表示允许进行涓流充电；当TCS为其他时，表示禁止进行涓流充电。DS为外接二极管数量选择位，DS=01时，表示选择一个二极管；DS=10时，表示选择两个二极管；DS=00或11时，即使此时TCS=1010，充电功能也会被禁止。RS为外接电阻选择位，RS=00时，表示没有外接电阻；RS=01时，表示外接电阻R1，其典型值为2 kΩ；RS=10时，表示外接电阻R2，其典型值为4 kΩ；RS=11时，表示外接电阻R3，其典型值为8 kΩ。

除了寄存器特殊状态位以外，普通时钟寄存器中的其他数据是按照BCD码的形式来存储数据的。也就是使用0～9这10个数值的二进码来表示各位的数字。比如秒寄存器的取值范围是00～59，存储位为bit0～bit6。bit6～bit4为十位数的BCD码，而bit3～bit0为个位的BCD码。假设现有数据为31 s，那么其存储情况应为bit6～bit4=011，bit3～bit0=0001。后面几个时钟寄存器中数据存储情况基本和秒寄存器数据的存储情况相同，读者可根据表4.1.3来依次分析得出。

此外，DS1302还有时钟突发寄存器以及RAM寄存器，时钟突发寄存器可一次性顺序读/写除充电寄存器外的所有寄存器内容。DS1302的RAM寄存器分为两类，其中一类是单个RAM单元，另一类为RAM突发寄存器。单个RAM单元共有31个，对应为RAM寄存器0～RAM寄存器30，每个单元组态为一个8位的字节。RAM寄存器的命令控制字为C0H～FDH，其中奇数为读操作，偶数为写操作。而RAM突发寄存器则可一次性读/写所有的31个RAM寄存器的状态，命令控制字为FEH(写)、FFH(读)。

DS1302的数据传送有单字节传送和多字节传送两种。当命令字节为BE或BF时，DS1302工作在多字节顺序传送模式。8个时钟/日历寄存器从RAM寄存器0开始，依次由地址0～地址7顺序读/写数据。当命令字节为FE或FF时，DS1302工作在多字节连续传送模式，31个RAM寄存器从0地址开始，连续读/写从0位开始的数据。

2. 硬件电路设计

硬件电路图如图4.1.18所示。

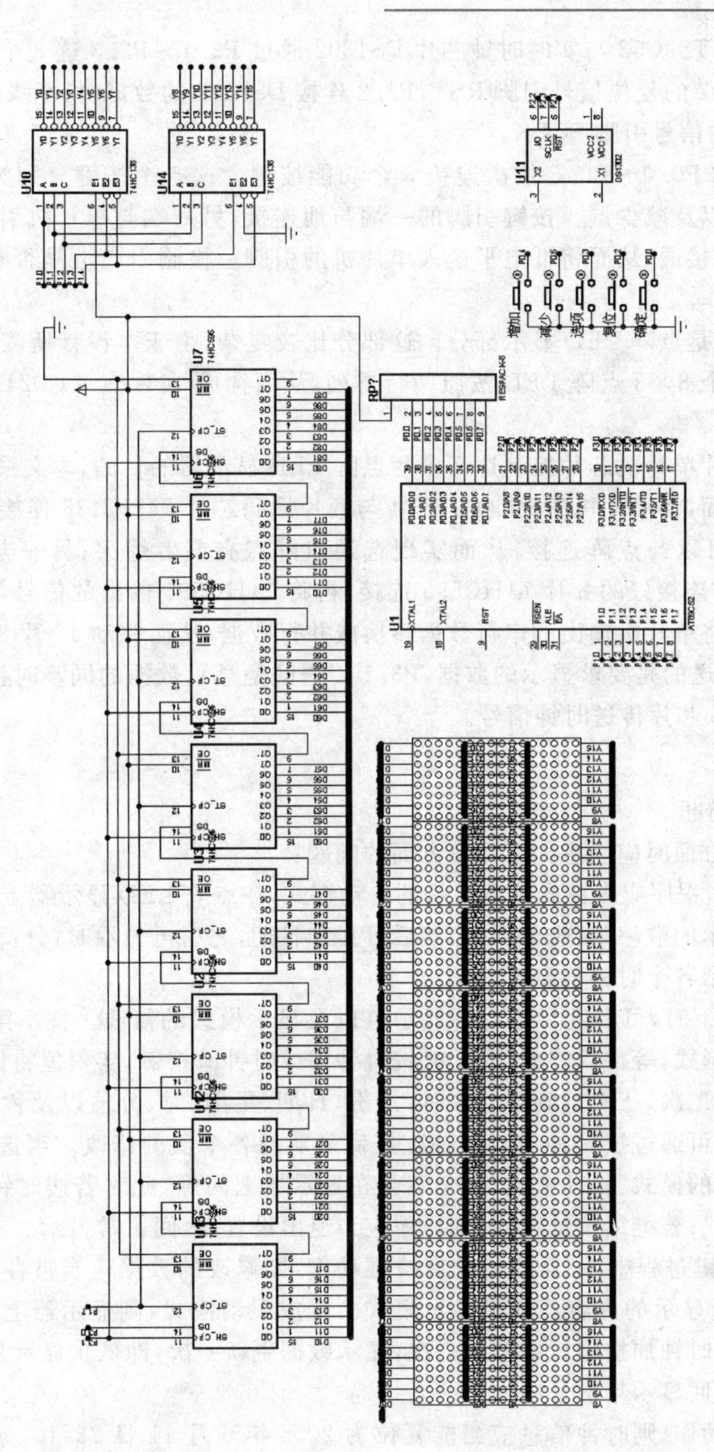

图 4.1.18　基于点阵LED显示屏的实时电子万年历显示器的硬件电路图

首先，单片机 AT89C52 与实时时钟芯片 DS1302 通过 P2.1～P2.3 这 3 个引脚连接。其中 P2.1 连接 DS1302 的复位信号引脚 RST，P2.2 连接 DS1302 的数据/指令线引脚 I/O，P2.3 连接 DS1302 的时钟信号引脚 SCLK。

其次，单片机的 P0.0～P0.5 依次连接 5 个功能按键。这 5 个按键分别为确定键、复位键、选项键、增加键以及减少键。按键引脚的一端与地连接，另一端与单片机引脚连接。当按键动作时，按键与地接通，从而将低电平送入单片机的引脚。检测引脚上是否有低电平，就可确定是否有按键动作。

然后，最关键的是点阵 LED 显示部分。这部分比较复杂，由于本设计所需显示的内容比较多，因此采用 16 个 8×8 点阵 LED 按照两行排列，从而构成 16×64＝1 024 分辨率的显示效果。

为了实现用一片单片机芯片控制这么多片点阵 LED 显示器的目的，本文采用了两个方面的设计改进。一方面，将单片机的 P1.0～P1.4 与两片译码芯片 74HC138 连接，构成 16 个译码输出端，这样就可以与点阵连接，从而实现选通点阵点亮或者熄灭；另一方面，单片机的 P3.0、P3.1、P1.7 与连接好的 8 片 74HC595 连接，再将 74HC595 输出的信号与点阵 LED 进行连接。这样就可将单片机输出的串行数据转换成并行数据，从而驱动 16 片 8×8 点阵 LED 点亮显示。P3.0 传送的是要求显示的数据，P3.1 传送的是显示数据的同步时钟脉冲信号，而 P1.7 则为 74HC595 芯片传送时钟信号。

3. 软件设计

(1) 设计思路分析

本系统在软件方面时应注意如下几个方面的问题：

① 电路接通后，程序应当首先按照默认的自动模式，在点阵 LED 显示器上自动显示各项实时时钟数据。显示的顺序为：先显示年，然后月份和日期，之后再显示时：分：秒，显示完后再返回又从年开始显示各个时钟信息。

② 当选项键按下时，可以进行各时钟显示值以及显示模式的修改。按下第一次时，年份值变成闪烁显示的形式，等待用户修改，此时按时钟加或时钟减按键，年份值将做相应的修改；之后，选项键按下第二次、三次直到第七次时，月份、日期、星期、时、分值以及秒依次会变成闪烁显示的形式，同样可通过按时钟加或时钟减按键来实现各个值的修改。当选项键按下第 8 次时，原本默认显示的模式“自动模式”几个字会在显示器上闪烁，此时若按时钟加按键，则显示模式变为手动模式；若继续按选项键，则程序应当退出设置，返回正常显示。

③ 在前面的按键过程中，一旦确定键有按键动作，则修改的数据应当被存储到相应的数据存储单元，并更新显示的内容。如果显示模式已变成手动模式，则显示器上应先显示年份值，然后等待用户按时钟加按键。每按键一次，显示数据更新一次，即依次显示月份和日期值，再是时：分：秒，再返回显示年份。

若复位按键有动作，则时钟信息应当能复位为 2006 年 6 月 11 日 22：10：00，且显示的模式也复位为手动模式。此时，显示的内容需通过按时钟加按键才能依次循环显示。

另外，本文单片机的晶振频率仍是通过仿真内部设定的，且设定为 24 MHz。而 DS1302 的晶振部分，由于是在仿真环境下，也进行了简化（即悬空处理）。但在软件程序时对延时时间进行了一定的设置，以满足 DS1302 的工作要求。

实际设计时必须在 DS1302 的 X1 和 X2 处外接 32.768 Hz 的晶体振荡器，且晶体振荡器的质量要好一些的。而且，为了计时准确，电路上面还要加负载电容，容量要根据振荡频率的计算公式来合理选用。DS1302 外接晶体振荡器及负载电容的电路示意图如图 4.1.19 所示。

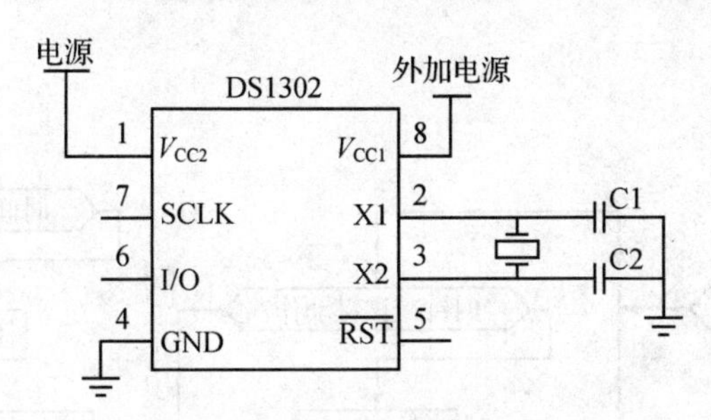

图 4.1.19　DS1302 外接晶体振荡器及负载电容的电路示意图

(2) 程序流程

主程序的程序流程如图 4.1.20 所示，其他较为简单的子程序流程读者可根据程序注释来分析。

(3) 参考 C51 源程序

```
/************************************************************
        基于点阵 LED 显示屏的实时电子万年历显示器 C 程序
************************************************************
#include <reg52.H>
#define uchar unsigned char
#define uint unsigned int
#define light 3                          //定义亮度
uchar code hanzi[ ];                     //汉字字模
uchar code timer[12][16];                //0～9 数字
uchar code sw[ ];                        //138 驱动数据
void Show_word();                        //待机显示按 3 s 间隔分别显示年、月日、星期、时分秒
void Show_pass();                        //不显示一个字
void Send_data(unsigned char *d);        //串口发送一行程序
sbit resget = P0^2;                      //时钟复位
sbit key_moda = P0^3;                    //模式转换
sbit key_up = P0^4;                      //时钟加
```

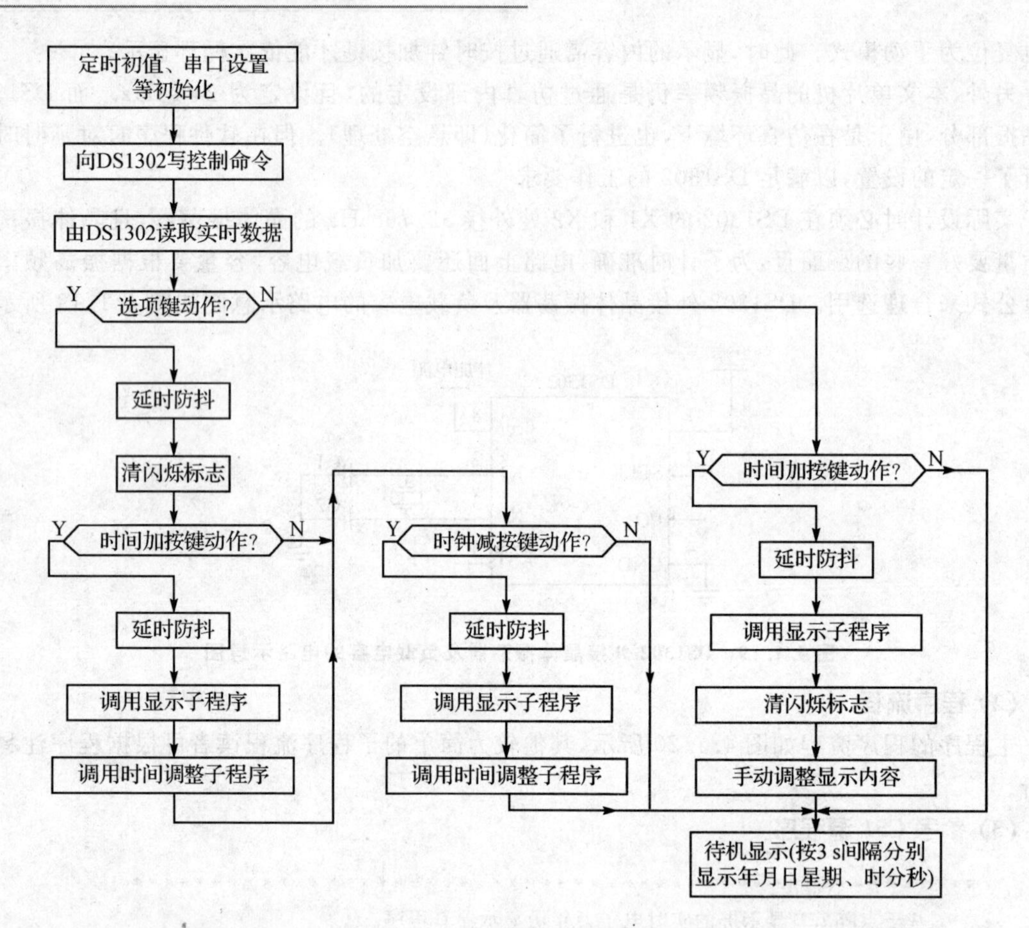

图 4.1.20 基于点阵 LED 显示屏的实时电子万年历显示器主程序流程图

```
sbit key_Down = P0^5;                              //时钟减
sbit key_ok = P0^0;
sbit T_CLK = P2^3;                                 //DS1302 引脚连接
sbit T_IO  = P2^2;
sbit T_RST = P2^1;
sbit ACC0 = ACC^0;                                 //1bit 数据存储位
sbit ACC7 = ACC^7;
sbit STR = P1^7;                                   //锁存
sbit CLK = P3^1;                                   //时钟
sbit Data =  P3^0;                                 //数据
sbit E = P1^4;
uchar starts_time[7] = {0x00,0x10,0x22,0x11,0x06,0x07,0x06};          //初始化后设置
uchar Move,Speed,Flicker,line,Sec,Cent,Hour,Year,Month,Day,Week;  //时间变量
```

```
uchar a,b,f,h,msec,id,x;            //标志计数器 a 为自动转换显示时间,b 为手动与自动标志
uint zimuo;                         //字模计数器
uchar BUFF[10];                     //缓存
void   RTInputByte(uchar);          //输入 1 字节
uchar  RTOutputByte(void);          //输出 1 字节
void   W1302(uchar, uchar);         //向 DS1302 写入一个字节
uchar  R1302(uchar);                //从 DS1302 读出一个字节
void   Set1302(uchar * );           //写 DS1302 时间
void   du1302();                    //读时间
void   DelayMs(void);               //延时
void   Set(uchar,uchar );           //变量调整
void   in_data();                   //调整移动数据
void   rxd_data();                  //串口发送移动数据
/***** 主程序 ****/
void main()
{
  Move = 0;
  zimuo = 0;
  TMOD = 0x01;                      //16 位定时
  TH0 = 0x3c;                       //25 ms,(晶振为 24 MHz)
  TL0 = 0xb0;
  EA = 1;
  TR0 = 1;
  ET0 = 1;
  SCON = 0;                         //初始化串口为工作方式 0(同步通信方式,TxD 输出同步脉冲)
  zimuo = 0;
  while(1)                          //重复循环显示
   {
     if(resget == 0)
        {  DelayMs();
           if(resget == 0)
               Set1302(starts_time); //初始化
           W1302(0x8e,0x00);         //控制命令,WP = 0,写操作
           W1302(0x90,0xa5);         //打开充电二极管,一个二极管串联一个 2 kΩ 电阻
           id = 0;h = 0;msec = 0;f = 0;
        }
     du1302();                       //读取、秒、分、时、日、月、星期、年
      if (key_moda == 0)             //设置和选择项目键
        {  DelayMs();
```

```
        if(key_moda == 0)
          {
            if(id++ == 9) {id = 0;}
            h = 0;msec = 0;          //清闪烁标志
            while(key_moda == 0){ Show_word();}
          }
    }

  if(id!= 0)
  {
      if (key_up == 0)                //增加减动作
    {
        DelayMs();
        if(key_up == 0)
          {
              while(key_up == 0)
                 {Show_word();}//调用显示
            h = 0;msec = 0;          //清闪烁标志

            Set(id,0);               //调用时间调整
          }
    }

    if (key_Down == 0)               //减少键动作

        DelayMs();
        if(key_Down == 0)
          {
            while(key_Down == 0)
                {Show_word();}   //调用显示
            h = 0;msec = 0;          //清闪烁标志
            Set(id,1);               //调用时间调整
          }
    }
    if(key_ok == 0)
    {
       id = 0;h = 0;                 //设置完毕
    }
  }
```

```
    else
    {
      if (key_up == 0)                    //增加
       {
         DelayMs();
         if(key_up == 0)
           {
               while(key_up == 0)
                 {Show_word();}                  //调用显示
             h = 0;msec = 0;                     //清闪烁标志
             if(b! = 0)                          //手动调整显示的内容
              {
                if(f ++ == 3)                    //f 为显示转换标志
                   f = 0;
              }
           }
       }
     }

   Show_word();                                  //待机显示按 3 s 间隔分别显示年、月、
                                                 日、星期、时分秒

  }
}
/**** 显示子程序 ****/
void Show_word()                                 //串行输出显示
{  uchar h;
   for(h = 0;h<16;h ++ )
    {
          if((id == 0)&(f == 0)|(id == 1))       //f 为 3 s 转换显示
           {
              Send_data(&timer[0][0]);           //不显示
              if((Flicker == 1)&(id == 1))       //闪烁标志为 1 时不亮,为零时亮
                { Show_pass();                   //不显示一个字
                  Show_pass();
                }
              else
                {
                   Send_data(&timer[2][h]);      //显示“2”
```

```
            Send_data(&timer[0][h]);        //显示"0"
            Send_data(&timer[Year/16][h]);  //显示年值
            Send_data(&timer[Year % 16][h]);
        }
        Send_data(&hanzi[h * 2 + 1]);       //字符"年"显示
        Send_data(&hanzi[h * 2]);
        Send_data(&timer[0]);               //不显示
    }

    if((id == 0)&(f == 1)|(id == 2)|(id == 3))
    {
        if((Flicker == 1)&(id == 2))        //闪烁标志为1时不亮,为零时亮
          { Show_pass();                    //不显示一个字

          }
        else
          {
            if(Month/16<1)
                Send_data(&timer[0]);       //月十位为零时不显示
            else
              Send_data(&timer[Month/16][h]);     //月值显示
            Send_data(&timer[Month % 16][h]);
          }
        Send_data(&hanzi[h * 2 + 33]);      //字符"月"显示
        Send_data(&hanzi[h * 2 + 32]);
        if((Flicker == 1)&(id == 3))        //闪烁标志为1时不亮,为零时亮
          { Show_pass();                    //不显示一个字
          }
        else
          {
              Send_data(&timer[Day/16][h]); //日值显示
            Send_data(&timer[Day % 16][h]);
          }
        Send_data(&hanzi[h * 2 + 129]);     //字符"日"显示
        Send_data(&hanzi[h * 2 + 128]);
    }
    if((id == 0)&(f == 2)|(id == 4))        //f为3 s转换显示
    {

        Send_data(&timer[0]);               //不显示
```

```
        Send_data(&hanzi[h * 2 + 65]);          //字符"星"显示
        Send_data(&hanzi[h * 2 + 64]);
        Send_data(&hanzi[h * 2 + 97]);          //字符"期"显示
        Send_data(&hanzi[h * 2 + 96]);
        if((Flicker == 1)&(id == 4))            //闪烁标志为1时不亮,为零时亮
          { Show_pass();                        //不显示一个字
          }
        else
          {
             Send_data(&hanzi[((Week % 16) - 1) * 32 + h * 2 + 129]);  //星期值显示
           Send_data(&hanzi[((Week % 16) - 1) * 32 + h * 2 + 128]);
          }
        Send_data(&timer[0][0]);                //不显示
    }

  if((id == 0)&(f == 3)|(id>4))                 //f为3 s转换显示
    {
        if((Flicker == 1)&(id == 5))            //闪烁标志为1时不亮,为零时亮
          {
            Show_pass();                        //不显示一个字
          }
        else
          {
            if(Hour/16<1)
              Send_data(&timer[0][0]);          //时十位小于1时不显示
            else
              Send_data(&timer[Hour/16][h]);    //时值显示
            Send_data(&timer[Hour % 16][h]);
          }
        Send_data(&timer[10][h]);               //显示":"

        if((Flicker == 1)&(id == 6))            //闪烁标志为1时不亮,为零时亮
          {
            Show_pass();                        //不显示一个字
          }
        else
          {
            Send_data(&timer[Cent/16][h]);
              Send_data(&timer[Cent % 16][h]);  //分值显示
```

```
        }
        Send_data(&timer[10][h]);                   //显示":"
        if((Flicker == 1)&(id == 7))                //闪烁标志为1时不亮,为零时亮
        {
           Show_pass();                             //不显示一个字
        }
        else
        {
           Send_data(&timer[Sec/16][h]);  //秒值显示
              Send_data(&timer[Sec % 16][h]);
           }
     }
  if(id>7)                                          //id大于7时为对显示转换模式设置
     {     if((Flicker == 1)&(id == 8))             //id为选项键按键的次数
        {  Show_pass();
           Show_pass();
           Show_pass();
           Show_pass();
        }
     else if(b == 0 && id == 8)
        {
           Send_data(&hanzi[h * 2 + 353]);  //显示汉字"自"
           Send_data(&hanzi[h * 2 + 352]);
           Send_data(&hanzi[h * 2 + 417]);  //显示汉字"动"
           Send_data(&hanzi[h * 2 + 416]);
           Send_data(&hanzi[h * 2 + 449]);  //显示汉字"模"
           Send_data(&hanzi[h * 2 + 448]);
           Send_data(&hanzi[h * 2 + 481]);  //显示汉字"式"
           Send_data(&hanzi[h * 2 + 480]);
        }
     else   if(id == 9 && b == 0 )
        {
           Send_data(&hanzi[h * 2 + 353]);  //显示汉字"自"
           Send_data(&hanzi[h * 2 + 352]);
           Send_data(&hanzi[h * 2 + 417]);  //显示汉字"动"
           Send_data(&hanzi[h * 2 + 416]);
         if(Flicker == 1)
              {
                 Show_pass();
```

```
                }
                else
                {
                    Send_data(&timer[a/16][h]);     //转换时间
                        Send_data(&timer[a % 16][h]);
                }
                Send_data(&hanzi[h * 2 + 513]); //显示汉字"秒"
                Send_data(&hanzi[h * 2 + 512]);
            }
        }
        else    if(b == 1)
        {
            Send_data(&hanzi[h * 2 + 385]);  //显示汉字"手"
            Send_data(&hanzi[h * 2 + 384]);
            Send_data(&hanzi[h * 2 + 417]);  //显示汉字"动"
            Send_data(&hanzi[h * 2 + 416]);
            Send_data(&hanzi[h * 2 + 449]);  //显示汉字"模"
            Send_data(&hanzi[h * 2 + 448]);
            Send_data(&hanzi[h * 2 + 481]);  //显示汉字"式"
            Send_data(&hanzi[h * 2 + 480]);
        }
    }
    P1 = sw[h];                                   //输出行信号
        STR = 1;STR = 0;
         STR = 1;                                 //锁存为高,595 锁存信号
    DelayMs();
   //延时,等待一段时间,让这列显示的内容在人眼内产生"视觉暂留"现象
  }
}
/**** 定时器 1 中断程序 ****
void timer_1(void) interrupt 1                    //中断入口,闪烁
{
  TH0 = 0x3C;                                     //25 ms 定时(晶振 24 MHz)
  TL0 = 0xB0;
  if(msec ++ == 40)                               //1 000 ms
   { msec = 0;
     x ++ ;
     if(x> = a)
       { x = 0;
```

```
        if(b == 0)                                  //自动模式
        {if(f ++ == 3)
          f = 0;                                    //f 显示转换计数器 ,d 为用户设置的自
                                                    动换时间的值
        }
      }
    if(h ++ == 4)                                   //5 s 后进入正常走时
        {id = 0;h = 0;}
    }
  if(msec<20)
        Flicker = 0;                                //闪烁标志反转
  else
        Flicker = 1;
}
/ **** 输出不显示一个字的子程序 ****/
void Show_pass()
{
  Send_data(&timer[0][0]);                          //不显示
  Send_data(&timer[0][0]);                          //不显示
}
/ **** 显示调整子程序 ****/

void in_data(void)                                  //调整数据
{
 char s;
    for(s = 4;s> = 0;s -- )                         //i 为向后先择字节计数器,zimuoo 为向
                                                    后先字计数器
     {
      BUFF[2 * s + 1] = hanzi[zimuo + 32 * s + 2 * line];
    //把第一个字模的第一个字节放入 BUFF0 中,第二个字模和第一个字节放入 BUFF2 中
      BUFF[2 * s] = hanzi[zimuo + 1 + 32 * s + 2 * line];
    //把第一个字模的第二个字节放入 BUFF1 中,第二个字模的第二个字节放入 BUFF3 中
     }
}
/ **** 串行发送显示数据子程序 ****/
void rxd_data(void)                                 //串行发送数据
{
  uchar s;
  uchar inc,tempyid,temp;
```

```
if(Move<8)
   inc = 0;
else
   inc = 1;
for(s = 0 + inc;s<8 + inc;s ++ )                    //发送 8 字节数据
   {
    if(Move<8)
      tempyid = Move;
    else
    tempyid = Move - 8;
    temp = (BUFF[s]>>tempyid)|(BUFF[s + 1]<<(8 - tempyid));
         //h1 左移 tempyid 位后和 h2 右移 8 - tempyid 相或,取出移位后的数据
temp = 255 - temp;


    SBUF = temp;                                      //把 BUFF 中的字节从大到小移位相或后
                                                        发送输出

     while(TI == 0);                                  //等待发送完毕
     TI = 0;

   }
}
/*****从串口发送数据 *****/
void Send_data(unsigned char * d)
{
    SBUF = ( * d);
     while(TI == 0);                                  //等待发送完毕
     TI = 0;
}
/****根据按键选择调整相应项目子程序 ****/
void Set(uchar sel,uchar sel_1)
{
  uchar address,time;
  uchar max,min;
  if(sel == 9)  {address = 0xc2; max = 20;min = 1;}   //自动转换时间时最大为 20 s
  if(sel == 8)  {address = 0xc0; max = 1;min = 0;}
                                                      //显示自动转换或手动转换。为零自动,
                                                        为 1 手动
  if(sel == 7)  {address = 0x80; max = 0;min = 0;}    //秒
```

```
  if(sel == 6)  {address = 0x82; max = 59;min = 0;}        //分钟
  if(sel == 5)  {address = 0x84; max = 23;min = 0;}        //小时
  if(sel == 4)  {address = 0x8a; max = 7; min = 1;}        //星期
  if(sel == 3)  {address = 0x86; max = 31;min = 1;}        //日
  if(sel == 2)  {address = 0x88; max = 12;min = 1;}        //月
  if(sel == 1)  {address = 0x8c; max = 99;min = 0;}        //年


  time = R1302(address + 1)/16 * 10 + R1302(address + 1) % 16;
  if (sel_1 == 0) time ++ ;  else time -- ;
  if(time>max) time = min;
  if(time<min) time = max;
      :
  W1302(0x8e,0x00);
  W1302(address,time/10 * 16 + time % 10);
  W1302(0x8e,0x80);
}
```



```
/**** 延时子程序 ****/

void DelayMs(void)
 {
  uchar TempCyc;
  for(TempCyc = 100;TempCyc>1;TempCyc -- )
     {;}
 }


/***** DS1302 读写子程序 *****/
/********************************************************************
函 数 名:RTInputByte()
功    能:实时时钟写入一字节
说    明:往 DS1302 写入 1 字节数据（内部函数）
入口参数:d 写入的数据
返 回 值:无
********************************************************************/
void RTInputByte(uchar d)
{
    uchar h;
```

```
    ACC = d;
    for(h=8; h>0; h--)
    {
        T_IO = ACC0;
        T_CLK = 1;
        T_CLK = 0;
        ACC = ACC >> 1;                                  /*相当于汇编中的 RRC */
    }
}
/********************************************************************
函 数 名:RTOutputByte()
功    能:实时时钟读取一字节
说    明:从 DS1302 读取 1Byte 数据(内部函数)
入口参数:无
返 回 值:ACC
********************************************************************/
uchar RTOutputByte(void)
{
    uchar h;
    for(h=8; h>0; h--)
    {
        ACC = ACC >>1;                                   /*相当于汇编中的 RRC */
        ACC7 = T_IO;
        T_CLK = 1;
        T_CLK = 0;
    }
    return(ACC);
}
/********************************************************************
函 数 名:W1302()
功    能:往 DS1302 写入数据
说    明:先写地址,后写命令/数据(内部函数)
调    用:RTInputByte() , RTOutputByte()
入口参数:ucAddr: DS1302 地址, ucData:要写的数据
返 回 值:无
********************************************************************/
void W1302(uchar ucAddr, uchar ucDa)
{
    T_RST = 0;
```

```
    T_CLK = 0;
    T_RST = 1;
    RTInputByte(ucAddr);                                /* 地址,命令 */
    RTInputByte(ucDa);                                  /* 写1字节数据 */
    T_CLK = 1;
    T_RST = 0;
}
/********************************************************************
函 数 名:R1302()
功    能:读取DS1302某地址的数据
说    明:先写地址,后读命令/数据(内部函数)
调    用:RTInputByte() , RTOutputByte()
入口参数:ucAddr: DS1302地址
返 回 值:ucData :读取的数据
********************************************************************/
uchar R1302(uchar ucAddr)
{
    uchar ucData;
    T_RST = 0;
    T_CLK = 0;
    T_RST = 1;
    RTInputByte(ucAddr);                                /* 地址,命令 */
    ucData = RTOutputByte();                            /* 读1字节数据 */
    T_CLK = 1;
    T_RST = 0;
    return(ucData);
}
/********************************************************************
函 数 名:Set1302()
功    能:设置初始时间
说    明:先写地址,后读命令/数据(寄存器多字节方式)
调    用:W1302()
入口参数:pClock:设置时钟数据地址 格式为: 秒 分 时 日 月 星期 年
                        7Byte (BCD码)1B 1B 1B 1B 1B    1B    1B
返 回 值:无
********************************************************************/
void Set1302(uchar * pClock)
{
```

```
    uchar h;
    uchar ucAddr = 0x80;
    W1302(0x8e,0x00);                              /* 控制命令,WP=0,写操作? */
    for(h = 7; h>0; h-- )
    {
        W1302(ucAddr, * pClock);                   /* 秒 分 时 日 月 星期 年 */
        pClock ++ ;
        ucAddr + = 2;
    }
    W1302(0xc0,0x01);
    W1302(0XC2,0X03);                              //初始自动转换显示时间为 3 s
    W1302(0x8e,0x80);                              /* 控制命令,WP=1,写保护? */

}
/******************* 读取 DS1302 中的时间 *****************/
void du1302()
{
     Sec = R1302(0x81);                            //对取 秒 分 时 日 月 星期 年
     Cent = R1302(0x83);
     Hour = R1302(0x85);
     Day = R1302(0x87);
     Month = R1302(0x89);
     Week = R1302(0x8b);
     Year = R1302(0x8d);
     b = R1302(0xc1);
     a = R1302(0xc3);
     a = a/16 * 10 + a % 16;

}
 uchar code sw[16] = {0x00,0x01,0x02,0x03,0x04,0x05,0x06,0x07,
                   0x08,0x09,0x0a,0x0b,0x0c,0x0d,0x0e,0x0f};    /* 16 行段码 */
const uchar code timer[12][16] = {               /* 0~9 字符,横向取模右高位 */
    0x00,0x00,0x00,0x3E,0x63,                      // -0-
    0x63,0x73,0x6B,0x6B,0x67,
    0x63,0x63,0x3E,0x00,0x00,
    0x00,
    0x00,0x00,0x00,0x18,0x1C,                      // -1-
    0x1E,0x18,0x18,0x18,0x18,
```

```
0x18,0x18,0x7E,0x00,0x00,
0x00,
0x00,0x00,0x00,0x3E,0x63,                       // -2-
0x60,0x30,0x18,0x0C,0x06,
0x03,0x63,0x7F,0x00,0x00,
0x00,
0x00,0x00,0x00,0x3E,0x63,                       // -3-
0x60,0x60,0x3C,0x60,0x60,
0x60,0x63,0x3E,0x00,0x00,
0x00,
0x00,0x00,0x00,0x30,0x38,                       // -4-
0x3C,0x36,0x33,0x7F,0x30,
0x30,0x30,0x78,0x00,0x00,
0x00,
0x00,0x00,0x00,0x7F,0x03,                       // -5-
0x03,0x03,0x3F,0x70,0x60,
0x60,0x63,0x3E,0x00,0x00,
0x00,
0x00,0x00,0x00,0x1C,0x06,                       // -6-
0x03,0x03,0x3F,0x63,0x63,
0x63,0x63,0x3E,0x00,0x00,
0x00,
0x00,0x00,0x00,0x7F,0x63,                       // -7-
0x60,0x60,0x30,0x18,0x0C,
0x0C,0x0C,0x0C,0x00,0x00,
0x00,
0x00,0x00,0x00,0x3E,0x63,                       // -8-
0x63,0x63,0x3E,0x63,0x63,
0x63,0x63,0x3E,0x00,0x00,
0x00,
0x00,0x00,0x00,0x3E,0x63,                       // -9-
0x63,0x63,0x7E,0x60,0x60,
0x60,0x30,0x1E,0x00,0x00,
0x00,
0x00,0x00,0x00,0x00,0x00,                       // -:-
0x18,0x18,0x00,0x00,0x00,
0x18,0x18,0x00,0x00,0x00,
0x00,
```

```
/*--黑屏字符--*/
    0x00,0x00,0x00,0x00,0x00,0x00,0x00,0x00,0x00,0x00,0x00,0x00,0x00,0x00F,0x00,0x00,
};
const uchar code hanzi[]={                                        /* 移动显示汉字字模 */
/*--   文字:  年   1--*/
/*--   华文新魏12;  此字体下对应的点阵为:宽×高=16x17    --*/
0x00,0x10,0x3F,0xF0,0x01,0x08,0x01,0x08,0x01,0x04,0x1F,0xF2,0x01,0x11,0x01,0x10,
0x01,0x10,0x01,0x10,0x7F,0xFF,0x01,0x00,0x01,0x00,0x01,0x00,0x01,0x00,0x01,0x00,
/*--   文字:  月   2--*/
/*--   华文新魏12;  此字体下对应的点阵为:宽×高=16×16    --*/
0x0F,0xE0,0x08,0x20,0x08,0x20,0x08,0x20,0x0F,0xE0,0x08,0x20,0x08,0x20,0x08,0x20,
0x0F,0xE0,0x08,0x20,0x08,0x10,0x08,0x10,0x08,0x08,0x0A,0x04,0x04,0x02,0x00,0x00,
/*--   文字:  星   3--*/
/*--   宋体12;  此字体下对应的点阵为:宽×高=16×16    --*/
0x00,0x00,0x1F,0xF8,0x10,0x08,0x1F,0xF8,0x10,0x08,0x1F,0xF8,0x00,0x80,0x00,0x88,
0x3F,0xF8,0x00,0x84,0x00,0x84,0x1F,0xF2,0x00,0x80,0x00,0x80,0x7F,0xFE,0x00,0x00,
/*--   文字:  期   4--*/
/*--   宋体12;  此字体下对应的点阵为:宽×高=16×16    --*/
0x00,0x44,0x3E,0x44,0x22,0xFE,0x22,0x44,0x22,0x7C,0x3E,0x44,0x22,0x7C,0x22,0x44,
0x22,0x44,0x3E,0xFF,0x22,0x00,0x21,0x24,0x21,0x44,0x28,0xC2,0x10,0x81,0x00,0x00,
/*--   文字:  日   5--*/
/*--   宋体12;  此字体下对应的点阵为:宽×高=16×16    --*/
0x00,0x00,0x0F,0xF8,0x08,0x08,0x08,0x08,0x08,0x08,0x08,0x08,0x0F,0xF8,0x08,0x08,
0x08,0x08,0x08,0x08,0x08,0x08,0x08,0x08,0x0F,0xF8,0x08,0x08,0x00,0x00,0x00,0x00,
/*--   文字:  一   6--*/
/*--   宋体12;  此字体下对应的点阵为:宽×高=16×16    --*/
0x00,0x00,0x00,0x00,0x00,0x00,0x00,0x00,0x00,0x00,0x00,0x00,0x00,0x00,0x7F,0xFE,
0x00,0x00,0x00,0x00,0x00,0x00,0x00,0x00,0x00,0x00,0x00,0x00,0x00,0x00,0x00,0x00,
/*--   文字:  二   7--*/
/*--   宋体12;  此字体下对应的点阵为:宽×高=16×16    --*/
0x00,0x00,0x00,0x00,0x1F,0xFC,0x00,0x00,0x00,0x00,0x00,0x00,0x00,0x00,0x00,0x00,
0x00,0x00,0x00,0x00,0x00,0x00,0x00,0x00,0x7F,0xFE,0x00,0x00,0x00,0x00,0x00,0x00,

/*--   文字:  三   8--*/
/*--   宋体12;  此字体下对应的点阵为:宽×高=16×16    --*/
0x00,0x00,0x00,0x00,0x3F,0xFE,0x00,0x00,0x00,0x00,0x00,0x00,0x00,0x00,0x1F,0xFC,
0x00,0x00,0x00,0x00,0x00,0x00,0x00,0x00,0x00,0x00,0x7F,0xFE,0x00,0x00,0x00,0x00,
/*--   文字:  四   9--*/
```

```
/*--  宋体12;  此字体下对应的点阵为:宽×高=16×16   --*/
0x00,0x00,0x3F,0xFE,0x21,0x22,0x21,0x22,0x21,0x22,0x21,0x22,0x21,0x22,0x21,0x22,
0x21,0x12,0x3E,0x12,0x20,0x0A,0x20,0x06,0x20,0x02,0x3F,0xFE,0x20,0x02,0x00,0x00,
/*--  文字:  五  10--*/
/*--  宋体12;  此字体下对应的点阵为:宽×高=16×16   --*/
0x00,0x00,0x1F,0xFE,0x00,0x40,0x00,0x40,0x00,0x40,0x00,0x40,0x04,0x40,0x0F,0xFC,
0x04,0x20,0x04,0x20,0x04,0x20,0x04,0x20,0x24,0x20,0x7F,0xFF,0x00,0x00,0x00,0x00,
/*--  文字:  六  11--*/
/*--  宋体12;  此字体下对应的点阵为:宽×高=16×16   --*/
0x00,0x20,0x00,0xC0,0x01,0x80,0x00,0x80,0x7F,0xFF,0x00,0x00,0x00,0x00,0x01,0x20,
0x02,0x60,0x04,0x20,0x08,0x10,0x18,0x10,0x30,0x08,0x30,0x04,0x10,0x02,0x00,0x00,
/*-  文字:  自  12--*/
/*--  宋体12;  此字体下对应的点阵为:宽×高=16×16   --*/
0xFF,0x7F,0xFE,0x7F,0xFF,0xBF,0xE0,0x07,0xEF,0xF7,0xEF,0xF7,0xE0,0x07,0xEF,0xF7,
0xEF,0xF7,0xEF,0xF7,0xE0,0x07,0xEF,0xF7,0xEF,0xF7,0xEF,0xF7,0xE0,0x07,0xEF,0xF7,
/*--  文字:  手  13--*/
/*--  宋体12;  此字体下对应的点阵为:宽×高=16×16   --*/
0xFF,0xFF,0xE0,0x7F,0xFF,0x01,0xFF,0x7F,0xFF,0x7F,0xC0,0x01,0xFF,0x7F,0xFF,0x7F,
0xFF,0x7F,0x80,0x00,0xFF,0x7F,0xFF,0x7F,0xFF,0x7F,0xFF,0x7F,0xFF,0x5F,0xFF,0xBF,
/*-  文字:  动  14--*/
/*--  宋体12;  此字体下对应的点阵为:宽×高=16×16   --*/
0xFB,0xFF,0xFB,0xFF,0xFB,0x81,0xFB,0xFF,0xC0,0xFF,0xDB,0x00,0xDB,0xF7,0xDB,0xF7,
0xDB,0xDB,0xDB,0xBB,0xDD,0x0D,0xDD,0xA0,0xDE,0xFD,0xD7,0x7F,0xEF,0xBF,0xFF,0xFF,
/*--  文字:  模15--*/
/*--  宋体12;  此字体下对应的点阵为:宽×高=16×16   --*/
0xF6,0xFB,0xF6,0xFB,0xC0,0x1B,0xF6,0xFB,0xE0,0x20,0xEF,0xBB,0xE0,0x31,0xEF,0xA9,
0xE0,0x3A,0xFD,0xFA,0x80,0x1B,0xFD,0xFB,0xFA,0xFB,0xE6,0xFB,0x8F,0x7B,0xDF,0x9B,
/*--  文字:  式  16--*/
/*--  宋体12;  此字体下对应的点阵为:宽×高=16×16   --*/
0xFA,0xFF,0xE6,0xFF,0xF6,0xFF,0xC0,0x01,0xFE,0xFF,0xFE,0xFF,0xFE,0xFF,0xFE,0x83,
0xFD,0xEF,0xFD,0xEF,0xFD,0xEF,0xFB,0x2F,0xBB,0xC7,0xB7,0xF1,0xAF,0xFB,0xDF,0xFF,

/*--  文字:  秒  17--*/
/*--  华文新魏12;  此字体下对应的点阵为:宽×高=16×17   --*/
0xFB,0xCF,0xFB,0xF0,0xFB,0xF7,0xEB,0x77,0xDA,0x40,0xBB,0x77,0xBB,0xB3,0xFB,0xA3,
0xBB,0xD5,0xBB,0xD5,0xDF,0xF6,0xEF,0xF7,0xF7,0xF7,0xF9,0xF7,0xFE,0x77,0xFF,0x97,
};
```

4.1.3 LCD 奥运宣传牌设计

1. 12864LCD 显示器芯片介绍

12864LCD 是一种图形点阵液晶显示器，具有 4 位/8 位并行、2 线或 3 线串行多种接口方式，其内部含有国标一级、二级简体中文字库的点阵图形液晶显示模块。它主要由行驱动器/列驱动器及 128×64 全点阵液晶显示器组成，显示分辨率为 128×64。该器件内置 8 192 个 16×16 点汉字和 128 个 16×8 点 ASCII 字符集。利用该器件灵活的接口方式以及简单、方便的操作指令，用户可以很容易地构成全中文的人机交互图形界面。

12864 LCD 可以显示 8×4 行 16×16 点阵的汉字，也可完成图形显示。由该模块构成的液晶显示与同类型的点阵图形液晶显示模块相比，不论硬件电路结构还是显示程序都要简捷得多，且价格也比相同点阵的图形液晶模块要低一些。

(1) 基本性能参数

- 电源电压：V_{DD}：+3.0～+5.5 V；
- 模块内自带−10 V 负压，用于 LCD 的驱动电压；
- 显示内容：128(列)×64(行)点，分辨率达 128×64 点；
- 全屏幕点阵；
- 内置汉字字库，提供 8 192 个 16×16 点阵汉字；
- 内置汉字字库，提供 128 个 16×8 点阵 ASCII 字符集；
- 与 CPU 接口采用 8 位数据总线并行输入输出；
- 8 条控制线，无需片选信号，简化软件设计；
- 2 MHz 时钟频率，占空比为 1/64；
- 背光方式：侧部高亮白色 LED，功耗仅为普通 LED 的 1/5～1/10；
- 工作温度：−10～+50℃，存储温度：−20～+70℃。

(2) 12864LCD 外部引脚介绍

12864LCD 的芯片外观如图 4.1.21 所示。

12864LCD 外部有 20 个引脚，各引脚功能说明如下：

引脚 1(V_{SS})：电源地，应用时接地。

引脚 2(V_{CC})：电源正极，一般接+5 V。

引脚 3(V_O)：液晶显示器驱动电压。

引脚 4(D/I)：选择读/写的是指令或数据。当 $D/\bar{I}=1$ 时，表示 DB7～DB0 上为显示数据；当 $D/\bar{I}=0$ 时，表示 DB7～DB0 上为显示指令。

引脚 5($R/\overline{W}$)：$R/\overline{W}=1$，E=1 时，数据被读到 DB7～DB0；$R/\overline{W}=0$，E=0 时，DB7～DB0 上的数据被写到 IR(指令暂存器)或 DR(数据暂存器)。

图 4.1.21 12864LCD 芯片外观图

D/Ī 和 R/W̄ 的配合选择决定控制界面的 4 种模式见如下：

D/Ī	R/W̄	功能说明
0	0	写指令到指令暂存器(IR)
0	1	读出忙标志(BF)及地址计数器(AC)的状态
1	0	写入数据到数据暂存器(DR)
1	1	从数据暂存器(DR)中读出数据

引脚 6(E)：使能信号。E 状态对应的执行动作及结果如下：

E 状态	执行动作	执行结果
1→0	I/O 缓冲→DR	配合 W̄ 进行写数据或指令
1	DR→I/O 缓冲	配合 R 进行读数据或指令
0→1	无动作	

引脚 7～引脚 14(DB0～DB7)：数据线。

引脚 15(CS1)：当接高电平时，表示选择芯片(右半屏)信号

引脚 16(CS2)：当接高电平时，表示选择芯片(左半屏)信号。

引脚 17($\overline{RST}$)：复位端，低电平有效。12864 LCD 模块内部接有上电复位电路，因此在不需要经常复位的场合可将该端悬空。

引脚 18(V_{OUT})：LCD 驱动负电压输出端。

引脚 19(LED＋)：LED 背光板光源正端，接＋5 V。

引脚 20(LED－)：LED 背光板光源负端，接地。

(3) 模块主要硬件构成说明

12864 LCD 内部结构框图如图 4.1.22 所示。

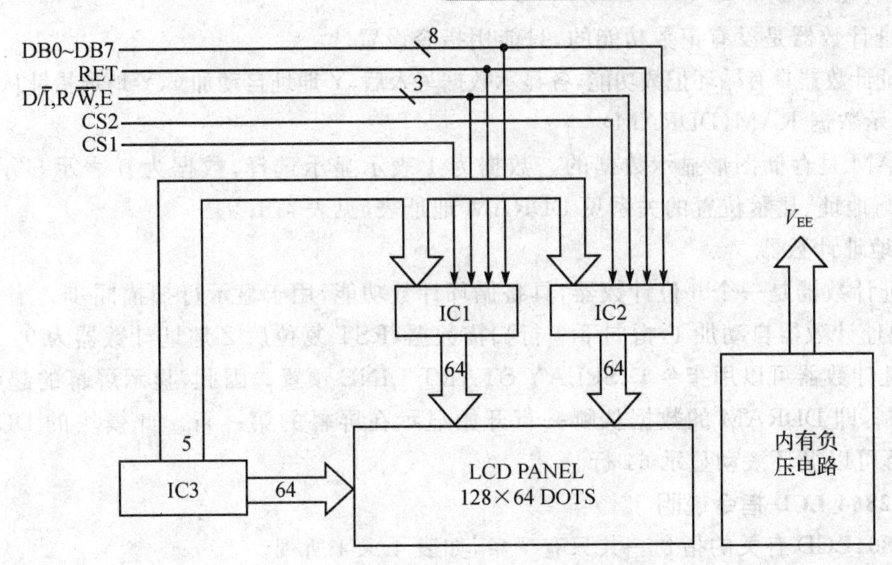

图 4.1.22　12864 LCD 内部结构框图

IC3 为行驱动器。IC1、IC2 为列驱动器。IC1、IC2、IC3 含有以下主要功能器件：

1）指令寄存器(IR)

IR 用于寄存指令码，与数据寄存器数据相对应。当 D/Ī＝0 时，在 E 信号下降沿的作用下，指令码写入 IR。

2）数据寄存器(DR)

DR 用于寄存数据，与指令寄存器寄存指令相对应。当 D/Ī＝1 时，在下降沿作用下，图形显示数据写入 DR，或在 E 信号高电平作用下由 DR 读到 DB7～DB0 数据总线。DR 和 DDRAM 之间的数据传输是模块内部自动执行的。

3）忙标志：BF

BF 标志提供内部工作情况。BF＝1 表示模块在内部操作，此时模块不接收外部指令和数据。BF＝0 时，模块为准备状态，随时可接收外部指令和数据。

利用 STATUS READ 指令可以将 BF 读到 DB7 总线，以检验模块的工作状态。

4）显示控制触发器 DFF

此触发器用于模块屏幕显示开和关的控制。DFF＝1 为开显示(DISPLAY OFF)，DDRAM 的内容就显示在屏幕上，DFF＝0 为关显示(DISPLAY OFF)。

DDF 的状态是指令 DISPLAY ON/OFF 和 RST 信号控制的。

5）XY 地址计数器

XY 地址计数器是一个 9 位计数器。高 3 位是 X 地址计数器，低 6 位为 Y 地址计数器，XY 地址计数器实际上是作为 DDRAM 的地址指针，X 地址计数器为 DDRAM 的页指针，Y 地址计数器为 DDRAM 的 Y 地址指针。

X地址计数器是没有记数功能的，只能用指令设置。

Y地址计数器具有循环记数功能，各显示数据写入后，Y地址自动加1，Y地址指针从0～63。

6）显示数据RAM(DDRAM)

DDRAM是存储图形显示数据的。数据为1表示显示选择，数据为0表示显示非选择。DDRAM与地址、显示位置的关系见DDRAM地址表(见表4.1.5)。

7）Z地址计数器

Z地址计数器是一个6位计数器，具备循环计数功能，用于显示行扫描同步。当一行扫描完成，此地址计数器自动加1，指向下一行扫描数据，RST复位后Z地址计数器为0。

Z地址计数器可以用指令DISPLAY START LINE预置。因此，显示屏幕的起始行就由此指令控制，即DDRAM的数据从哪一行开始显示在屏幕的第一行。此模块的DDRAM共64行，屏幕可以循环滚动显示64行。

(4) 12864 LCD指令说明

与12864LCD有关的指令一共只有7条，如表4.1.4所列。

表4.1.4　12864 LCD指令表

指令	指令码										功能
	R/$\overline{W}$	D/$\overline{I}$	D7	D6	D5	D4	D3	D2	D1	D0	
显示ON/OFF	0	0	0	0	1	1	1	1	1	1/0	控制显示器的开关，不影响DDRAM中数据和内部状态
显示起始行	0	0	1	1	显示起始行(0～63)						指定显示屏从DDRAM中哪一行开始显示数据
设置X地址	0	0	1	0	1	1	1	X:0～7			设置DDRAM中的页地址(X地址)
设置Y地址	0	0	0	1	Y地址(0～63)						设置地址(Y地址)
读状态	1	0	BUSY	0	ON/OFF	RST	0	0	0	0	读取状态 RST为1:则复位 为0:则正常 ON/OFF为1:显示开 为0:显示关 BUSY为0:READY为1:IN OPERATION
写显示数据	0	1	显示数据								将数据线上的数据DB7～DB0写入DDRAM
读显示数据	1	1	显示数据								将DDRAM上的数据读入数据线DB7～DB0

1）指令 1：显示开关控制(DISPLAY ON/OFF)

代码	R/$\overline{W}$	D/$\overline{I}$	DB7	DB6	DB5	DB4	DB3	DB2	DB1	DB0
形式	0	0	0	0	1	1	1	1	1	D

D=1，开显示(DISPLAY ON)，即显示器可以进行各种显示操作。

D=0，关显示(DISPLAY OFF)，即不能对显示器进行各种显示操作。

2）指令 2：设置显示起始行

代码	R/$\overline{W}$	D/$\overline{I}$	DB7	DB6	DB5	DB4	DB3	DB2	DB1	DB0
形式	0	0	1	1	A5	A4	A3	A2	A1	A0

显示起始行是由 Z 地址计数器控制的。A5～A0 的 6 位地址自动送入 Z 地址计数器，起始行的地址可以是 0～63 的任意一行。

例如：

选择 A5～A0 是 62，则起始行与 DDRAM 行的对应关系如下：

DDRAM 行：62　63　0　1　2　3　……　28　29
屏幕显示行：1　2　3　4　5　6　……　31　32

3）指令 3：设置页地址(页地址)

代码	R/$\overline{W}$	D/$\overline{I}$	DB7	DB6	DB5	DB4	DB3	DB2	DB1	DB0
形式	0	0	1	0	1	1	1	A2	A1	A0

页地址就是 DDRAM 的行地址，8 行为一页，模块共 64 行即 8 页，A2～A0 表示 0～7 页。读/写数据对地址没有影响，页地址由本指令或 RST 信号改变或复位后，页地址为 0。页地址与 DDRAM 的对应关系如表 4.1.5 所列。

表 4.1.5　DDRAM 地址表

	CS1=1					CS2=1					
Y=	0	1	· · ·	62	63	0	1	· · ·	62	63	行号
X=0	DB0 ↓ DB7	DB0 ↓ DB7	DB0 ↓ DB7	DBO ↓ DB7	DBO ↓ DB7	DBO ↓ DB7	DBO ↓ DB7	DBO ↓ DB7	DBO ↓ DB7	DBO ↓ DB7	0 ↓ 7
↓	DB0 ↓ DB7	DB0 ↓ DB7	DB0 ↓ DB7	DB0 ↓ DB7	DB0 ↓ DB7	DB0 ↓ DB7	DB0 ↓ DB7	DB0 ↓ DB7	DB0 ↓ DB7	DB0 ↓ DB7	8 ↓ 55
X=7	DB0 ↓ DB7	DBO ↓ DB7	DBO ↓ DB7	DBO ↓ DB7	DBO ↓ DB7	DBO ↓ DB7	DBO ↓ DB7	DBO ↓ DB7	DBO ↓ DB7	DBO ↓ DB7	56 ↓ 63

4）指令4：设置Y地址（SET Y ADDRESS）（行地址）

代码	$R/\overline{W}$	$D/\overline{I}$	DB7	DB6	DB5	DB4	DB3	DB2	DB1	DB0
形式	0	0	0	1	A5	A4	A3	A2	A1	A0

此指令的作用是将A5～A0送入Y地址计数器，作为DDRAM的Y地址指针。在对DDRAM进行读/写操作后，Y地址指针自动加1，指向下一个DDRAM单元。

5）指令5：读状态（STATUS READ）

代码	$R/\overline{W}$	$D/\overline{I}$	DB7	DB6	DB5	DB4	DB3	DB2	DB1	DB0
形式	0	1	BUSY	0	ON/OFF	RET	0	0	0	0

当$R/\overline{W}=1$且$D/\overline{I}=0$时，在E信号为1的作用下，状态分别输出到数据总线（DB7～DB0）的相应位。ON/OFF：表示DFF触发器的状态。RST：RST＝1表示内部正在初始化，此时组件不接受任何指令和数据。

6）指令6：写显示数据（WRITE DISPLAY DATE）

代码	$R/\overline{W}$	$D/\overline{I}$	DB7	DB6	DB5	DB4	DB3	DB2	DB1	DB0
形式	0	1	D7	D6	D5	D4	D3	D2	D1	D0

D7～D0为显示数据。此指令把D7～D0写入相应的DDRAM单元，Y地指针自动加1。

7）指令7：读显示数据（READ DISPLAY DATE）

代码	$R/\overline{W}$	$D/\overline{I}$	DB7	DB6	DB5	DB4	DB3	DB2	DB1	DB0
形式	0	1	D7	D6	D5	D4	D3	D2	D1	D0

此指令把DDRAM的内容D7～D0读到数据总线DB7～DB0，Y地址指针自动加1。

2. 设计任务及思路分析

由于LCD非常省电且能显示大量的图形、文字、曲线等信息，因此在日常的生活中，常应用在便携式电子产品中。

这里的任务是设计一个利用LCD液晶显示器混合显示图形和文字的单片机设计系统。显示的内容为奥运五环图案和“为2008奥运加油！”文字。LCD宣传牌系统的设计方框图如图4.1.23所示。

3. 硬件电路设计

本设计主要用到的电路芯片是单片机与LCD显示器，这里采用的LCD是12864LCD显示模块；在Proteus仿真环境下，该芯片会与实际型号有一些区别。比如选择LGM12641BS1R或AMPIRE128×64虽然都是LCD显示器，且两种型号在仿真条件下的使用效果都相同，但

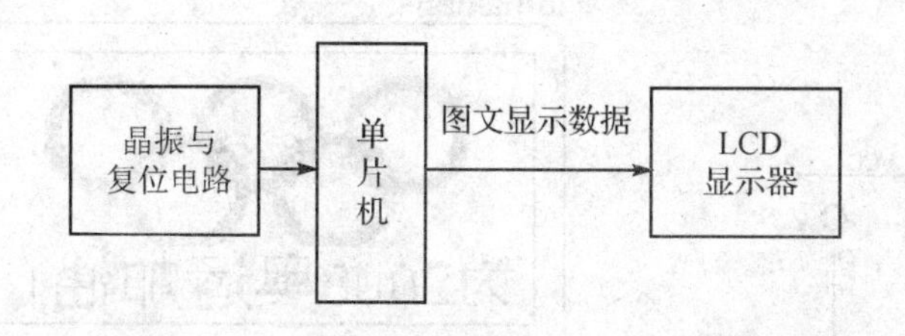

图 4.1.23　LCD 奥运宣传牌系统设计方框图

二者使用时是有区别的：前者的屏幕左右半屏显示片选控制线 CS1 和 CS2 为高电平有效，而后者则是低电平有效。因此，在后面的软件设计编程时，对于不同的 LCD 型号，其给定的电平值就应做相应的调整。在 Proteus 仿真环境下的两种 LCD 芯片如图 4.1.24 所示。

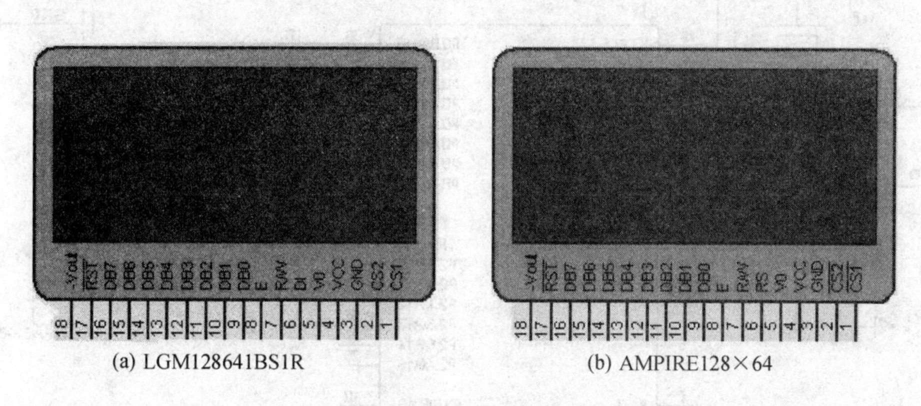

(a) LGM128641BS1R　　(b) AMPIRE128×64

图 4.1.24　仿真环境下的两种 LCD 举例

由于 LCD 的电源供电情况有别于普通的＋5 V 电源，其驱动电源情况必须通过一个供电电路来提供，如图 4.1.25 所示。＋5 V 电源与 LCD 驱动负电压输出端 $-V_{out}$ 之间通过一个可调电阻相连，可调电阻的中间端子则连至 LCD 的驱动电压输入端。调节可调电阻阻值，则 LCD 就可得到适合工作的驱动电压了。

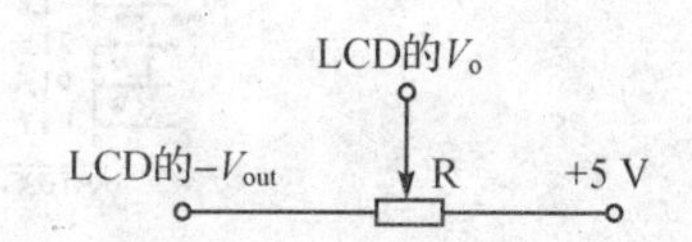

图 4.1.25　LCD 驱动电源供电电路

设计中，单片机引脚 P2.0～P2.4 分别与 LCD 的控制线相接，即 P2.0～P2.4 分别依次接液晶显示器的复位接口 RST、使能信号线 E、读写信号线 R/$\overline{W}$、数据/指令选择信号线 D/$\overline{I}$、右半屏显示选择信号线 CS1 以及左半屏显示选择信号线 CS2。另外，单片机的 P0 口与液晶显示器的 DB7～DB0 相接，从而实现显示数据的传送。

LCD 宣传牌系统硬件电路图如图 4.1.26 所示。

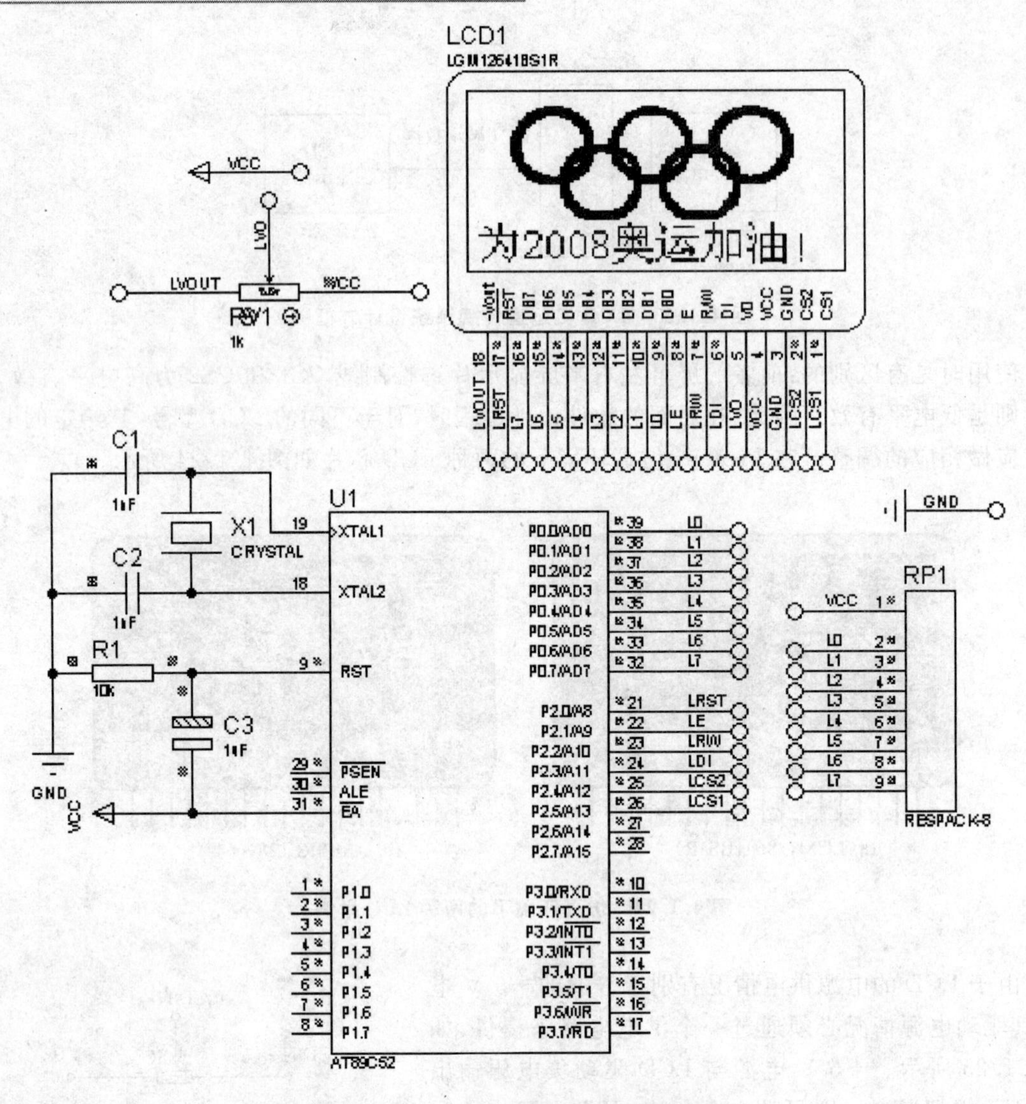

图 4.1.26 LCD宣传牌系统硬件电路图

4. 软件设计

(1) 设计思路分析

本设计要求实现的是在同一个屏幕上同时显示奥运五环的图形以及“为2008奥运加油!”的文字信息。在主程序中，只须调用LCD的显示子程序，以便依次显示奥运五环图形，然后再是奥运加油的文字。而LCD显示子程序可再分为两个，其一为LCD显示驱动子程序，另一个为LCD取字模子程序。在LCD显示驱动子程序中进行引脚、标志位等的初始定义，并进行读、写LCD等的控制等操作；而LCD取字模子程序中则进行需要取用的图形、文字字模设

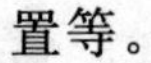

置等。

液晶显示器有基本固定的显示子程序，其实不需要做过多的调整设置，只需将自己需要的控制位等在程序中相应位置添加和修改即可。而关于图形与文字的字模数据，液晶显示器大都有相应的字模提取软件。在具体设计时，读者可以根据自己的设计要求先提取出显示图形与文字的字模，并放入字模提取子程序中。然后，再根据实际的连线，将连线的定义数据添加或替换修改到显示驱动子程序中。这样一来，设计其实也会变得很容易。

(2) 程序流程

程序流程如图4.1.27所示。

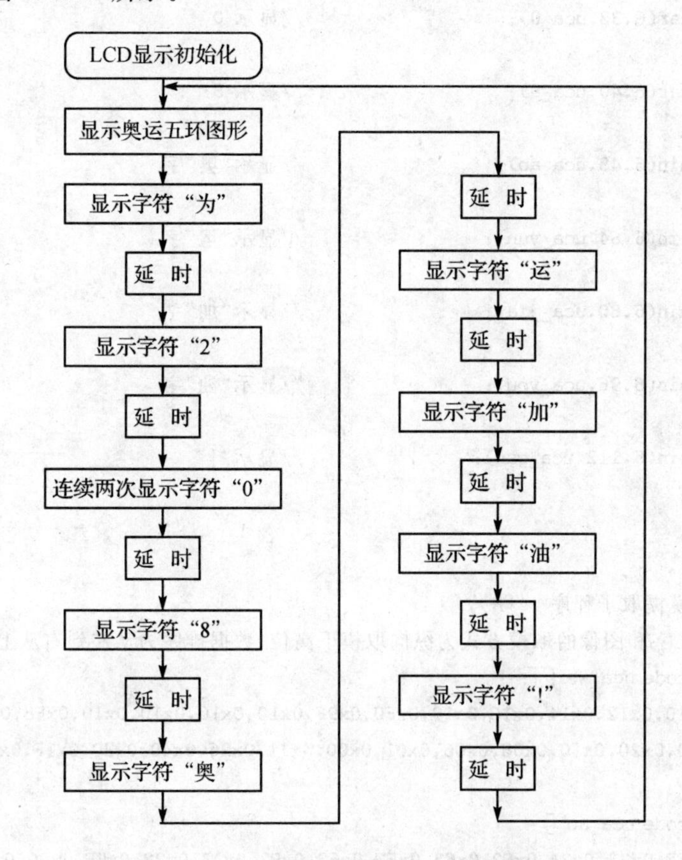

图4.1.27　LCD宣传牌系统主程序流程图

(3) 参考C51源程序

```
#include "includes.h"
#define SCANPORT P1
/*****主程序 ****/
void main(void)
```

```
{
    vLCDInitialize();
    vShowGraph(0,0,128,6,uca_Pig);              //显示奥运五环
    vShowOneChin(6,0,uca_wei);                  //显示"为"字
    delay(30);                                  //延时
    vShowOneChar(6,16,uca_2);                   //显示 2
    delay(30);
    vShowOneChar(6,24,uca_0);                   //显示 0
    delay(30);
    vShowOneChar(6,32,uca_0);                   //显示 0
    delay(30);
    vShowOneChar(6,40,uca_8);                   //显示 8
    delay(30);
    vShowOneChin(6,48,uca_ao);                  //显示"奥"字
    delay(30);
    vShowOneChin(6,64,uca_yun);                 //显示"运"字
    delay(30);
    vShowOneChin(6,80,uca_jia);                 //显示"加"字
    delay(30);
    vShowOneChin(6,96,uca_you);                 //显示"油"字
    delay(30);
    vShowOneChin(6,112,uca_gan);                //显示"!"
    delay(30);
    while(1) ;
}
/****LCD 字模提取子程序 ****/
/*----- 文字和图像的取模方式为纵向取模下高位,数据排序为从左到右从上到下---*/
unsigned char code uca_wei[] =
{0x00,0x10,0x10,0x12,0x14,0x1C,0x10,0xF0,0x9F,0x10,0x10,0x10,0x10,0xF8,0x10,0x00,
0x00,0x00,0x40,0x20,0x10,0x08,0x06,0x01,0x00,0x11,0x26,0x40,0x20,0x1F,0x00,0x00,
};/*"为",0*/
unsigned char code uca_ao[] =
{0x00,0x00,0xFE,0x22,0x2A,0xB2,0x63,0xFE,0x62,0xB2,0xAA,0x22,0xFE,0x00,0x00,0x00,
0x80,0x84,0x45,0x44,0x25,0x14,0x0C,0x07,0x0C,0x14,0x25,0x24,0x45,0xC4,0x44,0x00,};/*"
奥",1*/
unsigned char code uca_yun[] =
{0x40,0x41,0xCE,0x04,0x00,0x20,0x22,0xA2,0x62,0x22,0xA2,0x22,0x22,0x22,0x20,0x00,
0x40,0x20,0x1F,0x20,0x28,0x4C,0x4A,0x49,0x48,0x4C,0x44,0x45,0x5E,0x4C,0x40,0x00,};/*"
运",2*/
```

```
unsigned char code uca_jia[] =
{0x00,0x08,0x08,0x08,0xFF,0x08,0x08,0xF8,0x00,0xF8,0x08,0x08,0x08,0xF8,0x00,0x00,
0x40,0x20,0x18,0x07,0x00,0x20,0x40,0x3F,0x00,0x7F,0x10,0x10,0x10,0x3F,0x00,0x00,};/*"
加",3*/
unsigned char code uca_you[] =
{0x10,0x61,0x06,0xF0,0x00,0xF0,0x10,0x10,0x10,0xFF,0x10,0x10,0x10,0xF0,0x00,0x00,
0x04,0x04,0xFF,0x00,0x00,0xFF,0x42,0x42,0x42,0x7F,0x42,0x42,0x42,0xFF,0x00,0x00,
};      /*油*/
unsigned char code uca_gan[] =
{
0x00,0x00,0x00,0xF0,0x00,0x00,0x00,0x00,0x00,0x00,0x00,0x00,0x00,0x00,0x00,0x00,
0x00,0x00,0x00,0x5F,0x00,0x00,0x00,0x00,0x00,0x00,0x00,0x00,0x00,0x00,0x00,0x00,
};     /*!*/
unsigned char code uca_0[] =
{0x00,0xE0,0x10,0x08,0x08,0x10,0xE0,0x00,0x00,0x0F,0x10,0x20,0x20,0x10,0x0F,0x00};/*"0"
*/
unsigned char code uca_2[] =
{0x00,0x70,0x08,0x08,0x08,0x88,0x70,0x00,0x00,0x30,0x28,0x24,0x22,0x21,0x30,0x00};/*"2"
*/
unsigned char code uca_8[] =
{0x00,0x70,0x88,0x08,0x08,0x88,0x70,0x00,0x00,0x1C,0x22,0x21,0x21,0x22,0x1C,0x00};/*"8"
*/
unsigned char code uca_Pig[] =                //奥运五环图案
{0x00,0x00,0x00,0x00,0x00,0x00,0x00,0x00,0x00,0x00,0x00,0x00,0x00,0x00,0x00,0x00,
0x80,0xC0,0xE0,0xE0,0xF0,0xF8,0xF8,0x78,0x7C,0x3C,0x3C,0x3C,0x3C,0x3C,0x7C,0x78,
0xF8,0xF8,0xF0,0xE0,0xE0,0xC0,0x80,0x00,0x00,0x00,0x00,0x00,0x00,0x00,0x00,0x00,
0x00,0x00,0x00,0x80,0xC0,0xE0,0xE0,0xF0,0x70,0x78,0x38,0x3C,0x3C,0x3C,0x3C,0x3C,
0x3C,0x38,0x38,0x38,0x70,0xF0,0xE0,0xE0,0xC0,0x80,0x00,0x00,0x00,0x00,0x00,0x00,
0x00,0x00,0x00,0x00,0x00,0x00,0x80,0xC0,0xE0,0xE0,0xF0,0xF8,0xF8,0x78,0x78,0x3C,
0x3C,0x3C,0x3C,0x3C,0x3C,0x78,0x78,0x78,0xF0,0xF0,0xE0,0xE0,0xC0,0x80,0x00,0x00,
0x00,0x00,0x00,0x00,0x00,0x00,0x00,0x00,0x00,0x00,0x00,0x00,0x00,0x00,0x00,0x00,
0x00,0x00,0x00,0x00,0x00,0x00,0x00,0x00,0x00,0x00,0x00,0x00,0xC0,0xF0,0xFC,0xFF,
0x7F,0x1F,0x07,0x03,0x01,0x00,0x00,0x00,0x00,0x00,0x00,0x00,0x00,0x00,0x00,0x00,
0x00,0x00,0x01,0x03,0x07,0x1F,0xFF,0xFF,0xFC,0xF0,0x00,0x00,0x00,0x00,0x00,0x80,
0xF0,0xFC,0xFF,0x3F,0x0F,0x03,0x01,0x00,0x00,0x00,0x00,0x00,0x00,0x00,0x00,0x00,
0x00,0x00,0x00,0x00,0x00,0x00,0x01,0x03,0x0F,0x3F,0xFF,0xFC,0xF0,0x00,0x00,0x00,
0x00,0x00,0x00,0xF0,0xFC,0xFF,0xFF,0x1F,0x0F,0x03,0x01,0x00,0x00,0x00,0x00,0x00,
0x00,0x00,0x00,0x00,0x00,0x00,0x00,0x00,0x00,0x01,0x03,0x07,0x1F,0xFF,0xFE,0xF8,
0xE0,0x00,0x00,0x00,0x00,0x00,0x00,0x00,0x00,0x00,0x00,0x00,0x00,0x00,0x00,0x00,
```

```
0x00,0x00,0x00,0x00,0x00,0x00,0x00,0x00,0x00,0x00,0x00,0x00,0x3F,0xFF,0xFF,0xFF,
0xF0,0x00,0x00,0x00,0x00,0x00,0x00,0x00,0x00,0x00,0x00,0x00,0x00,0x00,0x00,0x00,
0xC0,0xE0,0xF0,0xF8,0xF8,0xFC,0xFF,0xFF,0xFF,0xFF,0x1E,0x0E,0x0E,0x0E,0x1E,0x1F,
0xFF,0xFF,0xFF,0xF8,0x78,0x78,0xF0,0xE0,0xC0,0x00,0x00,0x00,0x00,0x00,0x00,0x00,
0x00,0x00,0x00,0x80,0xC0,0xE0,0xF0,0xF8,0x78,0xFC,0xFF,0xFF,0x7F,0x1E,0x1E,0x1E,
0x1E,0x1E,0x1E,0x7F,0xFF,0xFF,0xFF,0x78,0xF0,0xE0,0xC0,0x80,0x00,0x00,0x00,0x00,
0x00,0x00,0x00,0x00,0x00,0x00,0x00,0x00,0x00,0x00,0x00,0x80,0xE0,0xFF,0xFF,0xFF,
0x7F,0x00,0x00,0x00,0x00,0x00,0x00,0x00,0x00,0x00,0x00,0x00,0x00,0x00,0x00,0x00,
0x00,0x00,0x00,0x00,0x00,0x00,0x00,0x00,0x00,0x00,0x00,0x00,0x00,0x00,0x03,0x0F,
0x1F,0x3F,0x7E,0x7C,0xF8,0xF8,0xF0,0xE0,0xE0,0xE0,0xC0,0xC0,0xC0,0xE0,0xFC,0xFF,
0xFF,0xFF,0xFF,0x7D,0x7E,0x3F,0x1F,0x0F,0x03,0x00,0x00,0x00,0x00,0x00,0x00,0x00,
0x01,0x03,0x07,0x0F,0x1F,0x3E,0x7D,0x7F,0xFF,0xFF,0xFC,0xE0,0xE0,0xE0,0xE0,0xE0,
0xE0,0xF8,0xFE,0xFF,0xFF,0x7F,0x7D,0x3E,0x1F,0x0F,0x07,0x01,0x00,0x00,0x00,0x00,
0x00,0x00,0x00,0x00,0x03,0x07,0x0F,0x1F,0x3E,0x79,0x7F,0xFF,0xFF,0xFC,0xE0,0xE0,
0xE0,0xC0,0xE0,0xE0,0xE0,0xE0,0xF0,0xF0,0xF8,0x7C,0x7E,0x3F,0x1F,0x0F,0x07,0x01,
0x00,0x00,0x00,0x00,0x00,0x00,0x00,0x00,0x00,0x00,0x00,0x00,0x00,0x00,0x00,0x00,
0x00,0x00,0x00,0x00,0x00,0x00,0x00,0x00,0x00,0x00,0x00,0x00,0x00,0x00,0x00,0x00,
0x00,0x00,0x00,0x00,0x00,0x00,0x01,0x01,0x01,0x01,0x01,0x01,0x01,0x01,0x3F,0xFF,
0xFF,0xF8,0xE0,0x80,0x00,0x00,0x00,0x00,0x00,0x00,0x00,0x00,0x00,0x00,0x00,0x00,
0x00,0x00,0x00,0x00,0x00,0x80,0xE0,0xF8,0xFF,0xFF,0x3F,0x01,0x01,0x01,0x01,0x01,
0x01,0x3F,0xFF,0xFF,0xF0,0xC0,0x80,0x00,0x00,0x00,0x00,0x00,0x00,0x00,0x00,0x00,
0x00,0x00,0x00,0x00,0x00,0x00,0x00,0x00,0x80,0xC0,0xF0,0xFF,0xFF,0x3F,0x01,0x01,
0x01,0x01,0x01,0x01,0x01,0x01,0x01,0x00,0x00,0x00,0x00,0x00,0x00,0x00,0x00,0x00,
0x00,0x00,0x00,0x00,0x00,0x00,0x00,0x00,0x00,0x00,0x00,0x00,0x00,0x00,0x00,0x00,
0x00,0x00,0x00,0x00,0x00,0x00,0x00,0x00,0x00,0x00,0x00,0x00,0x00,0x00,0x00,0x00,
0x00,0x00,0x00,0x00,0x00,0x00,0x00,0x00,0x00,0x00,0x00,0x00,0x00,0x00,0x00,0x01,
0x03,0x07,0x0F,0x1F,0x3F,0x3E,0x7C,0x7C,0x78,0x78,0x78,0x78,0x78,0x78,0x78,0x78,
0x78,0x7C,0x7C,0x3E,0x3F,0x1F,0x0F,0x07,0x03,0x00,0x00,0x00,0x00,0x00,0x00,0x00,
0x00,0x00,0x00,0x03,0x07,0x0F,0x1F,0x3F,0x3E,0x7C,0x78,0x78,0x78,0x78,0x78,0x78,
0x78,0x78,0x78,0x78,0x78,0x78,0x3C,0x3E,0x1F,0x0F,0x07,0x03,0x01,0x00,0x00,0x00,
0x00,0x00,0x00,0x00,0x00,0x00,0x00,0x00,0x00,0x00,0x00,0x00,0x00,0x00,0x00,0x00,
0x00,0x00,0x00,0x00,0x00,0x00,0x00,0x00,0x00,0x00,0x00,0x00,0x00,0x00,0x00,0x00,
}
;//图片
/****LCD显示驱动子程序****
#include <at89x51.h>
#define  RST P2_0
#define  E P2_1
#define  RW P2_2
```

```
#define  DI P2_3
#define  CS1 P2_5
#define  CS2 P2_4
#define  LCDPORT P0
#define BUSYSTATUS P0_7                        //忙状态位
//#define DISONSTATUS P0_5                     //显示开关状态位
//#define RSTSTATUS P0_4                       //复位状态位
#define LCDSTARTROW 0xC0                       //设置起始行指令
#define LCDPAGE 0xB8                           //设置页指令
#define LCDLINE 0x40                           //设置列指令
void delay(unsigned int n)
{
  unsigned int i;
  for(;n>0;n--)
      for(i=500;i>0;i--);
}
/****读忙标志位程序 ****/
bit bCheckBusy()
{
    LCDPORT=0xFF;
    RW=1;
    DI=0;
    E=1;
    E=0;
    return BUSYSTATUS;
}
/****写数据程序 ****/
void vWriteData(unsigned char ucData)
{
    while(bCheckBusy());
    LCDPORT=0xFF;

    RW=0;
    DI=1;
    LCDPORT=ucData;
    E=1;
    E=0;
}
/****写指令 ****/
```

```
void vWriteCMD(unsigned char ucCMD)
{
    while(bCheckBusy());
    LCDPORT = 0xFF;
    RW = 0;
    DI = 0;
    LCDPORT = ucCMD;
    E = 1;
    E = 0;
}
/****LCD初始化程序 ****/
void vLCDInitialize()
{
    CS1 = 1;
    CS2 = 1;
    vWriteCMD(0x38);                          //8位形式,两行字符
    vWriteCMD(0x0F);                          //开显示
    vWriteCMD(0x01);                          //清屏
    vWriteCMD(0x06);                          //画面不动,光标右移
    vWriteCMD(LCDSTARTROW);                   //设置起始行
}
/****显示自定义行 ****/
//在8×128的格子里显示自定义长度的一行
void vShowCustomRow(unsigned char ucPage,unsigned char ucLine,unsigned char ucWidth,unsigned
char *ucaRow)
{
    unsigned char ucCount;                    //取值范围:ucPage:0~7;ucLine:0~127
    if(ucLine<64)                             //ucWidth:0~127;ucLine*ucWidth<1128
        {
        CS1 = 1;
        CS2 = 0;
        vWriteCMD(LCDPAGE + ucPage);
        vWriteCMD(LCDLINE + ucLine);
        if((ucLine + ucWidth)<64)
            {
            for(ucCount = 0;ucCount<ucWidth;ucCount++)
                vWriteData(*(ucaRow + ucCount));
            }
        else
```

```
        {
        for(ucCount = 0;ucCount<64 - ucLine;ucCount++)
            vWriteData(*(ucaRow + ucCount));

        CS1 = 0;                            //右半屏显示不允许
        CS2 = 1;                            //左半屏显示允许
        vWriteCMD(LCDPAGE + ucPage);
        vWriteCMD(LCDLINE);
        for(ucCount = 64 - ucLine;ucCount<ucWidth;ucCount++)
            vWriteData(*(ucaRow + ucCount));
        }
    }
  else
    {
    CS1 = 0;
    CS2 = 1;
    vWriteCMD(LCDPAGE + ucPage);
    vWriteCMD(LCDLINE + ucLine - 64);
    for(ucCount = 0;ucCount<ucWidth;ucCount++)
        vWriteData(*(ucaRow + ucCount));
    }
}
/****汉字显示程序 ****/
//此函数将16×16汉字显示在8×128的格子里
void vShowOneChin(unsigned char ucPage,unsigned char ucLine,unsigned char *ucaChinMap)
{
    vShowCustomRow(ucPage,ucLine,16,ucaChinMap);
    vShowCustomRow(ucPage + 1,ucLine,16,ucaChinMap + 16);
}
/****字符显示程序 ****/
//此函数将8×16字符显示在8×128的格子里
void vShowOneChar(unsigned char ucPage,unsigned char ucLine,unsigned char *ucaCharMap)
{
    vShowCustomRow(ucPage,ucLine,8,ucaCharMap);
    vShowCustomRow(ucPage + 1,ucLine,8,ucaCharMap + 8);
}
//*   vShowGraph(2,60,32,4,uca_Pig);     ****显示图片 ******
void vShowGraph(unsigned char ucPage,unsigned char ucLine,unsigned char ucWidth,unsigned char
```

```
ucHigh,unsigned char * ucaGraph)
{
    unsigned char ucCount;
    for(ucCount = 0;ucCount<ucHigh;ucCount ++ )
    {
        vShowCustomRow(ucPage + ucCount,ucLine,ucWidth,ucaGraph + ucCount * ucWidth);
        delay(20);
    }
}
```

4.2 温度控制篇

4.2.1 温度检测原理及测温元件

在日常生活及工农业生产中经常涉及温度的检测及控制。传统的测温元件有热电偶、热敏电阻以及一些输出模拟信号的温度传感器,现在市场上也有直接输出数字信号的温度传感器。本小节就为读者介绍几种比较典型的测温元件及其温度采集检测的原理。

1. 热敏电阻

热敏电阻式一种对温度变化敏感的电阻器,基本特点是电阻值随温度变化而发生显著的变化。热敏电阻主要分为两种类型:阻值随温度升高而增加的热敏电阻称为正温度系数热敏电阻(用字母 PTC 表示),这种电阻的主要组成材料是钛酸钡掺合稀土元素烧结而成;另一类热敏电阻是阻值随温度升高而减少的负温度系数热敏电阻(用字母 NTC 表示),这类电阻主要由锰、钴、镍、铁、铜等过滤金属氧化物混合烧结而成。图 4.2.1 为常见的热敏电阻的外形和符号。热敏电阻上标志的阻值一般是在 25℃条件下用专门的仪器测得的。

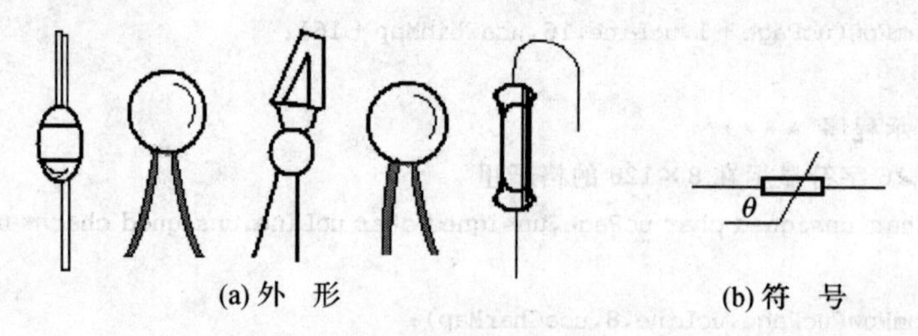

图 4.2.1 热敏电阻的外形和符号

选用热敏电阻时,应该挑选外表面光滑、引线不发黄锈的热敏电阻。同时,还要注意电阻的两根引线与电阻体连接是否牢固。一般情况下,采用负温度系数的热敏电阻。

由于负温度系数的热敏电阻具有负电阻温度特性,当温度升高时,电阻值减小。为此向热敏电阻施加恒定电流，测量电阻两端电压，然后通过测温公式就可求得温度：$T=T_0-KU_T$。其中，T 为被测温度，T_0 为与热敏电阻特性有关的温度参数，K 为与热敏电阻特性有关的系数，U_T 为热敏电阻两端的电压。K 和 T_0 为常数。测得热敏电阻两端的电压就可计算热敏电阻的环境温度，这样就将电阻随温度的变化转换为电压随温度的变化，该电压再经 A/D 转换器转换变成数字量，通过软件计算出温度值。

常用的热敏电阻是铂电阻温度传感器，该类热敏电阻是将 ϕ0.05 mm 左右的高纯度铂丝绕在绝缘框架上，并把 0℃时的电阻阻值做成 50 Ω 或 100 Ω，然后封装在一个管壳内。图 4.2.2 为一种常用的铂电阻温度传感器的外形。因铂电阻温度传感器测温电阻误差最小，所以广泛应用于高精度的温度检测设备中。

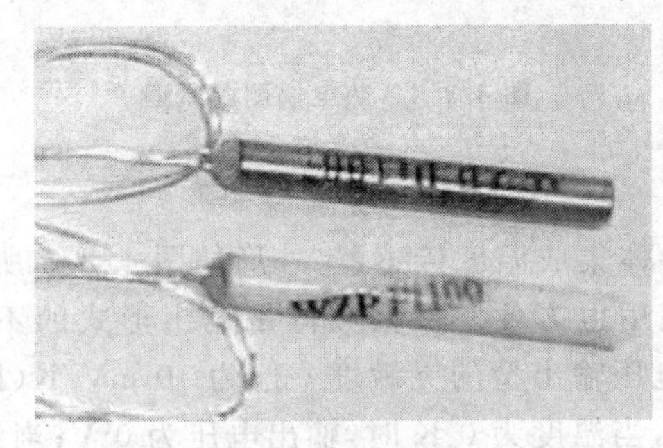

(a) 陶瓷Pt100热敏电阻

(b) 普通Pt100热敏电阻

图 4.2.2　Pt100 热敏电阻

铂电阻的阻值随温度变化而呈一定函数关系变化，其温度/阻值对应关系为：

① $-200℃<t<0℃$时，$R_{Pt100}=100[1+At+Bt^2+Ct^2(t-100)]$

② $0℃\leqslant t\leqslant 850℃$时，$R_{Pt100}=100(1+At+Bt^2)$

式中，$A=3.908\,02\times10^{-3}$，$B=-5.80\times10^{-7}$，$C=4.273\,5\times10^{-12}$。

用铂电阻温度传感器检测温度时，通常使用惠斯通电桥。由于铂丝本身的电阻较低，所以导线的电阻不能忽略。采用桥式电路，把传感器的引出线做成三线式接线方法，可以修正导线电阻带来的误差，如图 4.2.3 所示。铂电阻传感器作为一臂接入电桥后，它的阻值随温度变化量可以转化成电桥输出电压的变化。

2. 热电偶

热电偶是工业生产中应用比较普遍的一种测温传感器。热电偶的工作原理：根据物理学中的赛贝克效应，即在两种金属的导线构成的回路中，若其热端（两根不同金属线焊在一起的一端）与其冷端（不连接在一起的自由端）保持不同的温度，则在回路中产生与此温差相对应的电动势。热电偶的测温原理如图 4.2.4 所示。

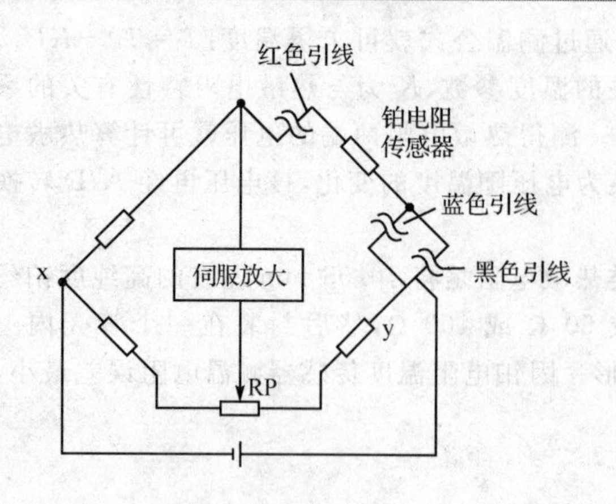

图 4.2.3 用铂电阻传感器测温时采用的桥式电路

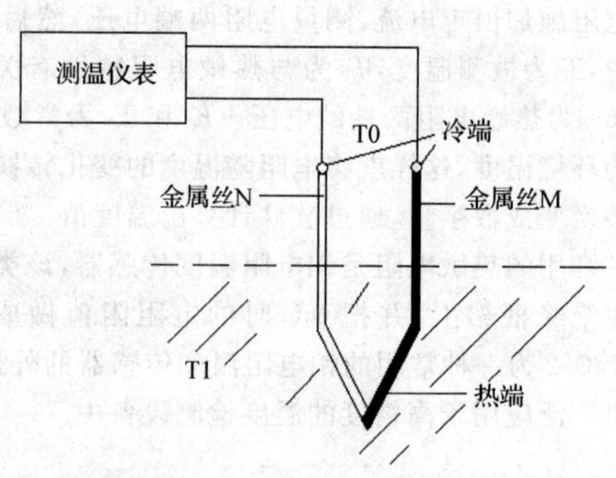

图 4.2.4 热电偶测温原理

3. AD590温度传感器

AD590是美国模拟器件公司生产的一种半导体集成温度传感器，外形如图 4.2.5 所示。它的线性度好，精度适中，灵敏度高，体积小，使用也方便。根据数据量输出形式的不同，AD590可分为电压输出型和电流输出型两种。电压输出型的灵敏度一般为 10 mV/K(即温度每变化热力学温度 1 K，输出电压变化 10 mV)，当温度为 0 K 时，输出电压为 0 V；当温度25℃时，输出电压为 2.981 5 V。电流输出型的灵敏度一般为 1 μA/K(即温度每变化热力学温度 1 K，输出电流变化 1 μA)，温度 25℃时，输出电流为 298.15 μA。

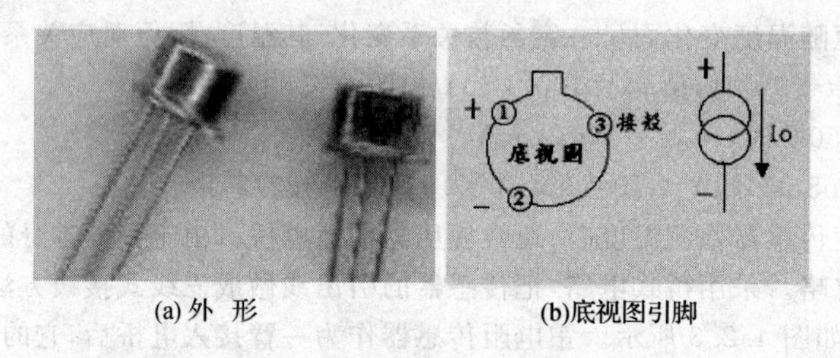

(a) 外 形　　(b)底视图引脚

图 4.2.5 AD590 温度传感器

AD590可接收的工作电压为＋4～＋30 V，输出电阻为 710 MΩ，且可以承受 44 V 的正向电压和 20 V 的反向电压，因而器件在电路中反接时一般也不会损坏。

AD590可检测的温度范围为－55～＋150℃，且在出厂前已进行了误差的校准，因此测量的精度比较高。AD590有 I、J、K、L、M 共 5 个挡位。其中，M 挡精度最高，在温度检测范围内，非线性误差为±0.3℃。I 挡误差较大，误差为±10℃，应用时也须校正。

由于 AD590 精度高、价格低、线性度好，且不需辅助电源，因此，常用于测量和热电偶的冷端补偿。

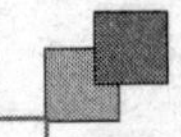

4. LM35系列温度传感器

LM35系列温度传感器是集成的高精度传感器，测量范围为－55～＋150℃，在＋25℃时测量精度为0.5℃。其输出电压值与摄氏温度值成线性关系，比例因数是＋10.0 mV/℃，使用起来比较方便。

图4.2.6为利用LM35温度传感器检测温度的一个应用电路。其中，由于需要检测的环境温度涉及零度以下，因此LM35的输出端必须连接一个－5 V电压。这里采用开关电容式电压倒相器NCP1729，将电源模块提供的＋5 V电源倒相生成－5 V电压。

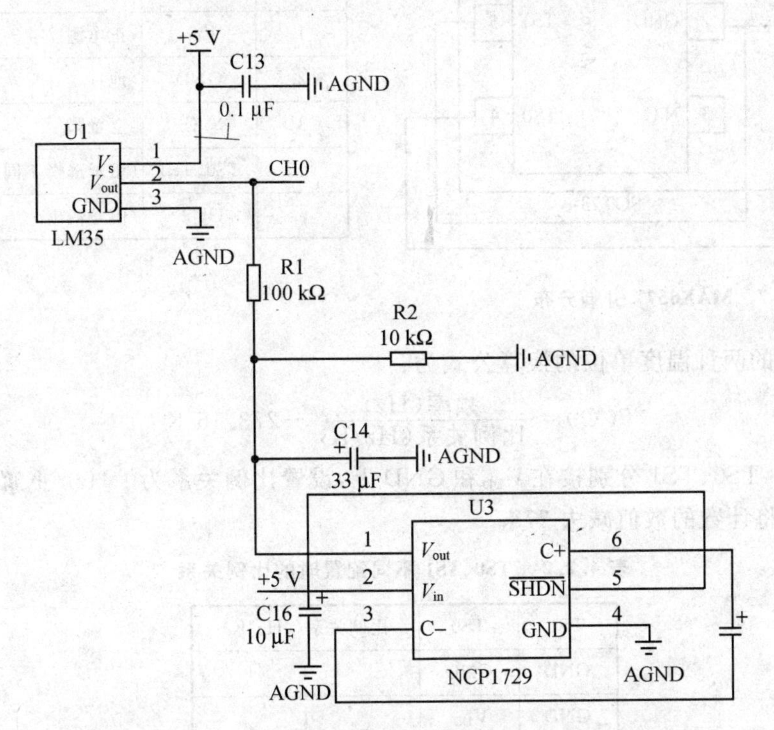

图4.2.6 LM35温度传感器检测温度应用电路

5. MAX6577温度传感器

MAXIM公司的MAX6577是一种将温度转换为均衡频率方波的传感器（温度→频率），主要特点如下：

➢ 方波输出，无需A/D转换与单片机计数端直接相连。

➢ 温度测量范围－40～＋125℃。

➢ 较低的测量误差。测量温度是＋25℃时，误差范围为±0.8℃；测量温度是＋125℃时，误差范围为±0.5℃。

➢ 不需外接元件，体积小（最大3 mm×3 mm），适合用作温度测量探头。需要注意的是，该传感芯片将温度转换为频率是以绝对温度(K)为前提的,因此对频率的计数结果应减去 273 才能得到摄氏度,这当然可以在软件编写时方便地做运算处理。MAX6577 采用 SOT23－6 脚封装,引脚分布如图 4.2.7 所示,各引脚功能的描述如表 4.2.1 所列。

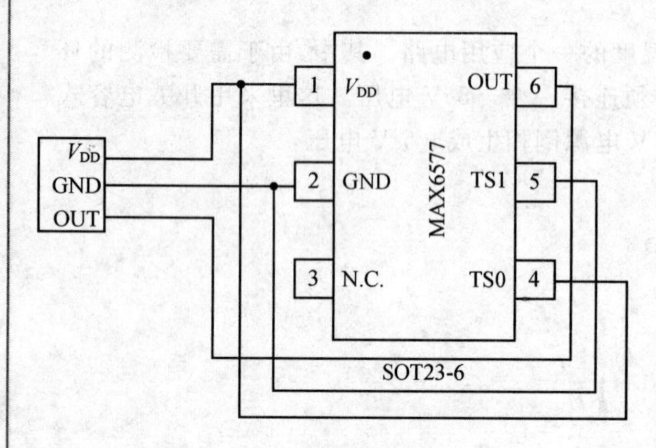

图 4.2.7　MAX6577 引脚分布

表 4.2.1　MAX6577 引脚功能描述

引　脚	名　称	功　能
1	V_{DD}	正电源
2	GND	地
3	N. C.	空置脚
4、5	TS0、TS1	用于选择不同的比例关系
6	OUT	信号输出

MAX6577 的两种温度单位的换算公式为:

$$T(℃)=\frac{频率(\mathrm{Hz})}{比例关系(\mathrm{Hz/K})}-273.15\ \mathrm{K}$$

图 4.2.7 中 TS0、TS1 分别接在 V_{DD} 和 GND 上,设置比例关系为 1 Hz / K,因此换算为摄氏温度时,只需将计数的数值减去 273。

表 4.2.2　TS0、TS1 不同配置时的比例关系

TS1	TS0	比例关系/(Hz/K)
GND	GND	4
GND	V_{DD}	1
V_{DD}	GND	1/4
V_{DD}	V_{DD}	1/16

6. DS18B20 数字式温度传感器

(1) DS18B20 基本特性

Dallas 半导体公司的数字化温度传感器 DS18B20 是第一种支持“一线总线”接口的温度传感器。DS18B20 数字温度传感器提供 9 位(二进制)温度读数,指示器件的温度。信息经过单线接口送入 DS18B20 或从 DS18B20 送出,因此从主机 CPU 到 DS18B20 仅需一条线(另外还需要一条地线)。

DS18B20 采集的数据可直接送入微处理器而无需 A/D 转换，在 200 ms(典型值为 1 s)自动将温度转换为数字量，并能直接读出被测温度。温度的分辨率可由用户设置为 9～12 位 A/D 转换精度，对应的可分辨温度为 0.5℃、0.125℃、0.062 5℃。被测温度则被转换成用符号扩展的 16 位数字量方式串行输出。

DS18B20 温度测量范围为－55～＋125℃，增量值为 0.5℃。在－10～＋85°C 范围内，精度为±0.5°C。

DS18B20 的 I/O 口属于漏极开路输出，外接上拉电阻后常态下呈高电平。一般外接 1 个 4.7 kΩ 的上拉电阻。由于采用一线总线方式，可在该控制总线上挂接多个 DS18B20 进行不同部位的温度检测，因此，DS18B20 广泛应用于温度控制、工业系统、温度计或任何热感测系统。

(2) DS18B20 引脚功能

DS18B20 具有 3 引脚 TO－92 小体积封装形式，其外形图如图 4.2.8 所示。各引脚说明如下：

引脚 1(GND)：地。

引脚 2(DQ)：数据输入/输出引脚，漏极开路单总线接口引脚。当工作于寄生电源时，也可以向器件提供电源。

引脚 3(V_{DD})：可选择的外接供电电源输入引脚。当工作于寄生电源时，此引脚必须接地。

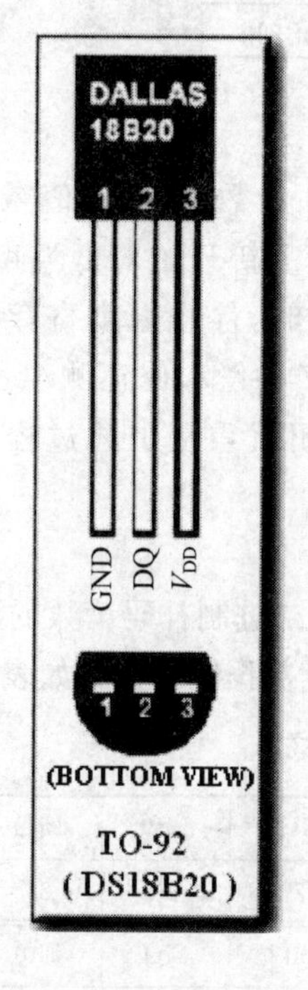

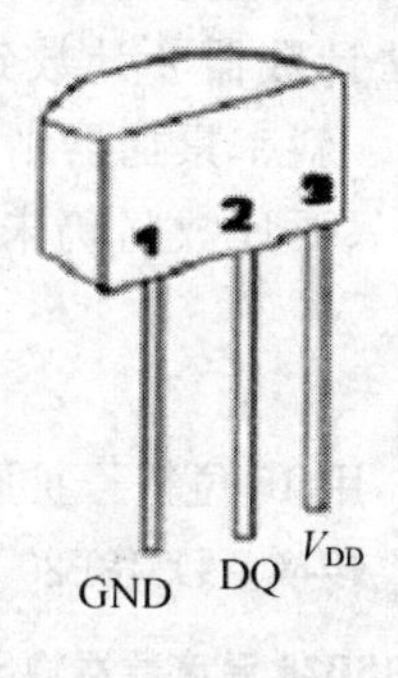

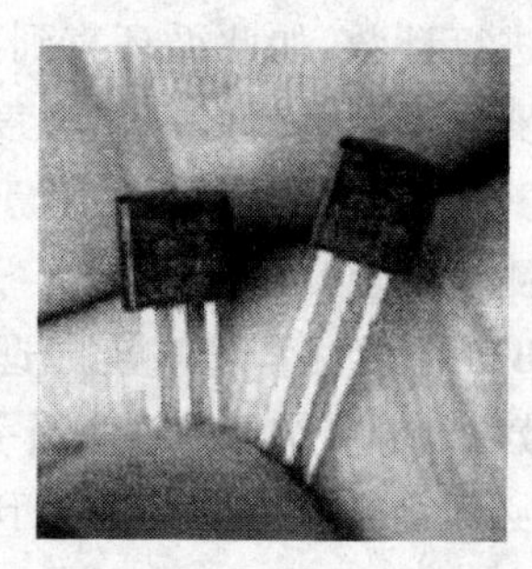

图 4.2.8　DS18B20 外形图

(3) DS18B20 测温原理

DS18B20 的具体测温原理如图 4.2.9 所示。其中,低温度系数晶振的振荡频率受温度的影响很小,用于固定频率的脉冲信号送给减法计数器 1;高温度系数晶振随温度变化其振荡频率明显改变,所产生的信号作为减法计数器 2 的脉冲输入。图中还隐含着计数门,当计数门打开时,DS18B20 就对低温度系数振荡器产生的时钟脉冲进行计数,进而完成温度的测量。计数门的开启时间由高温度系数振荡器来确定,每次测量前,首先将－55℃所对应的一个基数分别置入减法计数器 1、温度寄存器中,减法计数器 1 和温度寄存器被预置在－55℃所对应的一个基数值。

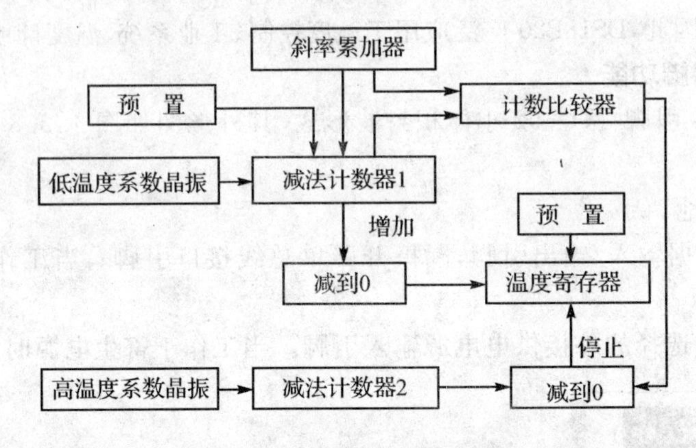

图 4.2.9　DS18B20 测温原理

减法计数器 1 对低温度系数晶振产生的脉冲信号进行减法计数,当预置值减到 0 时,温度寄存器的值将加 1,然后减法计数器 1 的预置值重新被装入且重新开始对低温度系数晶振产生的脉冲信号进行计数,如此循环直到减法计数器 2 计数到 0 时,停止温度寄存器值的累加,此时温度寄存器中的数值就是所测温度值。斜率累加器则用于补偿和修正测温过程中的非线性,其输出用于修正减法计数器的预置值;只要计数门仍未关闭就重复上述过程,直到温度寄存器值达到被测温度值。

(4) DS18B20 温度测量值输出原理

DS18B20 读出的温度结果数据为两字节,用 16 位符号扩展的二进制补码读数的形式提供。因此,系统编程时必须将得到的温度值进行格式转换。DS18B20 温度数据输出格式如表 4.2.3 所列。

表 4.2.3　DS18B20 温度数据输出格式

位	Bit15	Bit14	Bit13	Bit12	Bit11	Bit10	Bit9	Bit8
高 8 位	S	S	S	S	S	2^6	2^5	2^4
位	Bit7	Bit6	Bit5	Bit4	Bit3	Bit2	Bit1	Bit0
低 8 位	2^3	2^2	2^1	2^0	2^{-1}	2^{-2}	2^{-3}	2^{-4}

其中,Bit15～Bit11 所示的 S 是符号位用以表示温度是零上还是零下。当测得的温度大于 0 时,这 5 位为 0;当测得的温度小于 0 时,这 5 位为 1。后面的 Bit10～Bit4 部分则构成温度数据的整数部分,而 Bit3～Bit0 部分则构成温度数据的小数部分。

几种温度数据输出举例如表 4.2.4 所列。

表 4.2.4 DS18B20 温度数据举例

温度值/℃	数据输出(二进制)	数据输出(16 进制)
+125	0000 0111 1101 0000	07D0H
+85	0000 0101 0101 0000	0550H
+25.062 5	0000 0001 1001 0001	0191H
+10.125	0000 0000 1010 0010	00A2H
+0.5	0000 0000 0000 1000	0008H
0	0000 0000 0000 0000	0000H
−0.5	1111 1111 1111 1000	FFF8H
−10.125	1111 1111 0101 1101	FF5EH
−25.062 5	1111 1110 0101 1110	FE6FH
−55	1111 1100 1001 0000	FC90H

(5) DS18B20 温度转换的时序

根据 DS18B20 的通信协议,主机控制 DS18B20 完成温度转换必须经过这几个步骤:初始化 DS18B20(发复位脉冲)→ROM 功能命令→发存储器操作命令→处理数据。

在每一次读/写之前都必须对 DS18B20 进行复位,复位要求主 CPU 将数据线下拉 500 μs 然后释放;DS18B20 收到信号后等待 16～60 μs,然后发出 60～240 μs 的存在低脉冲,主 CPU 收到此信号表示复位成功。DS18B20 上电复位时的温度值固定为 0550H,即 85℃。DS18B20 复位时序如图 4.2.10(a)所示。DS18B20 的读时序分为读 0 时序和读 1 时序两个过程,如图 4.2.10(b)所示。

对于 DS18B20 的读时隙是从主机把单总线拉低之后,在 15 s 之内就得释放单总线,让 DS18B20 把数据传输到单总线上。DS18B20 在完成一个读时序过程,至少需要 60 μs 才能完成。

(6) DS18B20 的 ROM 命令和 RAM 命令

ROM 命令通过每个器件 64 位的 ROM 码,使主机 CPU 指定某一特定器件(如有多个器件挂在总线)与之进行通信,相关命令如表 4.2.5 所列。RAM 命令也可称为功能命令,可对 DS18B20 进行读/写、启动温度转换等操作,相关命令如表 4.2.6 所列。

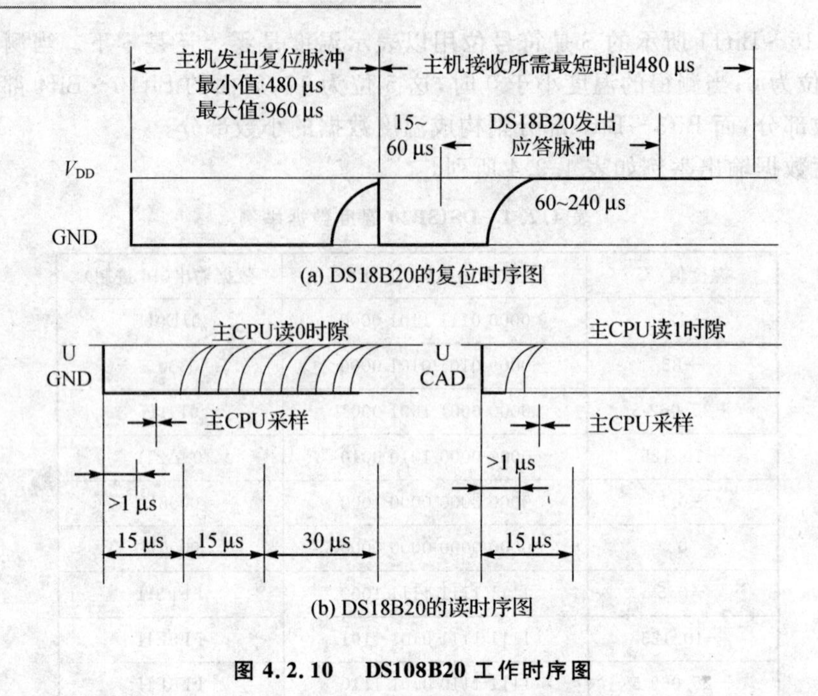

(a) DS18B20的复位时序图

(b) DS18B20的读时序图

图 4.2.10 DS108B20 工作时序图

表 4.2.5 DS18B20 ROM 命令

命 令	描 述	协 议	此命令发出后总线上的活动
SEARCH ROM	识别总线上挂着的所有 DS18B20 的 ROM	F0H	所有 DS18B20 向主机传送 ROM 码
READ ROM	当只有一个 DS18B20 挂在总线上时，可用此命令读取 ROM 码	33H	DS18B20 向主机传送 ROM 码
MATCH ROM	主机用 ROM 码来指定某一 DS18B20，只有匹配的 DS18B20 才会响应	55H	主机向总线传送一个 ROM 码
SKIP ROM	用于指定总线上所有的器件	CCH	
ALARM SEARCH	与 SEARCH ROM 命令类似，但只有温度超过警报线的 DS18B20 才会响应	ECH	超出警报线的 DS18B20 向主机传送 ROM 码

表 4.2.6 DS18B20 RAM 功能命令

命 令	描 述	协 议	此命令发出后总线上的活动
Convert T	开始温度转换	44H	DS18B20 向主机传送转换状态
Read Scratchpad	读暂存器完整的数据	BEH	DS18B20 向主机传送总共 9 字节的数据

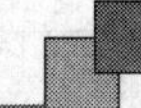

续表 4.2.6

命 令	描 述	协 议	此命令发出后总线上的活动
Write Scratchpad	向暂存器的 2、3 和 4 字节写入数据（TH、TL 和精度）	4EH	主机向 DS18B20 传送 3 字节的数据
Copy Scratchpad	将 TH、TL 和配置寄存器的数据复制到 E^2PROM	48H	DS18B20 向主机传送调用状态
Recall E2	将 TH、TL 和配置寄存器的数据从 E^2PROM中调到暂存器中	B8H	
Read Power Supply	向主机示意电源供电状态	B4H	DS18B20 向主机传送供电状态

4.2.2 多路智能温度测控系统设计

1. 设计任务及思路分析

温度是单片机应用系统中一个常见的测控参数，生活中常会遇到一些需要同时获知多个位置温度的情况。比如一台电脑工作时，其主板、硬盘、显示器等的工作温度就需要同时都保持在正常温度范围内，否则电脑的整体工作就会受到影响。又比如一个家庭会用到多台电器，若能同时获知这些电器工作温度，那么发现其中温度过高者时，用户就可以及时将电器电源关闭，从而避免出现电器损坏的故障问题。

本小节介绍的多路智能温度测控系统就是这样一种检测控制系统，能同时检测多个位置的温度，并将温度显示在 LCD 显示器上。同时系统还设置了一个标准温度值，当某一个位置的温度超过该标准温度值时，相应位置的过温报警指示灯将会进行点亮闪烁。掌握本小节介绍的设计方法后，读者可将温度检测的对象数量扩大，从而实现更多位置的温度检测要求了。

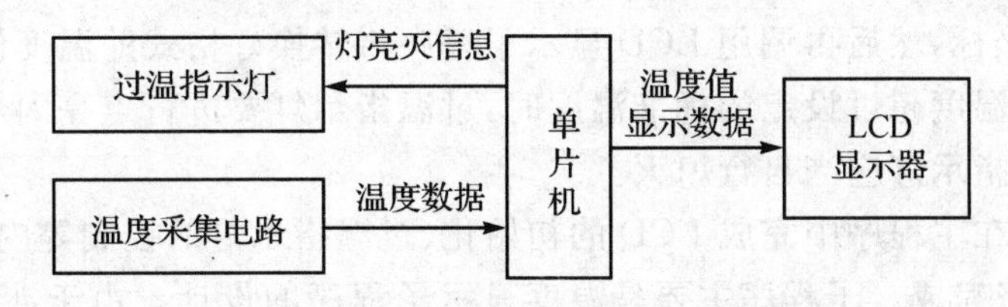

图 4.2.11 多路智能温度测控系统设计方框图

2. 硬件电路设计

首先，就测温元件方面，为了简化硬件电路的结构，同时结合目前市场上的实际应用情况，这里采用 DS18B20 数字式温度传感器。由于这里是针对 4 路对象进行的温度测控，因此采用 4 片 DS18B20 传感器，并将单片机的 P1.0～P1.3 引脚分别连接 4 个 DS18B20 的数据接口。

其次，系统设计要求进行温度的显示，因此，硬件中必然要用到显示器。由于需要显示的数据比较多,这里采用LCD显示器来完成显示任务。将单片机的P0口连接LCD的数据传送接口,将P2.0和P2.2连接LCD的复位接口RS和使能控制引脚E。这样当P2.2=1时,LCD的显示被允许;P2.0=1时,LCD将进行显示复位操作。而当P2.2=1、P2.0=0时,LCD就可以显示P0口传送来的数据了。

系统除了要求显示4路温度检测的实际数值以外,还要求能对温度状态进行监控;当其中某几路出现温度高于设定的标准温度时,能进行过温指示。根据这个要求,本设计中采用了4个发光二极管,分别指代4路检测对象所对应的过温指示灯。标准温度由软件程序进行设定,当系统检测到某几路由DS18B20传回的温度数值超过设定温度值时,相应路的过温指示灯就会点亮闪烁。过温指示灯连接于单片机的P3.0～P3.3引脚。

完成上述设计后,可得如图4.2.12所示的多路智能温度测控系统硬件电路图。

读者如有兴趣,可修改本设计的功能。例如,本设计中标准温度值是在软件程序中指定的,用户不能做修改。那么读者可考虑添加用户设定按键,以便将标准温度值按需进行修改。与此同时,读者就还需要添加标准温度显示器件。显示器件可用普通的7段数码管来实现,也可借用现有的LCD,只是要与实时温度值的显示进行错开。

3. 软件设计

(1) 设计思路分析

本设计的软件程序要完成的主要完成如下几个方面的任务:

其一,在初始标志位、引脚号等定义时,完成标准温度值的设定。本设计设定标准温度即上限温度为50℃。

其二,处理DS18B20传送而来的温度数据。DS18B20是将温度值转换成16位的数字信息,因此,必须将此信息按照LCD显示的要求进行格式转换。

其三,针对LCD的工作原理,将4路检测对象的实时温度值显示于合适的位置上。为此,必须先设置显示的坐标,然后再调用LCD显示子程序将转换好格式的温度值显示出来。

其四,在实测的温度超过设定的标准温度时,过温指示灯要进行点亮闪烁。而一旦温度回到正常值之后,过温指示灯应当自行熄灭。

可见,本设计是在主程序中完成LCD的初始化、过温指示灯的控制等内容,其他则单独放在相应的子程序中来完成。子程序主要是温度显示子程序的设计。由于涉及4路检测对象,因此一方面,程序应当将DS18B20传送来的16位温度值转换为十进制形式的温度值,然后还要转化为字符的形式,并按照整数和小数来进行存储。另一方面,程序中要设定4路对象在LCD上分别进行显示的位置坐标,然后再在相应坐标位置显示温度值。显示时必须先显示整数部分,然后显示小数点,之后再显示小数部分值。主程序与显示子程序的流程图如图4.2.13所示。

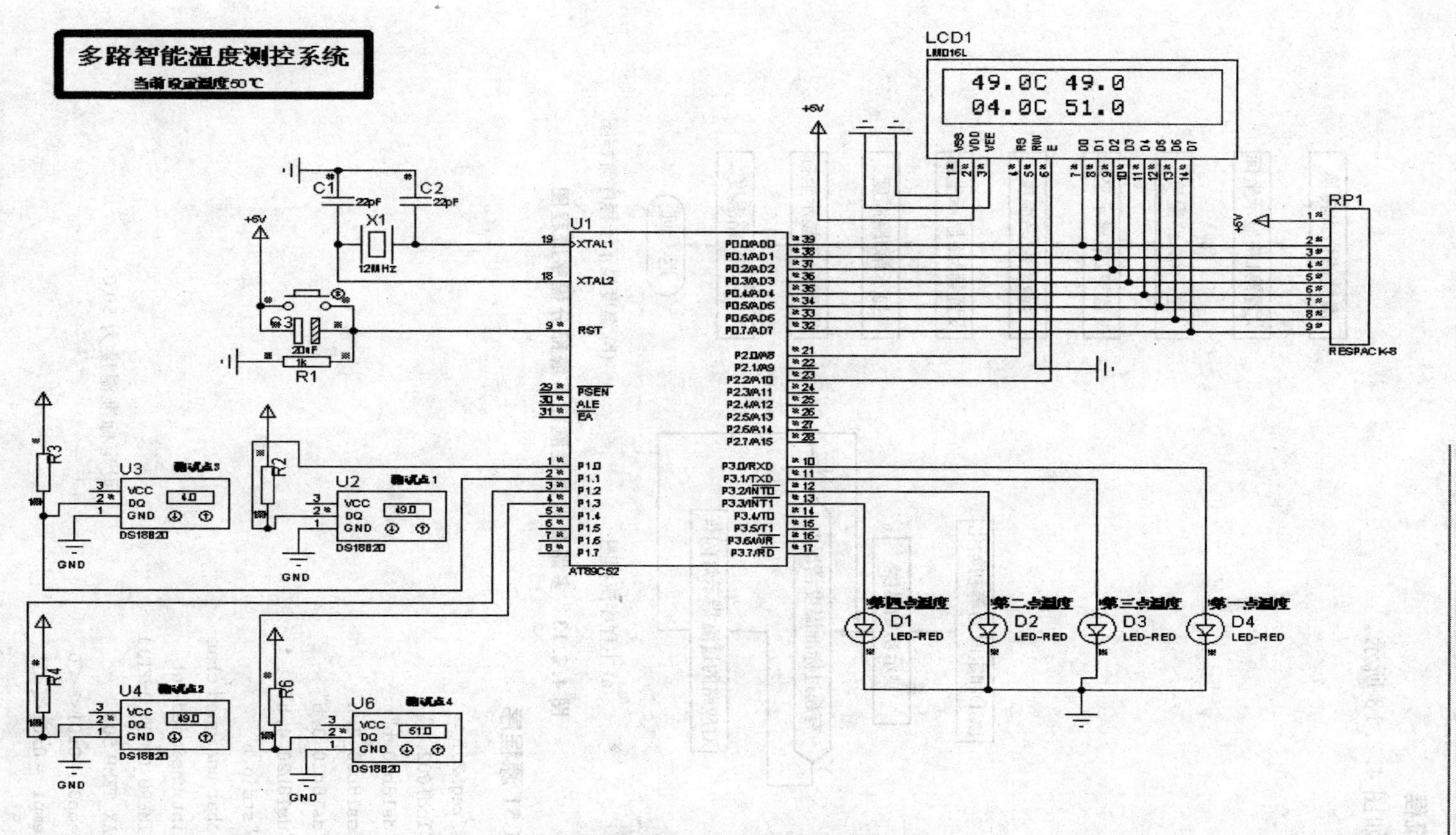

图 4.2.12 多路智能温度测控系统硬件电路图

(2) 程序流程

程序流程如图4.2.13所示。

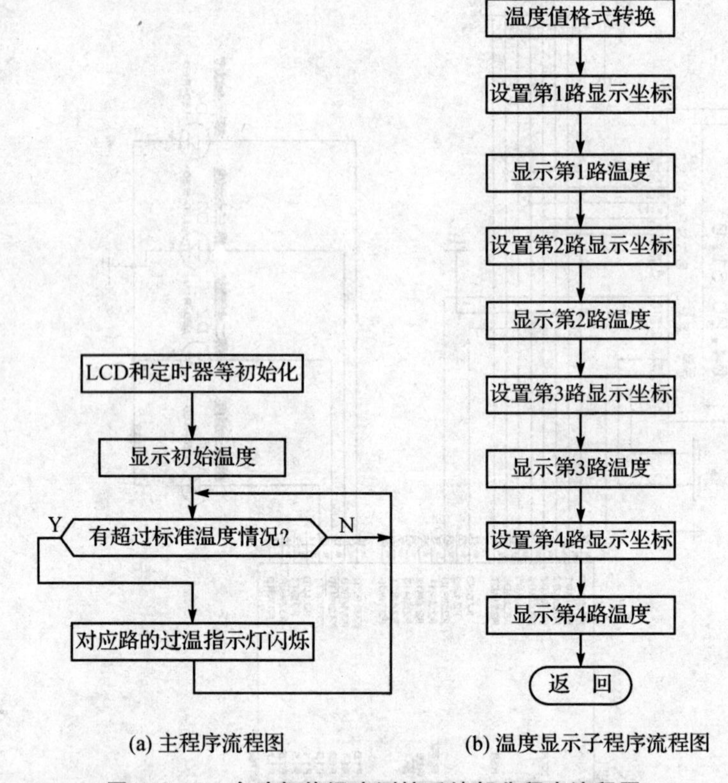

(a) 主程序流程图　　(b) 温度显示子程序流程图

图4.2.13　多路智能温度测控系统部分程序流程图

(3) 参考C51源程序

```
#include<reg52.h>
#include"lcd1602.h"
#include"ds18b20.h"
#include"ds18b20_2.h"
#include"ds18b20_3.h"
#include"ds18b20_4.h"
#include "stdio.h"
#define uchar unsigned char
#define uint unsigned int
#define TIMER0_COUNT 0xEE11
#define MAX_TEMP 500                    //设定标准温度为50℃
#define temp0  = 0x01<<0
#define temp1  = 0x01<<1
```

```
#define temp2 = 0x01<<2
#define temp3 = 0x01<<3
#define LED     P3
sbit SPK = P3^5;
sbit LED1 = P3^6;
sbit LED2 = P3^7;
bit flag;
  uint wendu;
  uint wendu1;
  uint wendu2;
  uint wendu3;
uchar count,timer0_tick,count = 0;
/**** 主程序 ****/
void main()
{
    char show;
     bit flag;
    init_lcd();                          //初始化 LCD
    timer0_initialize();                 //初始化定时器 0
     gotoxy(1,1);                        //设置显示坐标
     display_string("00.0C");            //显示初始温度值
       gotoxy(2,1);                      //设置显示坐标
     display_string("00.0C");            //显示初始温度值
            while(1)
            {
            flag = ~flag;
            show = 0;
            if(wendu>MAX_TEMP)           //第一路温度大于设定温度值则将该路的指示灯点亮
            show = show|temp0;
            if(wendu1>MAX_TEMP)          //第二路温度大于设定温度值则将该路的指示灯点亮
            show = show|temp1;
            if(wendu2>MAX_TEMP)          //第三路温度大于设定温度值则将该路的指示灯点亮
            show = show|temp2;
            if(wendu3>MAX_TEMP)          //第四路温度大于设定温度值则将该路的指示灯点亮
            show = show|temp3;
            delay1(10);
            if(flag)
            LED = show;
            else
```

```
            LED = 0x00;
    //循环检测是否超过标准温度,如果超过标准温度则对应的指示灯亮起
            }
        }
/**** 定时器 0 中断初始化程序 ****/
static void timer0_initialize(void)
 {
     EA = 0;
     timer0_tick = 0;
     TR0 = 0;
     TMOD = 0X21;
     TL0 = (TIMER0_COUNT & 0X00FF);
     TH0 = (TIMER0_COUNT >> 8);
     PT1 = 1;
     ET0 = 1;
     TR0 = 1;
     EA = 1;
 }
/**** 温度显示子程序 ****/
void display_temp()
{
  uchar A1,A2;
  uchar A3,A4;
  uchar A5,A6;
  uchar A7,A8;
  tmpchange();                                  //温度值格式转换
  wendu = tmp();
  A1 = wendu/10;
  A2 = wendu % 10;
  gotoxy(1,1);                                  //设置显示坐标
  display_data(A1);                             //显示温度
  display_string(".");
  write_date(int_to_char[A2]);                  //转化成字符
  tmpchange2();
  wendu1 = tmp2();
  A3 = wendu1/10;
  A4 = wendu1 % 10;
  gotoxy(2,1);                                  //设置显示坐标
  display_data(A3);                             //显示温度
```

```
    display_string(".");
    write_date(int_to_char[A4]);          //转化成字符
    tmpchange3();
    wendu2 = tmp3();
    A5 = wendu2/10;
    A6 = wendu2 % 10;
    gotoxy(1,7);                          //设置显示坐标
    display_data(A5);                     //显示温度
    display_string(".");
    write_date(int_to_char[A6]);          //转化成字符
    tmpchange4();
    wendu3 = tmp4();
    A7 = wendu3/10;
    A8 = wendu3 % 10;
    gotoxy(2,7);                          //设置显示坐标
    display_data(A7);                     //显示温度
    display_string(".");
    write_date(int_to_char[A8]);          //转化成字符
}
/**** 定时器 0 中断程序 ****/
void timer0(void) interrupt 1
{
      TR0 = 0;
      TL0 = (TIMER0_COUNT & 0X00FF);      //设置 Timer0 低 8 位 TL0 数值
      TH0 = (TIMER0_COUNT >> 8);          //设置 Timer0 高 8 位 TH0 数值
      TR0 = 1;
    count ++ ;
      if(count == 10) display_temp();
}
```


4.2.3 模拟自动恒温控制系统设计

1. 设计任务及思路分析

恒温控制系统在现今的生活中有很多的应用,比如自动保温水壶、热水器保温系统、医院恒温箱、蔬菜水果种植的温室控制器等。无论怎样应用,其设计的内涵都是基本一致的,即通过测温元件获取测试对象(或测试环境)的实时温度,并把转换成数字值的温度值送入微控制器,然后由微控制器检查其是否与标准温度一致;若不一致,则启动相应的升温或降温器件工作。当温度回到正常的标准温度时,温度调整的器件停止工作。如此一来,就可实现温度的自

动调节，而且基本保持在某一个设置的温度范围之内，这就是“恒温控制系统”的基本设计内涵或者说是设计的基本要求。

本小节所要介绍的模拟自动恒温控制系统，之所以说是模拟而非实际，原因一方面在于设计所基于的环境是 Proteus 仿真环境，另一方面在于设计中并未加上真正的升温与降温器件，而用指示灯来替代。读者在掌握本小节介绍的设计方法后，只需根据后面介绍的电机应用方法，将升、降温指示灯电路连线转接至相应电机的控制线路上即可控制电机工作，并使电机所带动的加热器或风扇等进行实际的升温或降温工作。

- 用测温元件检测温度，并将温度值转换成数字值送入单片机；
- 要有标准温度设置功能。
- 实时温度值与设置温度值均要进行显示，温度值显示精确到 1℃。
- 当实时温度高于设置标准温度时，降温指示灯点亮；当实时温度低于设置标准温度时，升温指示灯点亮；当实时温度等于设置标准温度时，升、降温指示灯均熄灭。

模拟恒温控制系统设计框图如图 4.2.14 所示。

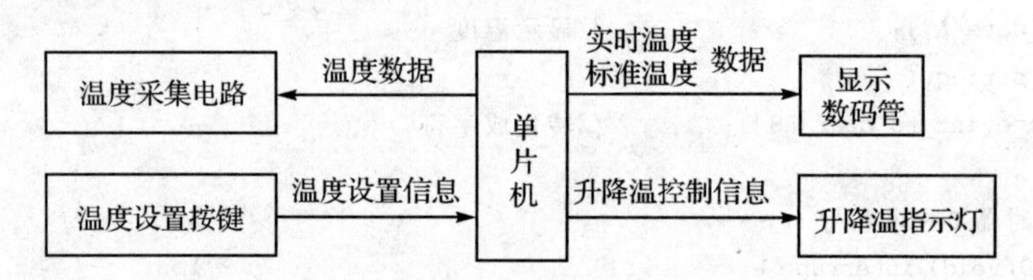

图 4.2.14　模拟恒温控制系统设计框图

2. 硬件设计

模拟恒温控制系统硬件电路图如图 4.2.15 所示。

首先，测温元件及温度值转换方面的设计。虽然目前一些测温系统中有些是采用如热敏电阻或模拟电压输出的温度传感器等测温元件，但实际这样处理时，硬件电路上就必须增加模拟/数字(A/D)转换电路。DS18B20 数字式温度传感器能自动将温度值转换成数字信息，且性价比非常高。为了减少硬件设计的成本，同时也为了减少硬件设计的难度，本设计仍采用 DS18B20 数字式温度传感器来作为温度采集电路元件。

其次，温度设置电路方面的设计。温度设置前，电路的默认设置标准温度值是由后面的软件程序来给定的。如此一来，温度设置就只需指定是增加还是减少即可。也就是说，设置两个按键，一个为温度值增加按键，另一个为温度值减少按键。在后面的软件程序中设计每次按键分别增加或减少的温度值。

然后，温度值的显示方面的设计。温度值的显示分为两个部分，其一为实时温度值的显示，其二为设置的标准温度值的显示。因此，设计时可考虑采用 LCD 将两种数据同屏显示，也考虑采用多位 7 段数码管来分别显示两种温度值数据。这里采用后一种设计方法。由于显示

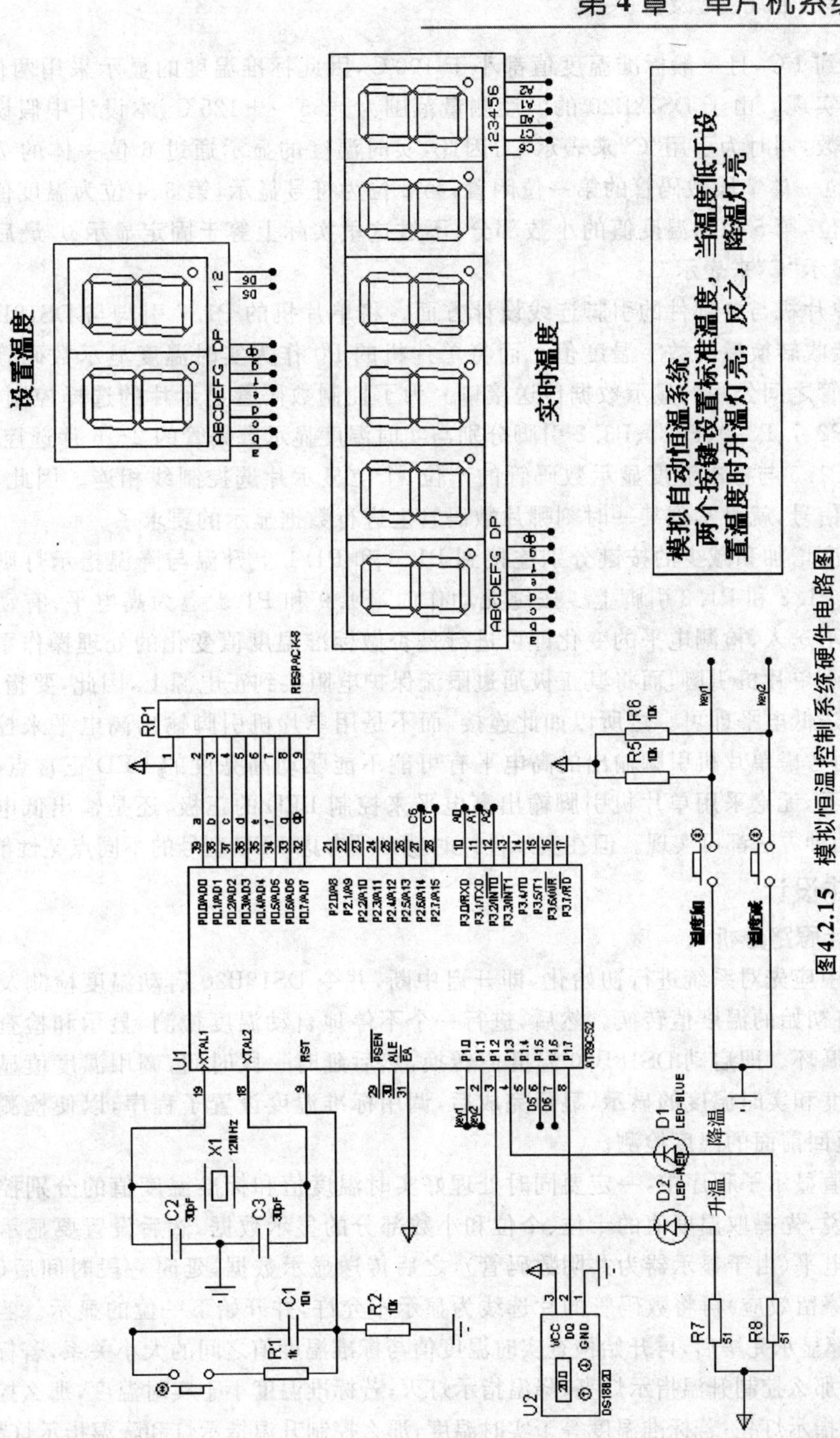

图4.2.15 模拟恒温控制系统硬件电路图

温度值精确到1℃,且一般标准温度值都小于100℃,因此标准温度的显示采用两位一体的7段数码管来实现。由于DS18B20的温度测量范围为−55～+125℃,本设计中假设显示数据不超过两位数,同时为了用"C"来表示℃,因此,实时温度的显示通过6位一体的7段数码管来实现。6位一体7段数码管的第一位闲置,第2位为符号显示,第3、4位为温度值整数部分的十位和个位,第5位为温度值的小数部分,不过这里实际上等于固定显示0,最后一位为单位显示,即显示"C"来表示℃。

最后,单片机与各部件的引脚连线设计方面。将单片机的P1.7引脚与DS18B20数据口相连,用以接收转换后的数字温度值。而将单片机的P0作为实时温度显示数码管和标准温度显示数码管之间公用的显示数据传送接口。为了控制数码管显示片的选择控制,通过单片机的P2.6、P2.7、P3.0、P3.1、P3.2引脚分别与实时温度显示数码管的2～6片选控制线相连,而将P1.5、P1.6与标准温度显示数码管的十位、个位显示片选控制线相连。因此,只要控制片选线上的信号,就可实现某一时刻哪片数码管上进行数据显示的要求了。

标准温度增加和减少的按键分别连接到P1.0和P1.1上升温与降温指示灯则分别连接到单片机的P1.2和P1.3引脚上。按键无动作时,P1.0和P1.1上为高电平;有动作时线路上会有低电平送入,检测电平的变化即可进行是否做标准温度值变化的处理操作了。指示灯的负极连接于单片机引脚,而将其正极通过限流保护电阻接到正电源上,因此,要指示灯点亮,只需向其发送低电平即可。之所以如此连接,而不是用单片机引脚输出高电平来控制指示灯点亮,是因为考虑单片机引脚输出的高电平有可能不能驱动高亮度的LED正常点亮。当然,在仿真条件下,无论采用单片机引脚输出高电平来控制LED的正极,还是输出低电平来控制LED负极,两种方法都可实现。但在实际设计时就必须考虑LED型号的不同点亮性能要求了。

3. 软件设计

(1) 设计思路分析

主程序中应先对系统进行初始化,即开启中断,并令DS18B20启动温度检测及数值的转换,此时是将初始的温度值转换。然后,进行一个不停地自动温度检测、显示和检查标准温度按键动作的循环。即启动DS18B20温度值转换,然后延时一段时间,调用温度值显示子程序进行标准温度和实时温度的显示,显示完成后,调用标准温度设置子程序,以便检测按键的动作,之后再返回前面的温度检测。

在温度值显示子程序中,一定要同时处理好实时温度值和标准温度值的分别控制显示工作。也就是说,先提取温度值的十位、个位和小数部分的显示数据,然后设置要显示的数码管片选线为低电平(由于显示器为共阴数码管),之后传送显示数据,延时一段时间后(用于满足人眼的视觉停留效应)再将数码管的片选线为显示不允许,并开始下一位的显示。当各个温度值的显示位都显示完毕后,再开始检查实时温度值与标准温度值之间的大小关系,若标准温度大于实时温度,那么控制升温指示灯亮,降温指示灯灭;若标准温度小于实时温度,那么控制升温指示灯灭,降温指示灯亮;若标准温度等于实时温度,那么控制升温指示灯和降温指示灯都熄灭。

本设计中默认设置标准温度为25℃。在标准温度设置子程序中，在消除按键抖动之后，若温度增加按键有动作，则将标准温度增加1；若温度减少按键有动作，则将标准温度减少1。

除了以上子程序，程序中还有不少小的子程序，如对DS18B20的延时程序、数据读取程序等，这部分请读者根据参考C51源程序自行分析。

(2) 程序流程

如图4.2.16所示。

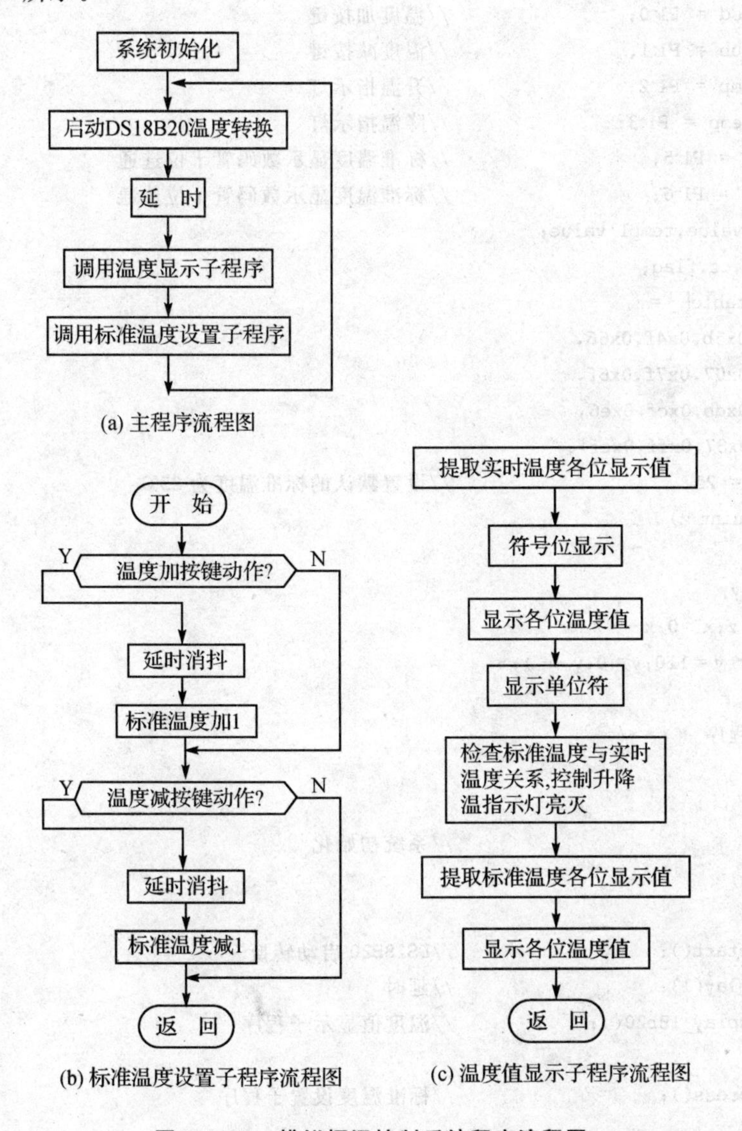

(a) 主程序流程图

(b) 标准温度设置子程序流程图

(c) 温度值显示子程序流程图

图4.2.16　模拟恒温控制系统程序流程图

(3) 参考C51源程序

```
#include<reg52.h>
#define uchar unsigned char
#define uint unsigned int
#define LED_ON   0x01
sbit dsio = P1^7;                       //定义 DS18B20 数据引脚线
sbit temp_add = P1^0;                   //温度加按键
sbit temp_sub = P1^1;                   //温度减按键
sbit up1_temp = P1^2;                   //升温指示灯
sbit down_temp = P1^3;                  //降温指示灯
sbit tenbit = P1^5;                     //标准温度显示数码管十位选通
sbit sigbit = P1^6;                     //标准温度显示数码管个位选通
uchar temp_value,temp1_value;
uchar aa,bb,cc,flag;
uchar code table[] = {
0x3f,0x06,0x5b,0x4f,0x66,
0x6d,0x7d,0x07,0x7f,0x6f,
0xbf,0x86,0xdb,0xcf,0xe6,
0xed,0xfd,0x87,0xff,0xef};
uint tempr = 25;                        //设置默认的标准温度为25℃
void delay(uint z)
{
    uint x,y;
    for(x = z;x>0;x--)
        for(y = 110;y>0;y--);
}
/* *** 主程序 ****/
void main()
{
    init();                             //系统初始化
    while(1)
    {
        tmstart();                      //DS18B20 启动转换
        Tdelay(1);                      //延时
        display_18b20();                //温度值显示子程序

        process();                      //标准温度设置子程序
    }
}
```

```
void init()                              //系统初始化
{
    EA = 1;
    tmstart();                           //DS18B20 启动温度转换
    delay(450);                          //延时
}
void tmstart()                           //DS18B20 启动温度转换
{
    reset_18b20();                       //DS18B20 复位
    tmpre();                             //给 DS18B20 送一个脉冲
    Tdelay(1);
    input(0xcc);
    input(0x44);
}
void Tdelay(uint t)                      //延时程序
{
    uint i;
    while(t--)
    {for (i = 0;i<125;i++);}
}
 /**** 温度值显示子程序 ****/
void display_18b20()
{
    uchar a,b;
    aa = read_Temp()/10;                 //十位
    bb = read_Temp() % 10;               //个位
    cc = temp_value * 625/1000 % 10;     //小数处理
    if(flag == 0)
    {
        P2 = 0xbf;                       //控制实时温度显示数码管第 5 位片选线状态
        P0 = 0x40;                       //传送负数符号"-"显示数据
        Tdelay(1);                       //延时
        P2 = 0xff;                       //控制实时温度显示数码管片选线状态
    }
    else if(flag == 1)
    {
        P2 = 0xbf;                       //控制实时温度显示数码管第 2 位片选线状态
        P0 = 0x00;                       //传送无显示数据(正数符号无)
```

```
        Tdelay(1);                          //延时
        P2 = 0xff;                          //控制实时温度显示数码管片选线状态
    }
    P2 = 0x7f;                              //控制实时温度显示数码管第3位片选线状态
    P0 = table[aa];                         //传送温度值十位部分的显示数据
    Tdelay(1);                              //延时
    P2 = 0xff;                              //控制实时温度显示数码管片选线状态
    P3 = 0xfe;                              //控制实时温度显示数码管第4位片选线有效电平
    P0 = table[bb + 10];                    //传送温度值个位部分的显示数据
    Tdelay(1);                              //延时
    P3 = 0xff;                              //控制实时温度显示数码管第4位片选线状态
    P3 = 0xfd;                              //控制实时温度显示数码管第5位3位片选线有效电平
    P0 = table[cc];                         //传送温度的小数部分显示数据(实际都是0)
    Tdelay(1);                              //延时
    P3 = 0xff;                              //控制实时温度显示数码管最后3位片选线状态
    P3 = 0xfb;                              //控制实时温度显示数码管第6位片选线有效电平
    P0 = 0x39;                              //传送"C"显示数据
    Tdelay(1);                              //延时
    P3 = 0xff;                              //控制实时温度显示数码管最后3位片选线状态
    if(tempr > aa * 10 + bb)                //看标准温度是否高于实测温度
    {
        down_temp  =  0x01;                 //降温灯灭
        up1_temp  =  0x00;                  //升温灯亮
    }
    else if (tempr < aa * 10 + bb)          //看标准温度是否低于实测温度
    {
        down_temp  =  0x00;                 //降温灯亮
        up1_temp  =  0x01;                  //升温灯灭
    }
    Else                                    //两温度值相等
    {
        down_temp  =  0x01;                 //降温灯灭
        up1_temp  =  0x01;                  //升温灯灭
    }
    a  =  tempr/10;                         //标准温度的十位
    b  =  tempr % 10;                       //标准温度的个位
    tenbit  =  0;                           //控制实时温度数码管两位均显示允许
    sigbit  =  0;
    P0  =  table[a];;                       //送十位值显示
```

```
    Tdelay(1);
    tenbit = 0;                           //控制实时温度数码管个位显示允许
    sigbit = 1;
    P0 = table[b];;                       //送个位值显示
    Tdelay(1);
    tenbit = 1;
    sigbit = 1;
}
/****标准温度设置子程序 ****/
void process(void)
{
if(temp_add == 0 && temp_sub == 1 && tempr<99)
    {
        display_18b20();
        display_18b20();
        display_18b20();
        display_18b20();
        display_18b20();                  //用显示状态作为按键的消抖延时
        if(temp_add == 0)
        tempr++;
    }
if(temp_add == 1 && temp_sub == 0 && tempr>0)
    {
        display_18b20();
        display_18b20();
        display_18b20();
        display_18b20();
        display_18b20();                  //用显示状态作为按键的消抖延时
        if(temp_sub == 0)
        tempr--;
    }
}
void delay_18b20(uchar j)                 //DS18B20 延时程序
{
    while(j--);
}
void reset_18b20()                        //DS18B20 复位
{
    dsio = 0;
```

```
    delay_18b20(90);
    dsio = 1;
    delay_18b20(4);
}
void tmpre (void)                              //给 DS18B20 送一个脉冲
{
    while (dsio);
    while (~dsio);
    delay_18b20(4);
}
bit readbit()                                  //从 DS18B20 读取一位数据
{
    uchar i;
    bit dat;
    dsio = 0;i ++ ;
    dsio = 1;i ++ ;i ++ ;
    dat = dsio;
    delay_18b20(8);
    return dat;
}
uchar output()                                 //从 DS18B20 读取一字节数据
{
    uchar i,j,dat = 0;
    for(i = 8;i>0;i -- )
    {
        j = readbit();
        dat = (j<<7)|(dat>>1);
    }
    return dat;
}
void input(uchar dat)                          //向 DS18B20 输入一字节数据
{
    uint i,j;
    bit testb;
    for(i = 8;i>0;i -- )
    {
        testb = dat&0x01;
        dat = dat>>1;
        if(testb)
```

```
        {
            dsio = 0;
            j ++ ;j ++ ;
            dsio = 1;
            delay_18b20(4);
        }
        else
        {
            dsio = 0;
            delay_18b20(4);
            dsio = 1;
            j ++ ;j ++ ;
        }
    }
}
uchar read_Temp()                          //读当前温度值
{
    uchar a = 0,b = 0,y1,y2,y3;;
    reset_18b20();
    tmpre();
    delay_18b20(10);
    input(0xcc);
    input(0xbe);
    delay_18b20(10);
    a = output();                          //读温度值低位
    b = output();
    temp_value = a&0x0f;
    if((b&0x80) == 0x80)                   //判断温度正负
    {
        b = ~b;a = ~a + 1;
  //负温度处理(DS18B20 的负温度是正的反码,即将它取反 + 1,就得到正的温度)
        y1 = a>>4;                         //降低精度(去掉小数点)
        y2 = b<<4;                         //减小测量范围( - 55~99℃)
        y3 = y1|y2;
        flag = 0;
    }
    else
    {
        y1 = a>>4;
```

```
        y2 = b<<4;
        y3 = y1|y2;
        flag = 1;
    }
    return y3;
}
```

4.3 电机控制篇

4.3.1 电机控制原理

1. 步进电机

(1) 概 述

步进电机是将电脉冲信号转变为角位移或线位移的开环控制元件。在非超载的情况下，电机的转速、停止的位置只取决于脉冲信号的频率和脉冲数，而不受负载变化的影响，即给电机加一个脉冲信号，电机则转过一个步距角。由于存在这一线性关系，用户可以通过控制脉冲个数来控制角位移量，从而达到准确定位的目的；同时用户还可以通过控制脉冲频率来控制电机转动的速度和加速度，从而达到调速的目的。

步进电机是一种感应电机，工作原理是利用电子电路将直流电变成分时供电的、多相时序控制的电流，用这种电流为步进电机供电，步进电机才能正常工作。步进电机的驱动器就是为步进电机分时供电的多相时序控制器。目前市场上的打印机、绘图仪、机器人等设备都以步进电机为动力核心。

(2) 步进电机的分类

步进电机可分3种：永磁式(PM)、反应式(VR)和混合式(HB)。永磁式步进电机一般为两相，转矩和体积较小，步进角一般为7.5°或15°。反应式步进电机一般为3相，可实现大转矩输出，步进角一般为1.5°，但噪声和振动都很大。在欧美等发达国家，反应式步进电机在20世纪80年代时就已被淘汰。混合式步进电机是指混合了永磁式和反应式优点的步进电机。它又分为两相和五相，两相步进角一般为1.8°而五相步进角一般为0.72°。这种步进电机的应用最为广泛。

(3) 步进电机的特点

① 一般步进电机的精度为步进角的3%～5%，且不累积。

② 步进电机外表允许的最高温度应取决于不同电机磁性材料的退磁点。

步进电机温度过高首先会使电机的磁性材料退磁，从而导致力矩下降乃至失步，因此电机外表允许的最高温度应取决于不同电机磁性材料的退磁点。一般来讲，磁性材料的退磁点都在130℃以上，有的甚至高达200℃以上，所以步进电机外表温度在80～90℃完全正常。

③ 步进电机的力矩会随转速的升高而下降。

当步进电机转动时，电机各相绕组的电感将形成一个反向电动势；频率越高，反向电动势越大。在它的作用下，电机随频率（或速度）的增大而相电流减小，从而导致力矩下降。

④ 步进电机低速时可以正常运转，但若高于一定速度就无法启动，并伴有啸叫声。

步进电机有一个技术参数：空载启动频率，即步进电机在空载情况下能够正常启动的脉冲频率。如果脉冲频率高于该值，电机不能正常启动，可能发生丢步或堵转。在有负载的情况下，启动频率应更低。如果要使电机达到高速转动，则脉冲频率应该有加速过程，即启动频率较低，然后按一定加速度升到所希望的高频（电机转速从低速升到高速）。

步进电动机以其显著的特点，在数字化制造时代发挥着重大的用途。伴随着不同的数字化技术的发展以及步进电机本身技术的提高，步进电机将会在更多的领域得到应用。

(4) 步进电机的性能参数

1) 电机固有步距角

表示控制系统每发一个步进脉冲信号时，电机所转动的角度。电机出厂时给出了一个步距角的值，如86BYG250A型电机给出的值为0.9°/1.8°（表示半步工作时为0.9°、整步工作时为1.8°），这个步距角可以称为“电机固有步距角”；但它不一定是电机实际工作时的真正步距角，真正的步距角和驱动器有关。

2) 步进电机的相数

步进电机的相数是指电机内部的线圈组数，目前常用的有二相、三相、四相、五相步进电机。电机相数不同，其步距角也不同，一般二相电机的步距角为0.9°/1.8°、三相的为0.75°/1.5°、五相的为0.36°/0.72°。在没有细分驱动器时，用户主要靠选择不同相数的步进电机来满足自己步距角的要求。如果使用细分驱动器，则“相数”将变得没有意义，用户只需在驱动器上改变细分数，就可以改变步距角。

3) 保持转矩

保持转矩（HOLDING TORQUE）是指步进电机通电但没有转动时，定子锁住转子的力矩。它是步进电机最重要的参数之一，通常步进电机在低速时的力矩接近保持转矩。由于步进电机的输出力矩随速度的增大而不断衰减，输出功率也随速度的增大而变化，所以保持转矩就成为了衡量步进电机最重要的参数之一。例如，当人们说2 N·m的步进电机，在没有特殊说明的情况下是指保持转矩为2 N·m的步进电机。

4) DETENT TORQUE

DETENT TORQUE是指步进电机没有通电的情况下，定子锁住转子的力矩。DETENT TORQUE在国内没有统一的翻译方式，容易使大家产生误解；由于反应式步进电机的转子不是永磁材料，所以它没有DETENT TORQUE。

2. 直流电机

(1) 概　述

定义输出或输入为直流电能的旋转电机，称为直流电机，是能实现直流电能和机械能互相转换的电机。当它做电动机运行时是直流电动机，将电能转换为机械能；做发电机运行时是直流发电机，将机械能转换为电能。一般设计中应用较多的是直流电动机。

(2) 直流电机的结构

由如图 4.3.1 所示的直流电机结构示意图可以看到，直流电机的结构应由定子和转子两大部分组成。直流电机运行时静止不动的部分称为定子，主要作用是产生磁场。运行时转动的部分称为转子，主要作用是产生电磁转矩和感应电动势，是直流电机进行能量转换的枢纽，所以通常又称为电枢。

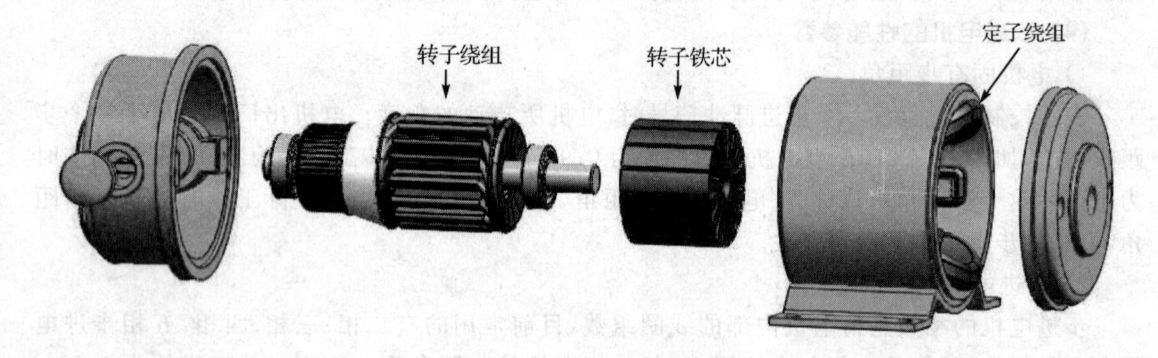

图 4.3.1　直流电机结构示意图

(3) 直流电机的分类

按结果主要分为直流电动机和直流发电机。

按类型主要分为直流有刷电机和直流无刷电机。

根据励磁方式的不同，一般直流电动机可分为并励式、串励式和复励式 3 种。直流电机的励磁方式是指对励磁绕组如何供电、产生励磁磁通势而建立主磁场的问题。

(4) 直流电机型号命名

国产电机型号一般采用电动机名称汉语拼音简称所对应大写的英文字母加上阿拉伯数字的表示形式，其格式为：第一部分用大写的拼音字母表示产品代号，第二部分用阿拉伯数字表示设计序号，第三部分用阿拉伯数字表示机座代号，第四部分用阿拉伯数字表示电枢铁芯长度代号。

以 Z292 为例：Z 表示一般用途直流电动机；2 表示设计序号，第二次改型设计；9 表示机座序号；2 电枢铁芯长度符号。

第一部分字符含义如下：

Z 系列：一般用途直流电动机（如 Z2、Z3、Z4 等系列）；

ZY 系列：永磁直流电机；

ZJ 系列：精密机床用直流电机；

ZT 系列：广调速直流电动机；

ZQ 系列：直流牵引电动机；

ZH 系列：船用直流电动机；

ZA 系列：防爆安全型直流电动机；

ZKJ 系列：挖掘机用直流电动机；

ZZJ 系列：冶金起重机用直流电动机。

4.3.2　智能电机转速控制显示系统设计

1. 设计任务及思路分析

设计一个可控制直流电机转速，并可显示转速的系统。电机的转速控制要求按照加速、减速、正转、反转及停止等内容进行设计。

根据设计任务及要求可知，一方面，要将电机的转速实时显示，这就肯定会涉及显示模块；另一方面，电机的转动情况要能按照设计要求进行控制，这就必然会涉及按键控制模块。此外，电机本身的工作也需要一些相关元件，因此可列为电机模块。于是，系统设计的框图如图 4.3.2 所示。

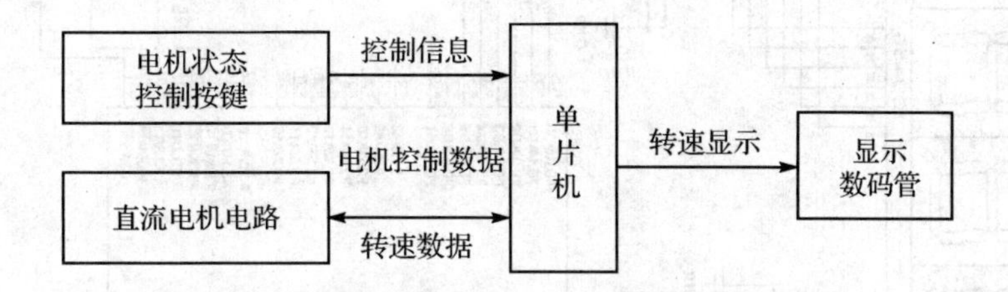

图 4.3.2　智能电机转速控制显示系统设计框图

2. 硬件设计

硬件电路图如图 4.3.3 所示。

图中，直流电机通过 L298 进行驱动，直流电机的 ENA 引脚与单片机的 P3.5(T1)相连，T1 传送出 PWM 脉冲。电机速度反馈送回单片机的 P3.2，也就是 INT0 中断引脚。

按键分为电机加速、减速、正转、反转、停止 5 种，加速按键和减速按键分别与 P3.6、P3.7 相连。而正反转方向控制则通过拨动开关由用户拨动控制，其输出通过反相器反相后与电机驱动芯片 L298 的 IN1 相连。

显示数码管选用的是 6 位一体的 7 段共阴数码管，数码管显示数据由单片机 P1 口来传

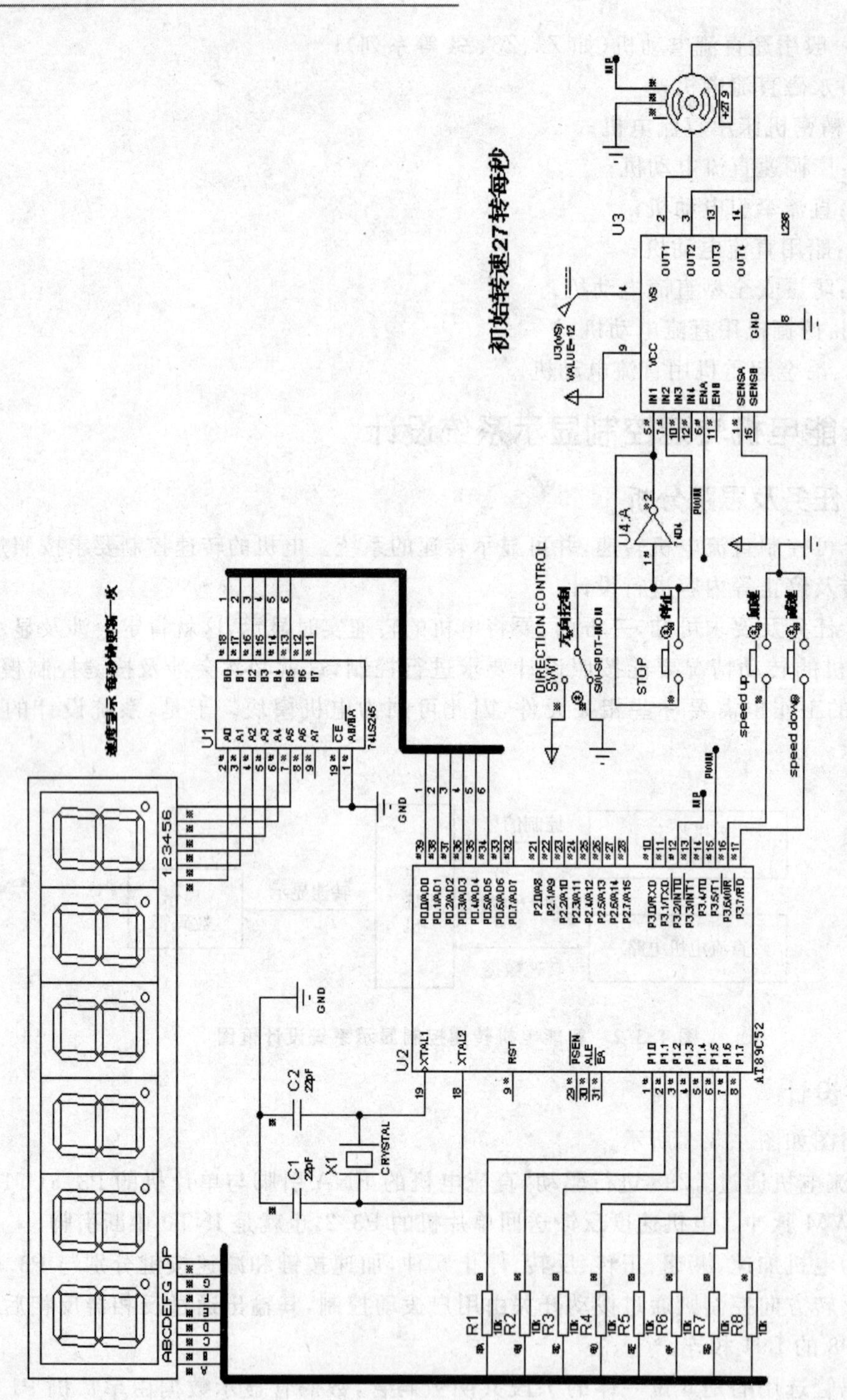

图 4.3.3　智能电机转速控制显示系统硬件电路图

送，数码管各位的片选线是分别由单片机的 P0.0～P0.5 通过总线驱动芯片 74LS245 来完成控制。

3. 软件设计

(1) 设计思路分析

根据前面的设计任务分析，可知本设计的软件程序应完成如下功能：

首先，由定时器 T1 产生定时中断，从而产生 PWM 脉冲控制电机转动；

其次，计算电机的转速，并产生用于数码管上显示的转速显示数据，送至数码管显示，显示数据每隔 1 s 更新一次；

然后，检测加速与减速按键的动作，并按照按键情况来响应需求。

(2) 程序流程图

程序流程如图 4.3.4 所示。

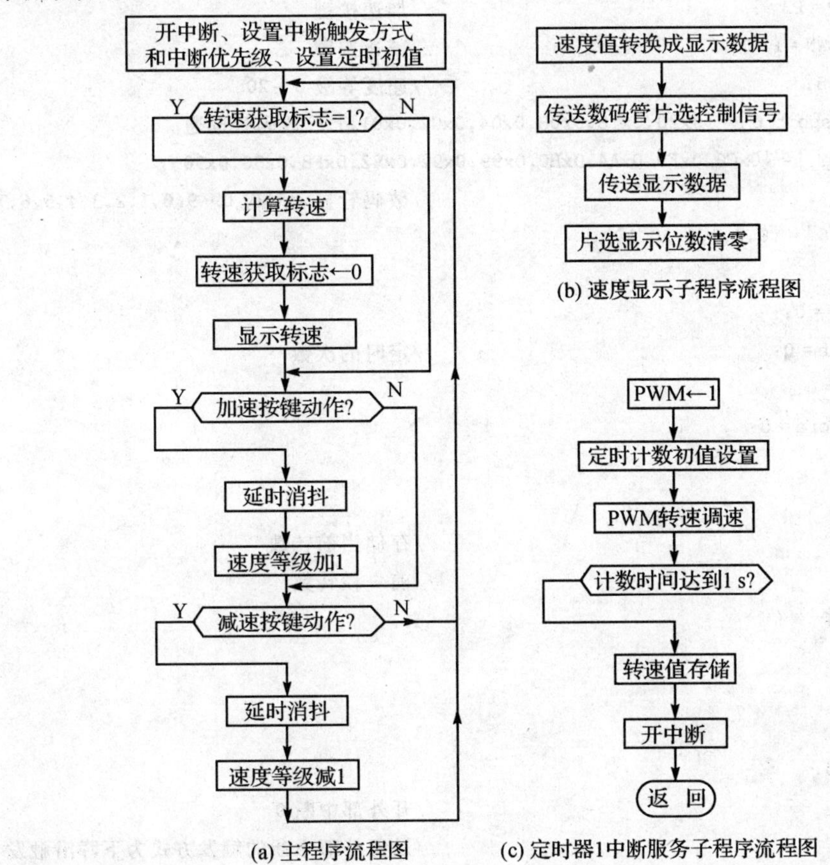

图 4.3.4 智能电机转速控制显示系统程序流程图

(3) 参考 C51 源程序

```
#include <reg51.h>
#include <math.h>
#define uchar unsigned char
#define uint unsigned int
#define ON 0
#define OFF 1
#define PWM_RANK   20
#define TIMER_BASE   1000
sbit PWM = P3^5;                        //电机 PWM 脉冲输出端
sbit MP = P3^2;                         //速度检测输入端
bit FLAG = 0;                           //转速获取到标志,1 为获取到,0 为未获得
sbit SPEED_UP = P3^6;                   //加速按键
sbit SPEED_DOWN = P3^7;                 //减速按键
uchar speed = 8;                        //速度等级 0~20
uchar code dispbit[6] = {0x20,0x10,0x08,0x04,0x02,0x01}; //数码管选通
uchar code seg[] = {0xC0,0xF9,0xA4,0xB0,0x99,0x92,0x82,0xF8,0x80,0x90};
                                        //数码管显示对应 0-9(0,1,2,3,4,5,6,7,8,9)
uchar disbuf[6] = {0,0,0,0,10,10};
uint temp[6];
uint discount = 0;
uint timecount = 0;                     //定时的次数
uint T0count = 0;
uint count_store = 0;
uint time = 0;
uint st[2];
uint x;                                 //存储当前转数
uint mx;                                //前一秒转数
/**** 主程序 ****/
void main()
{
    char tt;
    TMOD = 0x10;
     EX0 = 1;                           //开外部中断 0
     IT0 = 1;                           //设置外部中断的触发方式为下降沿触发
     IP = 0X05;                         //用于设置中断优先级,设置外部中断优先
                  //IP 的第 0 位到第 5 位分别代表 PX0,PT0,PX1,PT1,PS(串口通信)和 PT2
```

```
    TH1 = (65536 - TIMER_BASE)/256;
    TL1 = (65536 - TIMER_BASE) % 256;
    TR1 = 1;
    ET1 = 1;
    EA = 1;
    while(1)
   {
        if(FLAG == 1)
        {
        mx = st[0] - st[1];                         //计算前一秒转速
        FLAG = 0;
        }
        x = mx;                                     //转速获取

        show();                                     //转速显示
        if(~SPEED_UP)                               //加速按键动作响应
        {
        for(tt = 0;tt<100;tt ++ )
        show();                                     //多次显示作为按键消抖延时
        if(~SPEED_UP)
        {
        while(~SPEED_UP);
        if(speed<20)speed ++ ;                      //速度加
        }
        }
        if(~SPEED_DOWN)                             //减速按键动作响应
        {
        for(tt = 0;tt<100;tt ++ )
        show();                                     //多次显示作为按键消抖延时
        if(~SPEED_DOWN)
        {
        while(~SPEED_DOWN);
        if(speed>0)speed --;                        //速度减
        }
        }
    }
}
```

```
void outside0() interrupt 0                         //外部0中断服务程序
{
      T0count ++ ;
}
/**** T1 中断服务程序 ****/
void t1_serv() interrupt 3
{
  PWM = 1;
  TH1 = 252; //(65536 - TIMER_BASE)/256;
  TL1 = 24; //(65536 - TIMER_BASE) % 256;
  time ++ ;
  if((time % 20)<speed)PWM = 1;
  else PWM = 0;                                     //实现 PWM 调速
  if((time % 890) == 1)
  {
  FLAG = 1;
  st[1] = st[0];
  st[0] = T0count;
  }
  TR1 = 1;
  ET1 = 1;
  EA = 1;
}
 /**** 速度显示子程序 ****/
void show(void)
{
uint i;
for(i = 0;i<6;i ++ )
    {
        temp[i] = 0;
    }
i = 0;
while(x/10)                                         //转速值转换成显示数据
        {
            temp[i] = x % 10;
            x = x/10;
            i ++ ;
```

```
        }
    temp[i] = x;
    for(i = 0;i<6;i ++ )
        {
            disbuf[i] = temp[i];
        }
    P0 = dispbit[discount];                      //数码管片选控制
    P1 = seg[disbuf[discount]];                  //传送显示数据
    discount ++ ;
    if(discount == 6)discount = 0;
    }
```

4.3.3 模拟电梯显示控制系统设计

1. 设计任务及思路分析

(1) 设计任务及要求

设计一个模拟实际电梯运转的显示控制系统。要求按照实际4层电梯的运转显示情况，设置系统功能如下：

- 设置电梯内外的需求按键，即每层外都有上或下的按键，电梯内有楼层选择的按键；
- 电梯状态要有指示灯显示，即电梯目前运行到达楼层数的实时显示，电梯升降的状态显示等。
- 电梯无人时，应默认停在第1层。

(2) 设计思路分析

电梯是现在许多楼宇都具备的代步工具，以方便楼内人员的上下楼出行。在电梯的实际使用中可注意到，电梯的基本功能就是及时响应各层人员的上楼或下楼的按键需求，而且按照目前所处楼层的情况，快速地做出上升或下降的动作。当然，除了基本功能外，实际电梯还有如紧急制动、监控电梯内部情况等外加功能。本小节所要介绍的模拟电梯显示控制系统设计之所以说是"模拟电梯显示控制"，这是由于其控制电梯上升或下降是用相应的上升或下降指示灯来显示的，并没有加上实际的控制电机。不过，读者在掌握该设计方法后，结合前面的电机控制方法，很容易将其修改成能控制实际电机运转的电梯控制系统。

根据设计任务要求，设计中必然有电梯的各层上或下需求按键以及电梯内部的楼层选择按键组。如此一来就组合成了按键组模块。

其次，电梯所处楼层要能实时显示，而且还要有电梯上升或下降的状态指示，因此，可分别设计楼层显示模块以及电梯状态指示灯模块。

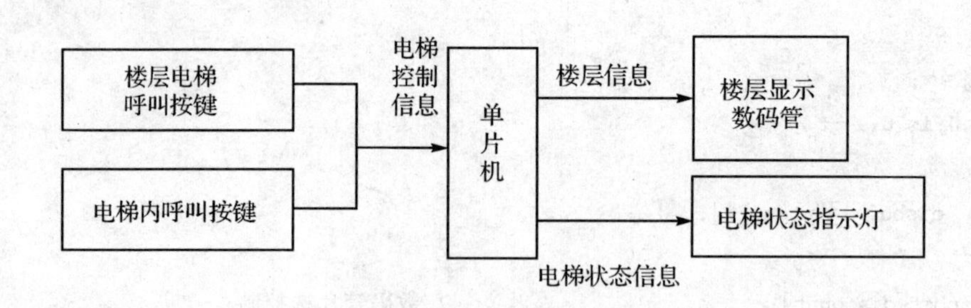

图 4.3.5 模拟电梯显示控制系统设计框图

2. 硬件设计

硬件电路如图 4.3.6 所示。

电梯最低层为 1 楼，因此在 1 楼应仅有上升按键；而电梯最高层位 4 楼，因此 4 楼应仅有下降按键。其他楼层则既有上升按键，也有下降按键。在电梯内部按键设置方面，则应有 1～4 楼的各层选择按键。按键的一端接地，另一端通过集成电路芯片连至单片机的引脚。这里，由于按键数量很多，又要求电梯控制系统能以最快速度响应按键的需求，因此，所有按键通过“与门”连接单片机。用一片双 4 输入“与门”74LS21 及一片 2 输入“与门”74LS08 即可实现 10 个按键对象的连接，芯片输出口再通过 3 输入“与门”74LS11 即可得到 10 个按键对象的集体与运算的最终结果，按键动作最终是送到单片机的 INT0 端。

$\overline{\text{INT0}} \leftarrow (\text{P1.0} \cdot \text{P1.1} \cdot \text{P1.2} \cdot \text{P1.3}) \cdot (\text{P1.4} \cdot \text{P1.5} \cdot \text{P1.6} \cdot \text{P1.7}) \cdot (\text{P3.0} \cdot \text{P3.1})$

无论哪一个按键有动作，低电平信号就会送到 INT0 端，从而引发外部中断 0 服务程序运行。单片机的 P1 口、P3.0、P3.1 共 10 个引脚各连接了一个需求按键。

电梯的楼层显示用 7 段数码管完成显示。本书设计电梯仅有 4 层，因此用一个 7 段数码管即可完成显示楼层的任务。数码管的显示数据通过单片机的 P0 口来进行传送。由于数码管数量只有一个，且设计中要求随着电梯的位置变化，数码管的显示数据也要显示相应同步的楼层，因此，数码管的片选线直接连接地，而不需再选择。

电梯升降的状态用上升和下降指示灯来进行显示，通过单片机的 P3.7 和 P3.6 引脚分别连接上升和下降指示灯的负极，其正极均连接至系统正电源处。

3. 软件设计

(1) 设计思路分析

首先，必须合理考虑按键的响应问题。一段时间内可能有多个不同的按键有动作，程序必须记录每一个按键的动作，并根据电梯本身所处的楼层情况与按键楼层之间的位置关系，合理判断出电梯应当做出上升或下降的响应动作。

其次，电梯系统还有一个判断是否无人的情况。即电梯到达某楼层后，其他楼层无按键动作，且电梯内也无楼层选择按键动作，那么就可判断此时电梯内无人。若电梯内无人，电梯应

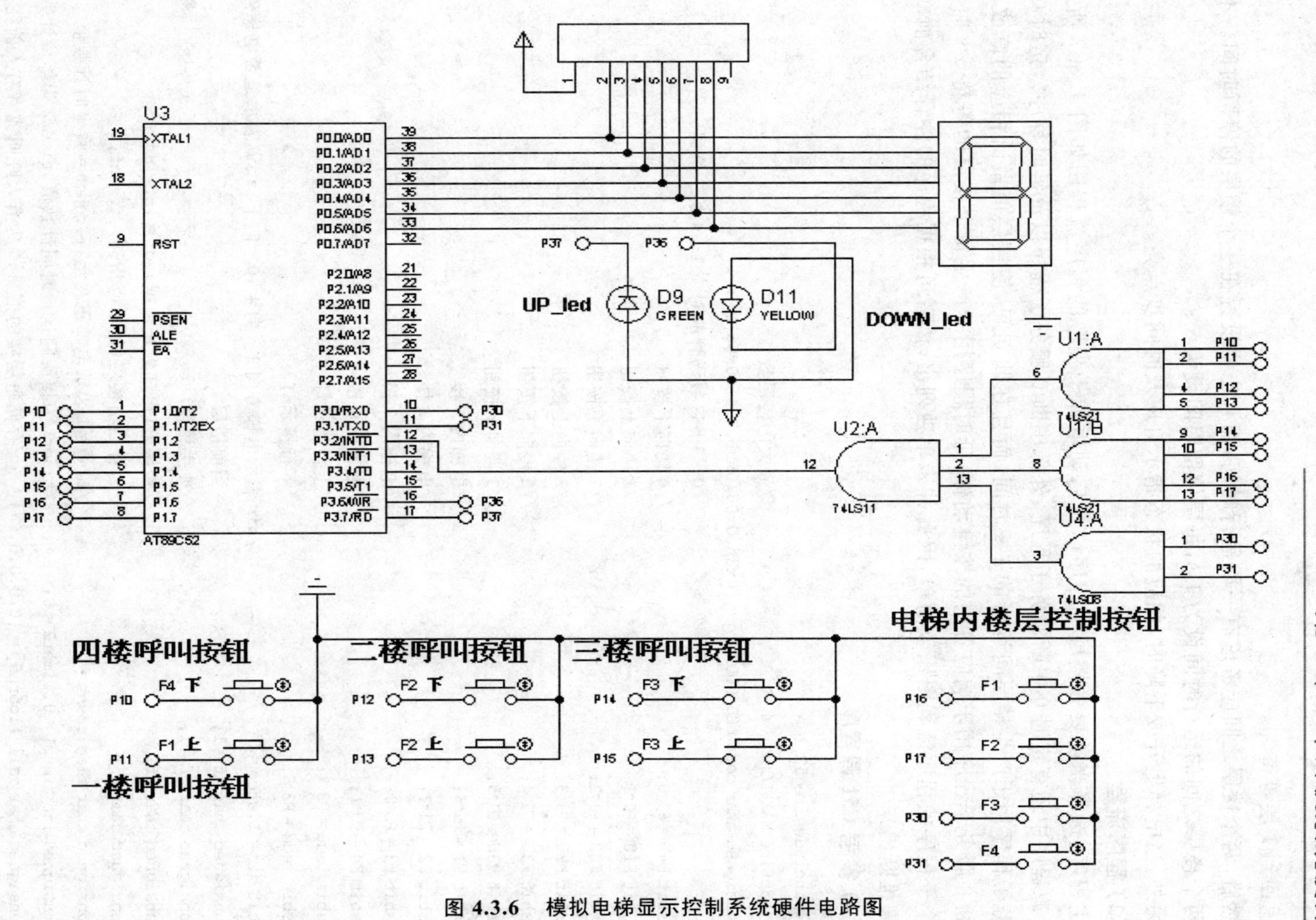

图 4.3.6 模拟电梯显示控制系统硬件电路图

自动返回到1层等待。

然后，两个楼层之间应考虑有一段运行时间，而且也要设置在一个楼层的停留时间。本设计中两个楼层之间的运行时间设为1 s，每层停留时间设为5 s。

另外，当电梯上升或下降时，相应的状态指示灯应及时同步点亮。

(2) 程序流程

主程序、选择当前要去楼层子程序以及启动电梯子程序的程序流程图如图4.3.7所示。不过，源程序中还有定时0中断服务子程序、外部中断0服务子程序以及延时程序。定时0中断服务子程序用于产生楼层间运行的1 s时间，而且在此期间，使楼层值做出相应的修改；外部中断0服务子程序用于响应各层的按键动作；延时程序用于产生每个楼层的等待5 s时间。这3个子程序的程序流程图比较简单，因此并未单独列出，读者可根据程序的注释结合前面的定义来推断出来。

(3) 参考C51源程序

```
#include<reg52.h>
#define MAXFLOOR   4                       //最大的楼层数
unsigned char code LED_CODES[] = {0x3f,0x06,0x5b,0x4f,0x66};
                                           //0～3 SEG数码管的对应1～4的7位码
sbit F4D = P1^0;                           //4楼向下按钮
sbit F1U = P1^1;                           //1楼向上按钮
sbit F2D = P1^2;                           //2楼向下按钮
sbit F2U = P1^3;                           //2楼向上按钮
sbit F3D = P1^4;                           //3楼向下按钮
sbit F3U = P1^5;                           //3楼向上按钮
sbit F1 = P1^6;                            //电梯内1楼
sbit F2 = P1^7;                            //电梯内2楼
sbit F3 = P3^0;                            //电梯内3楼
sbit F4 = P3^1;                            //电梯内4楼
sbit ledu = P3^7;                          //上行指示灯
sbit ledd = P3^6;                          //下行指示灯
bit dir = 1,stop = 0;                    //dir表示电梯方向1-向上,0-向下;stop表示是否电梯停止
unsigned char nf = 1;                      //当前楼层
unsigned char cf = 1;                      //要去楼层
unsigned char df;                          //楼层差(电梯停止依据):df = |cf - nf|;
unsigned char tf;                          //暂存当前楼层(显示码指针):tf = nf;
unsigned char flag,count = 0;              //flag = 1表示电梯正在运行;count = 乘坐时计数值
unsigned int timer1 = 0,timer2 = 0;        //timer1为楼层间运行时间计数值,timer2为等待计数值
unsigned char call_floor[5] = {0,0,0,0,0};     //存储每层楼的信息,1为有人呼叫或者有人前往
```

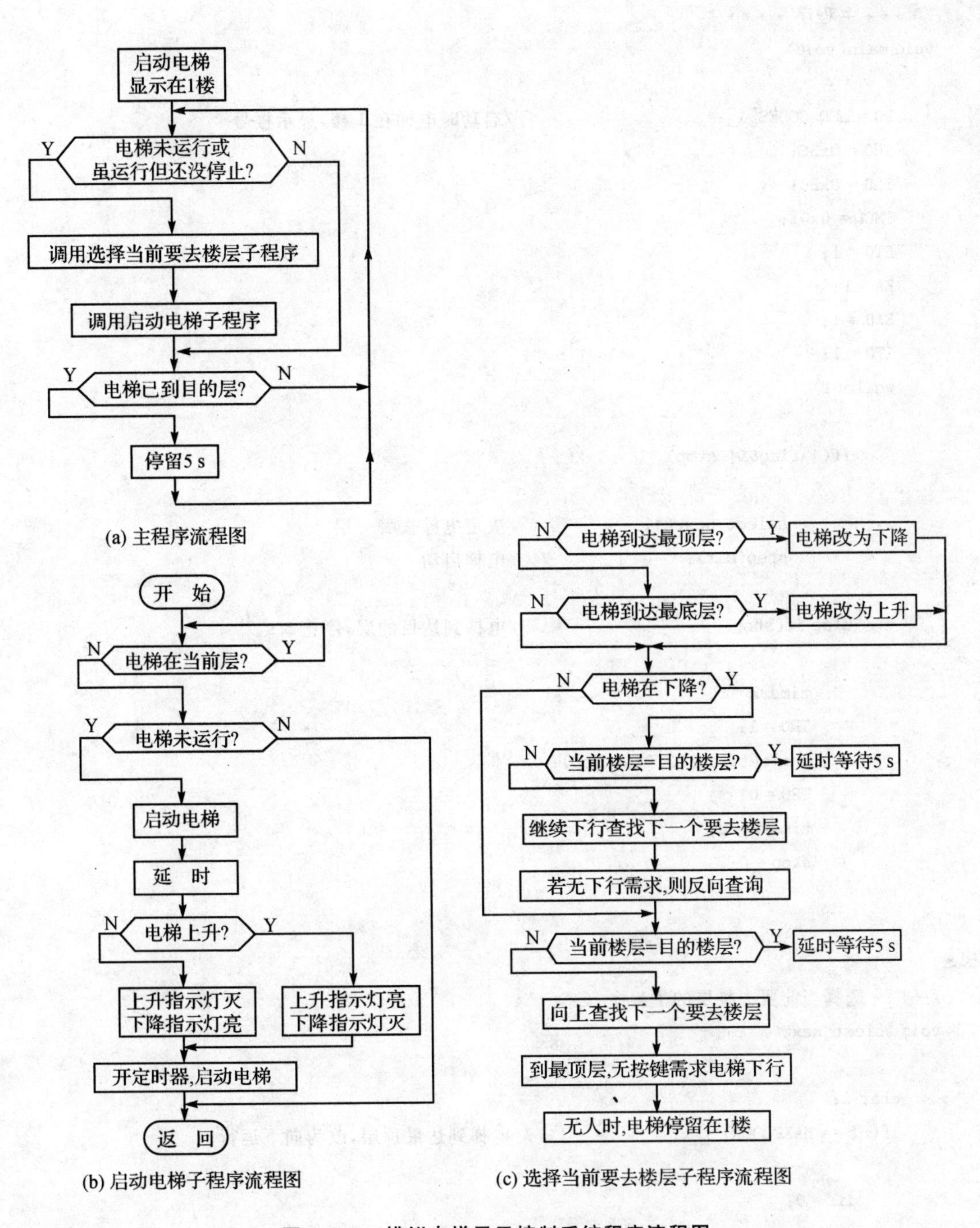

(a) 主程序流程图

(b) 启动电梯子程序流程图

(c) 选择当前要去楼层子程序流程图

图 4.3.7 模拟电梯显示控制系统程序流程图

```
/**** 主程序 ****/
void main(void)
{
    P0 = LED_CODES[1];                       //启动时电梯在1楼,显示楼号
    TH0 = 0x3C;
    TL0 = 0xB0;
    TMOD = 0x01;
    ET0 = 1;
    EA = 1;
    EX0 = 1;
    IT0 = 1;
    while(1)
    {
        if(! flag&&! stop)
        {
            select_next();                   //决定电梯去哪一层
            step(dir);                       //电梯启动
        }
        else if(stop)                        //电梯到达目的层,停止5 s
        {
            timer2 = 0;
            TR0 = 1;
            while(timer2<100&&stop);
            TR0 = 0;
            timer2 = 0;
            stop = 0;
        }
    }
}
/**** 选择当前要去楼层的子程序 ****/
void select_next()
{
    char i;
    if(nf == MAXFLOOR)                       //电梯到达最顶层,改为向下运行
    {
        dir = 0;
    }
    else if(nf == 1)                         //电梯到达最底层,改为向上运行
```

```
        {
            dir = 1;
        }
        if(dir == 0)
        {
            if(call_floor[nf] == 1)             //要去的为当前层,即只需延时 5 s
            {
                call_floor[nf] = 0;stop = 1;return;
            }
            for(i = nf - 1;i>= 1;i -- )         //向下运行时查找下一个要去的楼层
                if(call_floor[i])
                {cf = i;return;}
            dir = 1;
            for(i = nf + 1;i<= MAXFLOOR;i ++ )  //没有向下走的人,即反向运行
                if(call_floor[i])
                {cf = i;return;}
            dir = 0;
            cf = 1;                             //经过上面判断,此处表示电梯没有人,默认停在一楼
        }
        {
            if(call_floor[nf] == 1)             //要去的为当前层,即只须延时 5 s
            {
                call_floor[nf] = 0;stop = 1;return;
            }
            for(i = nf + 1;i<= MAXFLOOR;i ++ )  //向上查找下一个要去的楼层
                if(call_floor[i])
                {cf = i;return;}
            if(i == 5)
                dir = 0;
        }
}
/**** 启动电梯子程序 ****/
void step(bit dir)
{
    if(cf == nf)                                //电梯在当前层
        return;
    else if(! flag)
    {
```

```
            flag = 1;                                  //启动电梯运行
            delay(50);                                 //续流二极管延时
            if(dir == 1){ledu = 0; ledd = 1;}          //电梯上升指示灯
            else {ledd = 0; ledu = 1;}                 //电梯下降指示灯
            timer1 = 0;
            TR0  = 1;                                  //开定时器,启动电梯
        }
}
void delay(unsigned int z)                             //延时程序
{
    unsigned int x,y;
    for(x = z;x>0;x -- )
        for(y = 125;y>0;y -- );
}
/ **** 定时 0 中断,可利用此发送电机 PWM 脉冲信号 ****/
void time0_int() interrupt 1
{
    TH0 = 0x3C;
    TL0 = 0xB0;
    timer1 ++ ;
    timer2 ++ ;
    if(flag)
    {     if(timer1 == 20)                             //到达一个楼层,延时 1 s
          {
              timer1 = 0;
              if(dir)
                nf ++ ;                                //楼层数加 1
              else nf -- ;                             //楼层数减 1
              call_floor[nf] = 0;
              flag = 0;
              TR0 = 0;
              P0 = LED_CODES[nf];                      //显示当前楼层
              if(cf == nf){TR0 = 0;ledu = ledd = 1;stop = 1;return;}  //到达呼叫楼层,关电机
          }
    }
}
/ **** 外部中断 0 服务子程序  ****/
void int0() interrupt 0
{
```

```
    if(F4D == 0)                              //4楼有呼叫电梯信号
        call_floor[4] = 1;
    else if(F1U == 0)                         //1楼有呼叫电梯信号
        call_floor[1] = 1;
    else if(F2D == 0||F2U == 0)               //2楼有呼叫电梯信号
        call_floor[2] = 1;
    else if(F3U == 0||F3D == 0)               //3楼有呼叫电梯信号
        call_floor[3] = 1;
    else if(F4 == 0)                          //电梯前往4楼
        {call_floor[4] = 1;stop = 0;}
    else if(F1 == 0)                          //电梯前往1楼
        {call_floor[1] = 1;stop = 0;}
    else if(F2 == 0)                          //电梯前往2楼
        {call_floor[2] = 1;stop = 0;}
    else if(F3 == 0)                          //电梯前往3楼
        {call_floor[3] = 1;stop = 0;}
}
```


4.4 声音控制篇

4.4.1 声音播放原理

1. 声音播放的原理

(1) 普通声音产生原理

人耳能听到的声音频率范围是几十到几千赫兹之间，太高或太低频率的声音，是不能被人耳听到的。单片机的I/O输出引脚上是能输出高电平或低电平信号的。如果能设计一个程序，令单片机的某一个引脚按照一定的时间间隔输出一些符合规律的高低电平信号，那么就能得到一系列的矩形波。而如果这种时间间隔反映的频率是在人耳所能接听的频率范围，那么就可以输出一定的声音信息。

要输出稳定的矩形波或者说是声音信息，则可以利用延时程序来控制输出高电平或低电平的持续时间。当持续时间到时就令该信号反相，从而实现电平的转换，如图4.4.1所示。

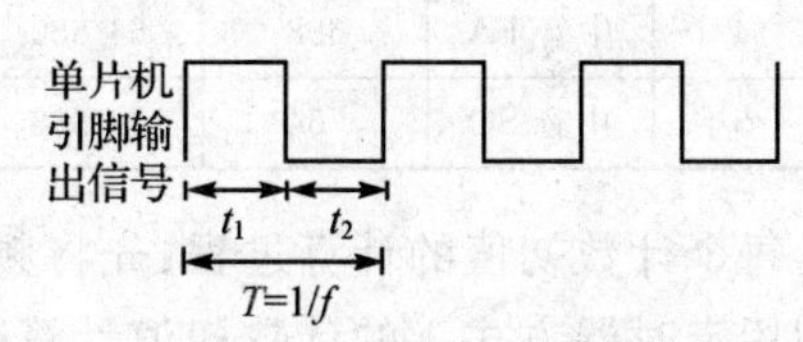

图4.4.1 声音输出示意图

图中，从单片机引脚上输出的信号，高电平和低电平保持的时间分别为 t_1 和 t_2，信号的基本输出周期

为 T,即频率 f 的倒数。在程序编写时,可令 t_1 和 t_2 相等。这样,当要产生某一频率(或说某一周期时间)的音频信号时,只要先计算得到这个周期时间的一半(即每周期内保持高电平或低电平输出的时间),然后利用延时程序来控制单片机的输出引脚在该时间内输出稳定的高电平或低电平。该时间结束时,又利用程序使单片机该输出引脚的输出信号电平发生反相。如此循环执行之后,就能得到设计要求的音频信号了。

例如,要产生 200 Hz 的音频信号。200 Hz 音频对应的变化周期为 1/200 s 即 5 ms。这样,其对应的半周期时间为 2.5 ms。由此分析,只要设计一个能实现 2.5 ms 延时的子程序就能完成这个 200 Hz 音频信号的输出了。

(2) 音乐产生原理

一首乐曲是由多个音符构成的。每一个音符都对应着一个确定的频率。另外,每一个音符会根据乐曲的要求设定一个确定的节拍。根据 4.4.1 小节有关声音产生的原理分析知道,产生声音就是使单片机产生一定的延时。

1) 音符频率的处理

如果利用定时器计数的方式来产生延时的效果,就可以将歌曲中每一个音符所对应的频率换算成相应的计数初值。然后,将这首乐曲所有音符的计数初值编成一个表,并把每一个音符的计数初值与一个确定的数字码来联系。这个数字码可以称为简谱码。表 4.4.1 就是一个这样的示例表,列出了利用定时器 T0 工作于方式 1 时,一些简谱音符所对应的频率、计数初值和简谱码。

表 4.4.1 简谱对应的频率、简谱码和计数初值

简 谱	发 音	频率/Hz	计数初值	简谱码	简 谱	发 音	频率/Hz	计数初值	简谱码
5	低音 SO	392	64 260	1	6	中音 LA	880	64 968	9
6	低音 LA	440	64 400	2	7	中音 SI	988	65 030	A
7	低音 SI	494	64 524	3	1	高音 DO	1 046	65 058	B
1	中音 DO	523	64 580	4	2	高音 RE	1 175	65 110	C
2	中音 RE	587	64 684	5	3	高音 MI	1 318	65 157	D
3	中音 MI	659	64 777	6	4	高音 FA	1 397	65 178	E
4	中音 FA	698	64 820	7	5	高音 SO	1 568	65 217	F
5	中音 SO	784	64 898	8		不发音			0

每个计数初值的计算过程:先将频率对应的周期值计算出来,然后计算其半周期时间,之后利用定时器方式 1 的计数初值计算公式运算,从而得到音符的计数初值。

为了查询方便,本书特将 C 各音符对应的音符频率和计数方式 1 时的计数初值列在表 4.4.2 中。

表 4.4.2 C调各音符频率与计数方式1时的计数初值对照表

音 符	频率/Hz	计数初值	音 符	频率/Hz	计数初值
低1 DO	262	63 628	#4 FA#	740	64 860
#1 DO#	277	63 731	中5 SO	784	64 898
低2 RE	294	63 835	#5 SO#	831	64 934
#1 RE#	311	63 928	中6 LA	880	64 968
低3 MI	330	64 021	#6 LA#	932	64 994
低4 FA	349	64 103	中7 SI	988	95 030
#4 FA#	370	64 185	高1 DO	1 046	65 058
低5 SO	392	64 260	#1 DO#	1 109	65 085
#5 SO#	415	64 331	高2 RE	1 175	65 110
低6 LA	440	64 400	#2 RE#	1 245	65 134
#6 LA#	466	64 463	高3 MI	1 318	65 157
低7 SI	494	64 524	高4 FA	1 397	65 178
中1 DO	523	64 580	#4 FA#	1 480	65 198
#1 DO#	554	64 633	高5 SO	1 568	65 217
中2 RE	587	64 684	#5 SO#	1 661	65 235
#2 RE#	622	64 732	高6 LA	1 760	65 252
中3 MI	659	64 777	#6LA#	1 865	65 268
中4 FA	698	64 820	高7 SI	1 967	65 283

例如，要计算中音DO、中音RE和中音MI的计数初值，可以先从表4.4.2中查得其频率值，然后，根据计数器选择的方式来计算它们的初值。

中音DO：$TC = 2^{16} - 10^6/(523\times 2) = 65\ 536 - 956 = 64\ 580 = 0FC44H$

中音RE：$TC = 2^{16} - 10^6/(587\times 2) = 65\ 536 - 888 = 64\ 684 = 0FCACH$

中音MI：$TC = 2^{16} - 10^6/(659\times 2) = 65\ 536 - 759 = 64777 = 0FD09H$

当然，也可以用其他的计数方式来计算初值，具体只需套用公式即可。

2）音符节拍的处理

一首乐曲的每一个音符除了频率之外，还有不同的节拍，也就是这个音符发音的持续时间。同样可以参照前面音符频率的处理方法来编写一个音符节拍与节拍码的对照表，以便后面程序设计中的处理。

表4.4.3为节拍码与实际节拍之间的对照表。这只是一个示例表，实际在编写程序时，可

以自行灵活地设定节拍码与实际节拍之间的对照关系。另外，表4.4.4还提供了1/4节拍和1/8节拍在各个不同曲调的延时时间。利用这个表就可以计算1拍、1/2拍等多个不同节拍对应曲调的延时。

表4.4.3 节拍码与实际节拍对照表

节拍码	实际节拍	节拍码	实际节拍	节拍码	实际节拍
1	1/4拍	5	1又1/4拍	C	3拍
2	2/4拍	6	1又1/2拍	F	3又3/4拍
3	3/4拍	8	2拍		
4	1拍	A	2又1/2拍		

表4.4.4 1/4节拍与1/8节拍各曲调延时

1/4节拍		1/8节拍	
曲调值	延时/ms	曲调值	延时/ms
调4/4	125	调4/4	62
调3/4	187	调3/4	94
调2/4	250	调2/4	125

3）程序编写音符的具体处理

将要播放的乐曲音符按前面的处理方法分别得到简谱码表和节拍码表后，接下来，只需根据实际的乐曲音符的顺序来编写各个音符的音符码数据。每一个音符码数据都是一个8位的数据，其高4位为简谱码，低4位为节拍码。

在后面的程序中只需要利用查表指令来读取音符码数据，就可以分别得到需要的计数初值和发音节拍数据，这无疑大大减小了程序编写的难度。

4.4.2 多功能音乐播放器设计

1. 设计任务及思路分析

(1) 设计任务要求

音乐播放器是现在应用非常广泛的电子产品之一。本小节所要设计的多功能音乐播放器所要实现的功能如下：

- 可播放多首音乐，且通过按键来选择播放的音乐；
- 选择音乐时，音乐名称要在LCD上显示；
- 音乐播放种类要跨度稍大一些，播放声音要清晰。

(2) 设计思路分析

由前面的音乐播放原理的介绍可知，音乐可通过定时/计数器产生延时来实现各个音符的播放，因此，音乐播放简谱码等内容均可放在软件程序设计中。总体设计中硬件模块的设计就会显得相对比较简单。除了单片机外，只须设计LCD显示器模块以及歌曲选择按钮模块。其中，LCD显示器用于显示播放乐曲的名称，歌曲选择按键则用于对播放的乐曲切换选择。多功能音乐播放器设计框图如图4.4.2所示。

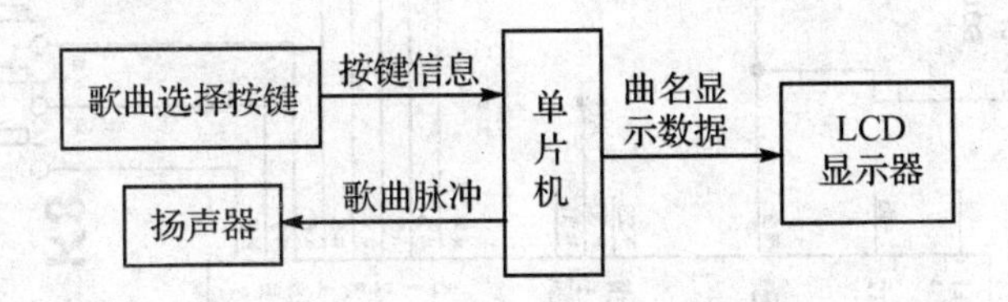

图 4.4.2　多功能音乐播放器设计框图

2. 硬件设计

本小节的硬件电路设计是在前面几章节的基础上进行的，关键的控制器件是LCD显示器、扬声器(或蜂鸣器)以及按键。多功能音乐播放器硬件电路如图4.4.3所示。

LCD是沿用前面介绍的12864LCD显示器；显示数据通过单片机的P0引脚来传送；左半屏与右半屏显示的选择，则是单片机的P0.4和P0.5引脚通过八D型锁存器74HC373芯片，芯片的Q4和Q5输出引脚分别连接LCD的CS1和CS2。因此，P0.4和P0.5引脚传送的显示屏选择信号，在音乐播放过程中，就可由于锁存器的数据保存作用而保持不变，从而实现LCD上稳定地显示乐曲的名称。

本设计可实现10首歌曲的播放，因此，按键应有10个。由于涉及的电路元件及I/O引脚都比较少，因此，这里采用10个I/O引脚分别连接一个按键的方式来实现设计要求。实际上，读者也可以采用行列矩阵键盘的方式来实现按键的设计要求，从而极大地节省I/O引脚的应用数量。本设计中，P1口的P1.0～P1.7以及P2.0、P2.1引脚分别连接按键K1～K10。按键未与I/O引脚连接的一端是与地相连的，因此，当有按键动作时，低电平就会送入I/O引脚中。

扬声器(或蜂鸣器)只有两根连接线，一端连接系统正电源，另一端与单片机的P2.7相连。当P2.7输出低电平时，扬声器将导通；当P2.7输出高电平时，扬声器将关闭。如此反复循环，就可产生一定频率的声音了。

3. 软件设计

(1) 设计思路分析

本设计中主要是必须处理好音乐歌曲码以及LCD显示器的字符显示码。这部分内容虽然在程序中占的比重比较大，但并不难。

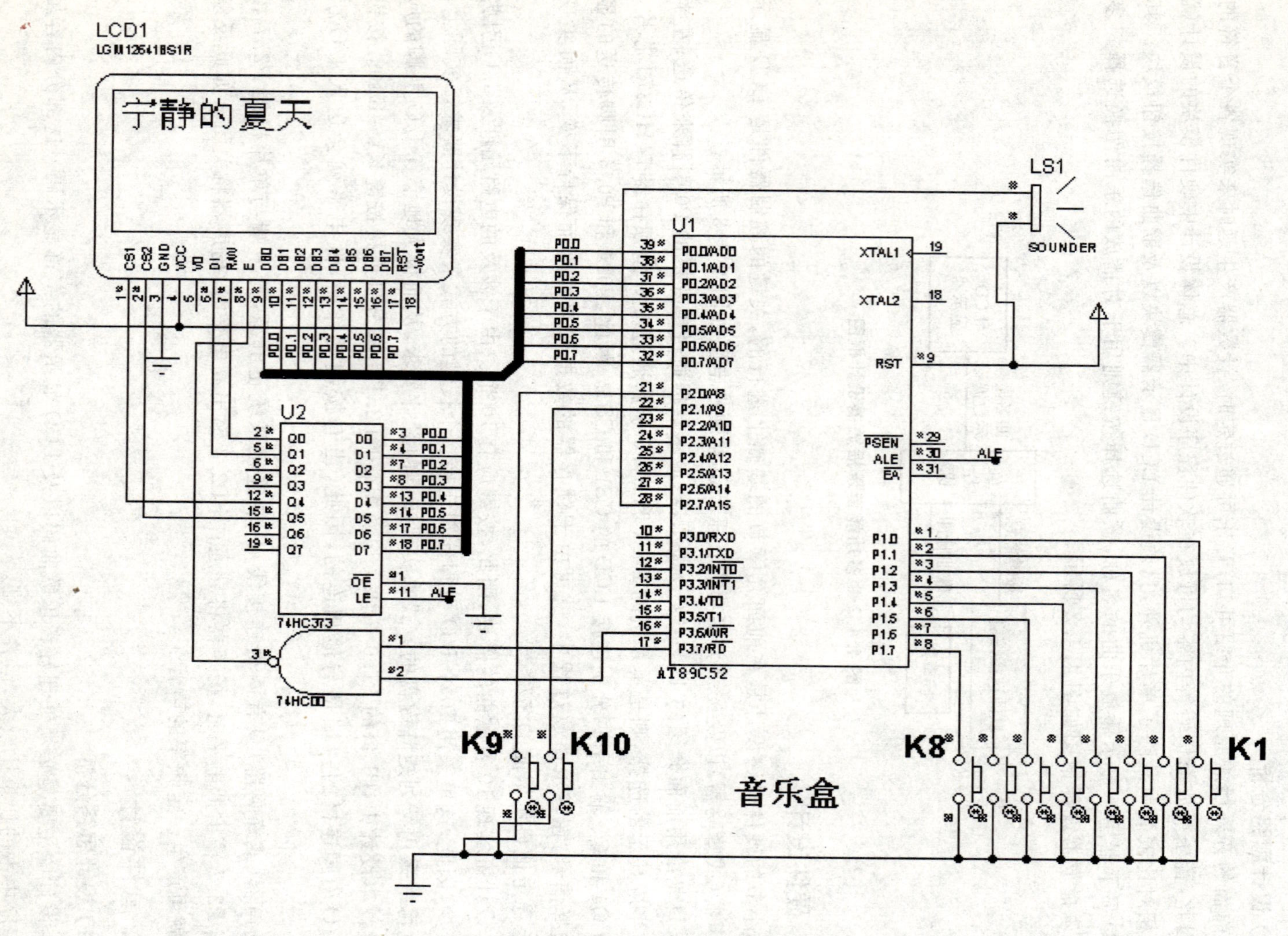

图4.4.3　多功能音乐播放器硬件电路图

音乐方面可先找到歌曲的简谱,然后对照每个音符的频率值计算出初值,再在程序中列出节拍(也可称为音长)和音调(也可称为音高)值。这样程序运行时只须查询这些值即可实现乐曲要求的声音播放。

至于 LCD 显示的字符码方面,本设计中要求在音乐播放的同时,在 LCD 上显示歌曲的名称。歌曲名都是一些汉字,可通过 LCD 自带的汉字字符码转化程序,获取歌曲名称对应的字符码,然后再将 LCD 字符显示的相关程序作为子程序添加到源程序中,供主程序来调用即可完成这部分的设计。

主程序设计执行的情况是:先进行 LCD 显示器的初始化,然后检测是否有按键的动作,若有动作,则播放相应按键对应的歌曲,并将对应的歌曲名显示于 LCD 上。播放歌曲过程中,若有新的按键动作,则停止播放,转而播放新按键对应的歌曲,并将新的歌曲名称显示于 LCD 上。当播放遇到结束音符时,播放停止,程序等待下一次的按键动作。

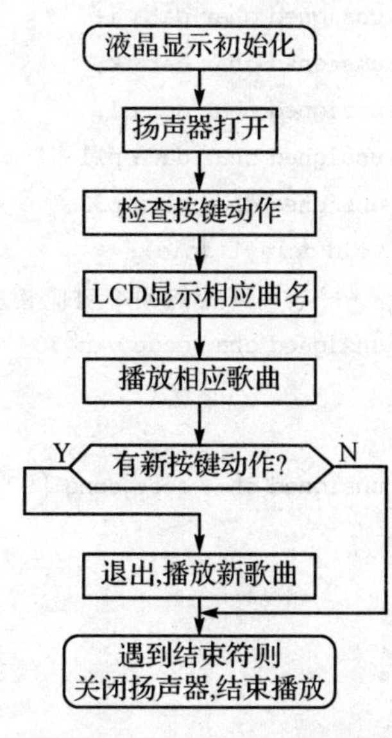

图 4.4.4　多功能音乐播放器主程序流程图

(2) 程序流程

如图 4.4.4 所示。

(3) 参考 C51 源程序

```
#include <reg51.h>
#include "LCD.H"
sbit Y1 = P1^0;                    //按键 1
sbit Y2 = P1^1;                    //按键 2
sbit Y3 = P1^2;                    //按键 3
sbit Y4 = P1^3;                    //按键 4
sbit Y5 = P1^4;                    //按键 5
sbit Y6 = P1^5;                    //按键 6
sbit Y7 = P1^6;                    //按键 7
sbit Y8 = P1^7;                    //按键 8
sbit Y9 = P2^0;                    //按键 9
sbit Y10 = P2^1;                   //按键 10
sbit Y11 = P2^2;                   //按键 11
sbit Y12 = P2^3;                   //按键 12
sbit SPK = P2^7;                   //扬声器
static unsigned char bdata StateREG;
sbit m = StateREG^0;
unsigned char code * data song;
```

```
unsigned int data j;
unsigned char data i;
unsigned char data k;
unsigned char data l;
unsigned char data p11;
unsigned char data p33;
void delay1(void);                  //歌曲码
/*****声音的频率对应相应的声调,通过设置定时器的定时时间来达到想要的频率*/
unsigned char code yin[30] = {0xFF,0xFF,0xFB,0x90,0xFC,0x0C,0xFC,0x44,0xFC,0xAC,
                              0xFD,0x09,0xFD,0x34,0xFD,0x82,0xFD,0xC8,0xFE,0x06,
                              0xFE,0x22,0xFA,0X15,0XFB,0x04,0xFA,0x67,0xFE,0x85};
unsigned char code song1[97] = {0x34,0x32,0x32,0x34,0x42,0x51,      //干杯朋友
                                0x62,0x52,0x42,0x32,0x34,0x04,
                                0x74,0x74,0x62,0x62,0x64,
                                0x3c,0x04,
                                0x64,0x62,0x52,0x42,0x32,0x34,
                                0x33,0x31,0x32,0x72,0x76,0x72,
                                0x83,0x81,0x82,0x82,0x82,0x74,0x72,
                                0x7c,0x04,
                                0x63,0x61,0x62,0x62,0x64,0x72,0x82,
                                0x72,0x74,0x72,0x62,0x52,0x42,0x32,
                                0x42,0x44,0x42,0x42,0x52,0x62,0x52,
                                0x5c,0x04,
                                0x64,0x62,0x62,0x64,0x72,0x82,
                                0x72,0x74,0x72,0x62,0x52,0x42,0x32,
                                0x42,0x46,0x53,0x41,0x42,0x32,
                                0x3c,0x04,
                                0x44,0x48,0x02,0x32,
                                0x3f,
                                0x44,0x48,0x02,0x32,
                                0x3f,
                                0x34,0x0c,
                                0xFF};
unsigned char code song2[46] = {0x12,0x52,0x52,0x52,0x56,0x42,      //兰花草
                                0x32,0x42,0x32,0x22,0x18,
                                0x82,0x82,0x82,0x82,0x86,0x72,
                                0xB2,0x72,0x72,0x62,0x58,
                                0x52,0x82,0x82,0x72,0x56,0x42,
                                0x32,0x42,0x32,0x22,0x16,0xB2,
```

```
                         0xB2,0x32,0x32,0x22,0x16,0x52,
                         0x42,0x32,0x22,0xC2,0x88,
                         0xFF};
unsigned char code song3[131] = {0x52,0x42,                  //两只蝴蝶
                         0x58,0x02,0x42,0x52,0x42,
                         0x38,0x04,0x12,0x32,
                         0x44,0x42,0x52,0x42,0x32,0x12,0x12,
                         0xC8,0x04,0x52,0x42,
                         0x58,0x02,0x42,0x52,0x42,
                         0x38,0x04,0x12,0x32,
                         0x44,0x42,0x52,0x42,0x32,0x12,0x32,
                         0x48,0x04,0x52,0x42,
                         0x58,0x02,0x42,0x52,0x42,
                         0x38,0x04,0x12,0x32,
                         0x44,0x42,0x52,0x42,0x32,0x12,0x11,0x31,
                         0xC8,0x04,0x52,0x72,
                         0x78,0x02,0x72,0x82,0x72,
                         0x58,0x04,0x42,0x42,
                         0x44,0x42,0x52,0x42,0x32,0x12,0x12,
                         0x32,0x32,0x3C,
                         0x09,0x72,0x72,0x82,
                         0xA2,0x92,0x92,0x82,0x52,0x42,0x42,0x42,
                         0x58,0x02,0x52,0x52,0x72,
                         0x84,0x84,0x02,0x12,0x52,0x42,
                         0x48,0x04,0x52,0x72,
                         0x72,0x52,0x74,0x02,0xA4,0x92,
                         0x82,0x92,0x54,0x02,0x82,0x82,0x92,
                         0x82,0x72,0x52,0x42,0x02,0xC4,0x12,
                         0x3C,
                         0xFF};
unsigned char code song4[37] = {0xC4,0x12,0x32,0x44,0x42,0x52,      //祈祷
                         0x52,0x44,0x32,0x32,0x12,0x14,
                         0x12,0x12,0x32,0x42,0x54,0x44,
                         0x4F,
                         0xC4,0x12,0x32,0x44,0x42,0x72,
                         0x58,0x42,0x32,0x34,
                         0x14,0x12,0x32,0x34,0x32,0x12,
                         0x1F,
                         0xFF};
```

```
unsigned char code song5[144] = {0x52,0x62,                    //阳光总在风雨后
                                0x74,0x74,0x74,0x34,
                                0x42,0x34,0x52,0x56,0x42,
                                0x34,0x34,0x14,0x32,0x12,
                                0x12,0xC2,0xC4,0x04,0x52,0x62,
                                0x74,0x74,0x74,0x34,
                                0x42,0x34,0x52,0x56,0x42,
                                0x34,0x32,0x12,0x12,0x34,0x42,
                                0x4C,0x52,0x42,
                                0x34,0x32,0x42,0x32,0x12,0x12,0xC2,
                                0xC2,0x54,0x52,0x54,0x52,0x52,
                                0x42,0x32,0x32,0x12,0x32,0x42,0x32,0x52,
                                0x5C,0x52,0x42,
                                0x34,0x32,0x42,0x32,0x12,0x12,0xC2,
                                0xC2,0x54,0x52,0x54,0x02,0x52,
                                0x52,0x42,0x32,0x12,0x32,0x84,0x72,
                                0x7F,
                                0x0F,
                                0x74,0x72,0x52,0x54,0x74,
                                0x82,0x52,0x52,0x72,0x78,
                                0x34,0x32,0x32,0x42,0x54,0x72,
                                0x7F,
                                0x86,0x82,0x72,0x52,0x54,
                                0x72,0x84,0x32,0x36,0x52,
                                0x42,0x52,0x42,0x32,0x34,0x12,0x32,
                                0x32,0x42,0x4C,
                                0x86,0x82,0x72,0x52,0x54,
                                0x72,0x84,0x52,0x56,0x52,
                                0x42,0x52,0x72,0x82,0x52,0x34,0x12,
                                0x12,0x32,0x3C,
                                0xFF};
unsigned char code song6[85] = {                                //第6首歌
                                0x04,0x24,0x14,0xC4,
                                0x54,0x54,0x48,
                                0x04,0x54,0x44,0x34,
                                0x22,0x14,0xB2,0xC8,
                                0x04,0x12,0xC2,0x16,0x12,
                                0x76,0x52,0x46,0x12,
                                0x3F,
```

```
                              0x04,0xB4,0xD4,0xC4,
                              0x14,0x28,0xC4,
                              0x14,0x12,0x32,0x16,0xC2,
                              0x54,0x78,0x34,
                              0x4C,0x42,0x52,
                              0x86,0x72,0x76,0x52,
                              0x74,0x28,0x42,0x52,
                              0x46,0x12,0x26,0x12,
                              0xCF,
                              0x04,0x24,0x14,0xC4,
                              0x56,0x52,0x48,
                              0x04,0x54,0x44,0x34,
                              0x22,0x14,0xB2,0xC8,
                              0x04,0x34,0x14,0xC4,
                              0x12,0x32,0x18,0x42,0x42,
                              0x74,0x58,0x44,
                              0x3F,
                              0xFF};
unsigned char code song7[138] = {0xC2,0xC2,0x12,                //最浪漫的事
                              0x34,0x32,0x32,0x32,0x12,0x12,0x52,
                              0x54,0x02,0xC2,0x12,
                              0x32,0x32,0x32,0x32,0x34,0x52,0x72,
                              0x7C,0x02,0x72,
                              0x82,0x72,0x82,0x72,0x84,0x72,0x41,0x51,
                              0x52,0x41,0x31,0x34,0x02,0x32,0x32,0x12,
                              0x34,0x32,0x12,0x32,0x54,0x42,
                              0x32,0x32,0x32,0x32,0x34,0x52,0x72,
                              0x7C,0x72,0x72,
                              0x82,0x72,0x82,0x72,0x84,0x82,0x72,
                              0x42,0x52,0x42,0x34,0x12,0x12,0x32,
                              0xC4,0x52,0x42,0x34,0x12,0x12,
                              0x31,0x41,0x32,0x3C,
                              0x0A,0x72,0x82,0xA2,
                              0x84,0x82,0x72,0x82,0x72,0x52,0x72,
                              0x78,0x02,0x72,0x82,0xA2,
                              0x84,0x82,0x72,0x82,0x72,0x82,0x32,
                              0x38,0x02,0x32,0x42,0x52,
                              0x64,0x62,0x72,0x82,0x82,0x72,0x82,
                              0x82,0xA2,0x82,0x82,0x82,0xA2,0x82,0x72,
```

```
                                   0x78,0x72,0x32,0x82,0x72,
                                   0x78,0x72,0x82,0xA3,0x51,
                                   0x42,0x51,0x41,0x3C,
                                   0xFF};
unsigned char code song8[77] = {0xC2,0xC2,0x34,0x42,0x42,          //一生有你
                                   0x52,0x41,0x51,0x5C,
                                   0x04,0xC2,0xC2,0x34,0x42,0x42,
                                   0x52,0x31,0x41,0x4C,
                                   0x04,0xC2,0xC2,0x34,0x42,0x42,
                                   0x52,0x41,0x51,0x58,0x32,0x52,
                                   0x4C,0x42,0x32,
                                   0x34,0x32,0x42,0x48,
                                   0x04,0xC2,0xC2,0x34,0x42,0x42,
                                   0x72,0x41,0x51,0x5C,
                                   0x04,0xC2,0xC2,0x32,0x32,0x42,0x42,
                                   0x52,0x42,0x4C,
                                   0x04,0xC2,0xC2,0x34,0x42,0x42,
                                   0x52,0x41,0x51,0x58,0x32,0x52,
                                   0x4C,0x42,0x32,
                                   0x32,0x42,0x4C,
                                   0xFF};
unsigned char code song9[] = {                                     //宁静的夏天
                                  0x54,0xC4,0x12,0x32,0x34,
                                  0x52,0x52,0x52,0x52,0x42,0x32,0x34,
                                  0xC1,0xC2,0x52,0xC2,0x12,0x32,0x34,
                                  0x11,0x12,0x31,0x12,0xC2,
                                  0x78,0x72,0x52,0x52,0x42,
                                  0x32,0x42,0x52,0x11,0xC1,0xC4,0xC1,0xC1,0xC1,0xC1,
                                  0x12,0x32,0x32,0x12,0x42,0x42,0x44,
                                  0xc2,0x12,0x32,0x42,0x52,0x72,0x72,0x82,
                                  0x41,0x51,0x42,0x48,0x42,0x12,
                                  0x3C,0x72,0x62,
                                  0x3C,0x72,0x62,
                                  0x3C,0x72,0x62,
     0x21,0x31,0x41,0x51,0x61,0x71,0x81,0x91,0x61,0x71,0x81,0x91,
                                  0X3F,
                                  0X3F,
                                  0X54,0XC2,0XC2,0X42,0XC2,0XC4,
                                  0X34,0X32,0X42,0X52,0XC2,0XC4,
```

```
                        0XD2,0XC2,0X12,0X22,0X38,
                        0X12,0X22,0X32,0X42,0X48,
                        0xFF};
unsigned char code song10[] = {                                       //老鼠爱大米
                        0x32,0x31,0x41,
                        0x52,0x52,0x42,0x31,0x41,0x44,0x31,0x41,
                        0x52,0x52,0x42,0x32,0x34,0x71,0x11,
                        0x74,0x71,0x71,0x11,0x31,0x34,0x32,
                        0x32,0x32,0x32,0x31,0x41,0x44,0x32,0x41,0x51,
                        0x52,0x52,0x72,0x81,0x41,0x44,0x52,0x41,0x31,
                        0x32,0x32,0x42,0x51,0x71,0x74,0x71,0x71,
                        0x12,0x31,0x31,0x31,0x52,0x42,0x32,0x32,0x41,0x31,
                        0x34,0x52,0x51,0x71,
                        0x72,0x71,0x71,0x72,0x71,0x81,0x84,0x52,0x42,
                        0x32,0x32,0x32,0x41,0x51,0x54,0x51,0x71,
                        0x72,0x72,0x72,0x81,0xA1,0xA2,0x82,0x72,0x52,
                        0x42,0x32,0x32,0x12,0x44,0x51,0x71,
                        0x72,0x72,0x71,0x82,0x71,0x84,0x52,0x42,
                        0x32,0x32,0x32,0x41,0x51,0x54,0x51,0x71,
                        0x72,0x72,0x72,0x81,0xA1,0xA2,0x82,0x72,0x51,0x41,
                        0x42,0x42,0x44,0x32,0x51,0x61,
                        0x72,0x42,0x44,0x52,0x41,0x31,
                        0x34,0x52,0x41,0x31,0x34,0x52,0x42,
                        0x52,0x32,0x52,0x81,0x71,0x74,0x51,0x71,
                        0x82,0x81,0x71,0x72,0x81,0x71,0x74,0x51,0x41,0x31,
                        0x42,0x41,0x51,0x42,0x31,0x41,0x44,0x52,0x41,0x31,
                        0x34,0x52,0x41,0x31,0x34,0x52,0x42,
                        0x52,0x32,0x52,0x81,0x71,0x74,0x51,0x41,
                        0x82,0x82,0xA2,0x71,0x81,0x72,0x71,0x51,0x41,0x31,
                        0x44,0x41,0x31,0x41,0x51,0x44,0x52,0x52,
                        0x42,0x31,0x34,0x52,0x41,0x31,
                        0x42,0x31,0x34,
                        0xFF};

/**** 主程序 ****/
void main()
{
    TMOD = 0x01;
    IE = 0x82;
    lcd_init();                  //初始化液晶显示器
```

```
        lcd_str_wr(0,0,7,init_str);      //初始显示"小城音乐播放器"
        while(1)
        {
    start: j = 0;
            m = 0;
            SPK = 0;
            while(m == 0)
            {
                if(Y1 == 0)              //第 1 个按键按下,播放相应的第一首歌
                {
                  song = song1;
                  m = 1;
                  lcd_str_wr(0,0,8,hz1);
                }
                if(Y2 == 0)              //第 2 个按键按下,播放相应的第二首歌
                {
                  song = song2;
                  m = 1;
                  lcd_str_wr(0,0,8,hz2);
                }
                if(Y3 == 0)              //第 3 个按键按下,播放相应的第三首歌
                {
                  song = song3;
                  m = 1;
                  lcd_str_wr(0,0,8,hz3);
                }
                if(Y4 == 0)              //第 4 个按键按下,播放相应的第四首歌
                {
                  song = song4;
                  m = 1;
                  lcd_str_wr(0,0,8,hz4);
                }
                if(Y5 == 0)              //第 5 个按键按下,播放相应的第五首歌
                {
                  song = song5;
                  m = 1;
                  lcd_str_wr(0,0,8,hz5);
                }
                if(Y6 == 0)              //第 6 个按键按下,播放相应的第六首歌
```

```
        {
            song = song6;
            m = 1;
            lcd_str_wr(0,0,8,hz6);
        }
        if(Y7 == 0)                    //第 7 个按键按下,播放相应的第七首歌
        {
            song = song7;
            m = 1;
            lcd_str_wr(0,0,8,hz7);
        }
        if(Y8 == 0)                    //第 8 个按键按下,播放相应的第八首歌
        {
            song = song8;
            m = 1;
            lcd_str_wr(0,0,8,hz8);
        }
        if(Y9 == 0)                    //第 9 个按键按下,播放相应的第九首歌
        {
            song = song9;
            m = 1;
            lcd_str_wr(0,0,8,hz9);
        }
        if(Y10 == 0)                   //第 10 个按键按下,播放相应的第十首歌
        {
            song = song10;
            m = 1;
            lcd_str_wr(0,0,8,hz10);
        }
    }
    delay1();
    while( * (song + j)! = 0xFF)
    {
        k= * (song + j)&0x0F;          //音长
        l= * (song + j)>>4;            //音高
        if((P1! = 0xff)||(Y9! = 1)||(Y10! = 1)||(Y11! = 1)||(Y12! = 1))
                                       //表示有新的按键按下,退出播放
        {
            TR0 = 0;
```

```
                SPK = 1;
                goto start;
            }
             TH0 = yin[2 * l];                  //初始化定时器
            TL0 = yin[2 * l + 1];
            TR0 = 1;
            if ((yin[2 * l] == 0xff)&&(yin[2 * l + 1] == 0xff))      //歌曲结束
            {
                TR0 = 0;
             }
            for(i = k;i>0; -- i)
            {
                delay1();                       //延时表示该音调持续的节拍,也就是音长
                if((P1! = 0xff)||(Y9! = 1)||(Y10! = 1)||(Y11! = 1)||(Y12! = 1))
                                                //表示有新的按键按下,退出播放
                {
                    TR0 = 0;
                    SPK = 1;
                    goto start;
                }
            }
            TR0 = 0;
            j++ ;
        }
    }
}
void timer0() interrupt 1 using 1             //定时器 0 中断服务程序
{
    TH0 = yin[2 * l];
    TL0 = yin[2 * l + 1];
    SPK = !SPK;
}
void delay1(void)                              //延时程序,延时时间大概为 100 ms
{ unsigned char i,j,k;
   for(i = 0;i<2;i++)
   {for(j = 0;j<170;j++)
        for(k = 0;k<100;k++);
    }
}
```

```
/****LCD显示相关程序 ****/
#include<reg51.h>
#include<absacc.h>
#include "LCD.H"
#define LLCD_CMD_WR PBYTE[0x10]      //左半屏命令写入
#define LLCD_CMD_RD PBYTE[0x11]      //左半屏命令读取
#define LLCD_DATA_WR PBYTE[0x12]     //左半屏数据写入
#define LLCD_DATA_RD PBYTE[0x13]     //左半屏数据读取
#define RLCD_CMD_WR PBYTE[0x20]      //右半屏命令写入
#define RLCD_CMD_RD PBYTE[0x21]      //右半屏命令读取
#define RLCD_DATA_WR PBYTE[0x22]     //右半屏数据写入
#define RLCD_DATA_RD PBYTE[0x23]     //右半屏数据读取
sbit busy = P0^1;
uchar code init_str[] =
{
/*--  文字：  小  --*/
/*--  宋体12;  此字体下对应的点阵为:宽×高=16×16   --*/
0x00,0x00,0x00,0xC0,0x70,0x20,0x00,0xFF,0x00,0x10,0x20,0xC0,0x80,0x00,0x00,0x00,
0x04,0x02,0x01,0x00,0x00,0x40,0x80,0x7F,0x00,0x00,0x00,0x00,0x01,0x07,0x02,0x00,
/*--  文字：  城  --*/
/*--  宋体12;  此字体下对应的点阵为:宽×高=16×16   --*/
0x10,0x10,0xFF,0x10,0x10,0xF8,0x48,0x48,0xC8,0x08,0xFF,0x08,0x0A,0xEC,0x48,0x00,
0x04,0x0C,0x07,0x42,0x32,0x0F,0x08,0x58,0x4F,0x20,0x13,0x0C,0x33,0x40,0x38,0x00,
/*--  文字：  音  --*/
/*--  宋体12;  此字体下对应的点阵为:宽×高=16×16   --*/
0x40,0x40,0x44,0x44,0x4C,0x74,0x44,0x45,0x46,0x64,0x5C,0x44,0x44,0x44,0x40,0x00,
0x00,0x00,0x00,0xFF,0x49,0x49,0x49,0x49,0x49,0x49,0x49,0xFF,0x00,0x00,0x00,0x00,
/*--  文字：  乐  --*/
/*--  宋体12;  此字体下对应的点阵为:宽×高=16×16   --*/
0x00,0x00,0x40,0xFC,0x44,0x44,0x44,0x46,0xFA,0x42,0x43,0x43,0x42,0x40,0x00,0x00,
0x00,0x20,0x18,0x0C,0x07,0x12,0x20,0x40,0x3F,0x00,0x00,0x02,0x0C,0x38,0x10,0x00,
/*--  文字：  播  --*/
/*--  宋体12;  此字体下对应的点阵为:宽×高=16×16   --*/
0x08,0x08,0xFF,0x88,0x48,0x12,0x96,0x5A,0x32,0xFE,0x31,0x59,0x95,0x91,0x90,0x00,
0x42,0x81,0x7F,0x00,0x01,0x01,0xFF,0x49,0x49,0x7F,0x49,0x49,0xFF,0x01,0x00,0x00,
/*--  文字：  放  --*/
/*--  宋体12;  此字体下对应的点阵为:宽×高=16×16   --*/
0x08,0x08,0xF8,0x49,0x4E,0xC8,0x88,0x40,0x38,0xCF,0x0A,0x08,0x88,0x78,0x08,0x00,
0x40,0x30,0x0F,0x40,0x80,0x7F,0x00,0x40,0x20,0x10,0x0B,0x0E,0x31,0x60,0x20,0x00,
```

```
/*--   文字: 器   --*/
/*--   宋体 12;  此字体下对应的点阵为:宽×高=16×16    --*/
0x40,0x40,0x4F,0x49,0x49,0xC9,0xCF,0x70,0xC0,0xCF,0x49,0x59,0x69,0x4F,0x00,0x00,
0x02,0x02,0x7E,0x45,0x45,0x44,0x7C,0x00,0x7C,0x44,0x45,0x45,0x7E,0x06,0x02,0x00
};
uchar code hz1[] =
{
/*--   文字: 干   --*/
/*--   宋体 12;  此字体下对应的点阵为:宽×高=16×16    --*/
0x40,0x40,0x42,0x42,0x42,0x42,0x42,0xFE,0x42,0x42,0x42,0x42,0x42,0x42,0x40,0x00,
0x00,0x00,0x00,0x00,0x00,0x00,0x00,0x7F,0x00,0x00,0x00,0x00,0x00,0x00,0x00,0x00,
/*--   文字: 杯   --*/
/*--   宋体 12;  此字体下对应的点阵为:宽×高=16×16    --*/
0x08,0x88,0x68,0xFF,0x48,0x8A,0x02,0x02,0xC2,0xF2,0x0E,0x82,0x02,0x02,0x02,0x00,
0x02,0x01,0x00,0xFF,0x00,0x04,0x02,0x01,0x00,0xFF,0x00,0x00,0x01,0x06,0x0C,0x00,
/*--   文字: 朋   --*/
/*--   宋体 12;  此字体下对应的点阵为:宽×高=16×16    --*/
0x00,0x00,0xFE,0x92,0x92,0x92,0xFE,0x00,0x00,0xFE,0x92,0x92,0x92,0xFE,0x00,0x00,
0x40,0x30,0x0F,0x00,0x20,0x40,0x3F,0x40,0x30,0x0F,0x00,0x20,0x40,0x3F,0x00,0x00,
/*--   文字: 友   --*/
/*--   宋体 12;  此字体下对应的点阵为:宽×高=16×16    --*/
0x08,0x08,0x08,0x08,0x08,0xC8,0x7F,0x48,0x48,0x48,0x48,0xC8,0x08,0x08,0x08,0x00,
0x40,0x20,0x90,0x88,0x46,0x41,0x21,0x12,0x0C,0x0C,0x13,0x20,0x60,0xC0,0x40,0x00,
/*--   文字:      --*/
/*--   宋体 12;  此字体下对应的点阵为:宽×高=16×16    --*/
0x00,0x00,0x00,0x00,0x00,0x00,0x00,0x00,0x00,0x00,0x00,0x00,0x00,0x00,0x00,0x00,
0x00,0x00,0x00,0x00,0x00,0x00,0x00,0x00,0x00,0x00,0x00,0x00,0x00,0x00,0x00,0x00,
/*--   文字:      --*/
/*--   宋体 12;  此字体下对应的点阵为:宽×高=16×16    --*/
0x00,0x00,0x00,0x00,0x00,0x00,0x00,0x00,0x00,0x00,0x00,0x00,0x00,0x00,0x00,0x00,
0x00,0x00,0x00,0x00,0x00,0x00,0x00,0x00,0x00,0x00,0x00,0x00,0x00,0x00,0x00,0x00,
/*--   文字:      --*/
/*--   宋体 12;  此字体下对应的点阵为:宽×高=16×16    --*/
0x00,0x00,0x00,0x00,0x00,0x00,0x00,0x00,0x00,0x00,0x00,0x00,0x00,0x00,0x00,0x00,
0x00,0x00,0x00,0x00,0x00,0x00,0x00,0x00,0x00,0x00,0x00,0x00,0x00,0x00,0x00,0x00,
/*--   文字:      --*/
/*--   宋体 12;  此字体下对应的点阵为:宽×高=16×16    --*/
0x00,0x00,0x00,0x00,0x00,0x00,0x00,0x00,0x00,0x00,0x00,0x00,0x00,0x00,0x00,0x00,
0x00,0x00,0x00,0x00,0x00,0x00,0x00,0x00,0x00,0x00,0x00,0x00,0x00,0x00,0x00,0x00
```

```
};
uchar code hz2[] =
{
/*--   文字：  兰   --*/
/*--   宋体12；  此字体下对应的点阵为：宽×高=16×16   --*/
0x00,0x20,0x20,0x22,0x24,0x28,0x20,0x20,0x30,0x28,0x27,0x22,0x20,0x20,0x00,0x00,
0x20,0x20,0x22,0x22,0x22,0x22,0x22,0x22,0x22,0x22,0x22,0x22,0x22,0x20,0x20,0x00,
/*--   文字：  花   --*/
/*--   宋体12；  此字体下对应的点阵为：宽×高=16×16   --*/
0x04,0x04,0x04,0x84,0xF4,0x2F,0x04,0x04,0xE4,0x0F,0x04,0xC4,0x84,0x04,0x04,0x00,
0x00,0x02,0x01,0x00,0xFF,0x00,0x08,0x04,0x3F,0x42,0x41,0x40,0x40,0x78,0x20,0x00,
/*--   文字：  草   --*/
/*--   宋体12；  此字体下对应的点阵为：宽×高=16×16   --*/
0x04,0x04,0x04,0xE4,0xA4,0xBF,0xA4,0xA4,0xA4,0xBF,0xA4,0xE4,0x04,0x04,0x04,0x00,
0x08,0x08,0x08,0x0B,0x0A,0x0A,0x0A,0xFE,0x0A,0x0A,0x0A,0x0B,0x08,0x08,0x08,0x00,
/*--   文字：     --*/
/*--   宋体12；  此字体下对应的点阵为：宽×高=16×16   --*/
0x00,0x00,0x00,0x00,0x00,0x00,0x00,0x00,0x00,0x00,0x00,0x00,0x00,0x00,0x00,0x00,
0x00,0x00,0x00,0x00,0x00,0x00,0x00,0x00,0x00,0x00,0x00,0x00,0x00,0x00,0x00,0x00,
/*--   文字：     --*/
/*--   宋体12；  此字体下对应的点阵为：宽×高=16×16   --*/
0x00,0x00,0x00,0x00,0x00,0x00,0x00,0x00,0x00,0x00,0x00,0x00,0x00,0x00,0x00,0x00,
0x00,0x00,0x00,0x00,0x00,0x00,0x00,0x00,0x00,0x00,0x00,0x00,0x00,0x00,0x00,0x00,
/*--   文字：     --*/
/*--   宋体12；  此字体下对应的点阵为：宽×高=16×16   --*/
0x00,0x00,0x00,0x00,0x00,0x00,0x00,0x00,0x00,0x00,0x00,0x00,0x00,0x00,0x00,0x00,
0x00,0x00,0x00,0x00,0x00,0x00,0x00,0x00,0x00,0x00,0x00,0x00,0x00,0x00,0x00,0x00,
/*--   文字：     --*/
/*--   宋体12；  此字体下对应的点阵为：宽×高=16×16   --*/
0x00,0x00,0x00,0x00,0x00,0x00,0x00,0x00,0x00,0x00,0x00,0x00,0x00,0x00,0x00,0x00,
0x00,0x00,0x00,0x00,0x00,0x00,0x00,0x00,0x00,0x00,0x00,0x00,0x00,0x00,0x00,0x00,
/*--   文字：     --*/
/*--   宋体12；  此字体下对应的点阵为：宽×高=16×16   --*/
0x00,0x00,0x00,0x00,0x00,0x00,0x00,0x00,0x00,0x00,0x00,0x00,0x00,0x00,0x00,0x00,
0x00,0x00,0x00,0x00,0x00,0x00,0x00,0x00,0x00,0x00,0x00,0x00,0x00,0x00,0x00,0x00,
};
uchar code hz3[] =
{
/*--   文字：  两   --*/
```

```
/*--   宋体12;  此字体下对应的点阵为:宽×高=16×16     --*/
0x02,0xF2,0x12,0x12,0x12,0xFE,0x92,0x12,0x12,0xFE,0x12,0x12,0x12,0xFB,0x12,0x00,
0x00,0x7F,0x08,0x04,0x03,0x00,0x10,0x09,0x06,0x01,0x01,0x26,0x40,0x3F,0x00,0x00,
/*--   文字:  只   --*/
/*--   宋体12;  此字体下对应的点阵为:宽×高=16×16     --*/
0x00,0x00,0x00,0xFE,0x82,0x82,0x82,0x82,0x82,0x82,0x82,0x82,0xFE,0x00,0x00,0x00,
0x00,0x40,0x20,0x31,0x18,0x0E,0x04,0x00,0x00,0x00,0x02,0x04,0x19,0x70,0x20,0x00,
/*--   文字:  蝴   --*/
/*--   宋体12;  此字体下对应的点阵为:宽×高=16×16     --*/
0xF0,0x10,0xFF,0x10,0xF0,0x08,0x88,0xFF,0x88,0x08,0x00,0xFE,0x12,0x12,0xFE,0x00,
0x43,0x42,0x3F,0x2A,0x73,0x20,0x0F,0x88,0x4F,0x20,0x18,0x07,0x41,0x81,0x7F,0x00,
/*--   文字:  蝶   --*/
/*--   宋体12;  此字体下对应的点阵为:宽×高=16×16     --*/
0x00,0xF8,0x08,0xFF,0x08,0xF8,0x04,0xFE,0x84,0xBF,0xA4,0xA4,0xBF,0x84,0x04,0x00,
0x10,0x11,0x11,0x0F,0x09,0x9D,0x4A,0x22,0x1A,0x06,0xFF,0x06,0x0A,0x72,0x22,0x00,
/*--   文字:       --*/
/*--   宋体12;  此字体下对应的点阵为:宽×高=16×16     --*/
0x00,0x00,0x00,0x00,0x00,0x00,0x00,0x00,0x00,0x00,0x00,0x00,0x00,0x00,0x00,0x00,
0x00,0x00,0x00,0x00,0x00,0x00,0x00,0x00,0x00,0x00,0x00,0x00,0x00,0x00,0x00,0x00,
/*--   文字:       --*/
/*--   宋体12;  此字体下对应的点阵为:宽×高=16×16     --*/
0x00,0x00,0x00,0x00,0x00,0x00,0x00,0x00,0x00,0x00,0x00,0x00,0x00,0x00,0x00,0x00,
0x00,0x00,0x00,0x00,0x00,0x00,0x00,0x00,0x00,0x00,0x00,0x00,0x00,0x00,0x00,0x00,
/*--   文字:       --*/
/*--   宋体12;  此字体下对应的点阵为:宽×高=16×16     --*/
0x00,0x00,0x00,0x00,0x00,0x00,0x00,0x00,0x00,0x00,0x00,0x00,0x00,0x00,0x00,0x00,
0x00,0x00,0x00,0x00,0x00,0x00,0x00,0x00,0x00,0x00,0x00,0x00,0x00,0x00,0x00,0x00,
/*--   文字:       --*/
/*--   宋体12;  此字体下对应的点阵为:宽×高=16×16     --*/
0x00,0x00,0x00,0x00,0x00,0x00,0x00,0x00,0x00,0x00,0x00,0x00,0x00,0x00,0x00,0x00,
0x00,0x00,0x00,0x00,0x00,0x00,0x00,0x00,0x00,0x00,0x00,0x00,0x00,0x00,0x00,0x00,
};
uchar code hz4[] =
{
  /*--   文字:  歌   --*/
/*--   宋体12;  此字体下对应的点阵为:宽×高=16×16     --*/
0x80,0xBA,0xAA,0xAA,0xBA,0x82,0xFE,0xA2,0x90,0x0C,0xEB,0x08,0x28,0x18,0x08,0x00,
0x00,0x1E,0x12,0x12,0x5E,0x80,0x7F,0x40,0x20,0x18,0x07,0x08,0x30,0xE0,0x40,0x00,
/*--   文字:  曲   --*/
```

```
/*--   宋体 12;  此字体下对应的点阵为:宽×高=16×16    --*/
0x00,0x00,0xF8,0x08,0x08,0xFF,0x08,0x08,0x08,0xFF,0x08,0x08,0x08,0xF8,0x00,0x00,
0x00,0x00,0x7F,0x21,0x21,0x3F,0x21,0x21,0x21,0x3F,0x21,0x21,0x21,0x7F,0x00,0x00,
/*--   文字: 名   --*/
/*--   宋体 12;  此字体下对应的点阵为:宽×高=16×16   --*/
0x00,0x40,0x20,0x10,0x08,0x27,0x44,0x84,0x44,0x24,0x14,0x0C,0x04,0x00,0x00,0x00,
0x04,0x04,0x04,0x02,0x7E,0x23,0x23,0x22,0x22,0x22,0x22,0x22,0x7E,0x00,0x00,0x00,
/*--   文字: 未   --*/
/*--   宋体 12;  此字体下对应的点阵为:宽×高=16×16    --*/
0x40,0x40,0x48,0x48,0x48,0x48,0xC8,0xFF,0x48,0x48,0x48,0x48,0x48,0x40,0x40,0x00,
0x20,0x20,0x10,0x10,0x08,0x06,0x01,0xFF,0x01,0x02,0x04,0x08,0x18,0x30,0x10,0x00,
/*--   文字: 知   --*/
/*--   宋体 12;  此字体下对应的点阵为:宽×高=16×16    --*/
0x40,0xA0,0x98,0x8F,0x88,0xF8,0x88,0x88,0x00,0xF8,0x08,0x08,0x08,0xF8,0x00,0x00,
0x80,0x40,0x20,0x18,0x07,0x02,0x04,0x18,0x00,0x7F,0x10,0x10,0x10,0x3F,0x00,0x00,
/*--   文字:     --*/
/*--   宋体 12;  此字体下对应的点阵为:宽×高=16×16   --*/
0x00,0x00,0x00,0x00,0x00,0x00,0x00,0x00,0x00,0x00,0x00,0x00,0x00,0x00,0x00,0x00,
0x00,0x00,0x00,0x00,0x00,0x00,0x00,0x00,0x00,0x00,0x00,0x00,0x00,0x00,0x00,0x00,
/*--   文字:     --*/
/*--   宋体 12;  此字体下对应的点阵为:宽×高=16×16   --*/
0x00,0x00,0x00,0x00,0x00,0x00,0x00,0x00,0x00,0x00,0x00,0x00,0x00,0x00,0x00,0x00,
0x00,0x00,0x00,0x00,0x00,0x00,0x00,0x00,0x00,0x00,0x00,0x00,0x00,0x00,0x00,0x00,
/*--   文字:     --*/
/*--   宋体 12;  此字体下对应的点阵为:宽×高=16×16    --*/
0x00,0x00,0x00,0x00,0x00,0x00,0x00,0x00,0x00,0x00,0x00,0x00,0x00,0x00,0x00,0x00,
0x00,0x00,0x00,0x00,0x00,0x00,0x00,0x00,0x00,0x00,0x00,0x00,0x00,0x00,0x00,0x00,
};
uchar code hz5[] =
{
/*--   文字: 阳   --*/
/*--   宋体 12;  此字体下对应的点阵为:宽×高=16×16   --*/
0x00,0xFE,0x02,0x22,0x5A,0x86,0x00,0xFE,0x42,0x42,0x42,0x42,0x42,0xFE,0x00,0x00,
0x00,0xFF,0x04,0x08,0x04,0x03,0x00,0x3F,0x10,0x10,0x10,0x10,0x10,0x3F,0x00,0x00,
/*--   文字: 光   --*/
/*--   宋体 12;  此字体下对应的点阵为:宽×高=16×16   --*/
0x00,0x40,0x42,0x44,0x5C,0xC8,0x40,0x7F,0x40,0xC0,0x50,0x4E,0x44,0x60,0x40,0x00,
0x00,0x80,0x40,0x20,0x18,0x07,0x00,0x00,0x00,0x3F,0x40,0x40,0x40,0x40,0x78,0x00,
/*--   文字: 总   --*/
```

```
/*--   宋体12;  此字体下对应的点阵为:宽×高=16×16    --*/
0x00,0x00,0x00,0xF8,0x89,0x8E,0x88,0x88,0x88,0x8C,0x8B,0xF8,0x00,0x00,0x00,0x00,
0x00,0x20,0x38,0x00,0x3C,0x40,0x40,0x42,0x4C,0x40,0x40,0x70,0x04,0x18,0x30,0x00,
/*--   文字:  在   --*/
/*--   宋体12;  此字体下对应的点阵为:宽×高=16×16    --*/
0x00,0x04,0x04,0xC4,0x64,0x9C,0x87,0x84,0x84,0xE4,0x84,0x84,0x84,0x84,0x04,0x00,
0x04,0x02,0x01,0x7F,0x00,0x20,0x20,0x20,0x20,0x3F,0x20,0x20,0x20,0x20,0x20,0x00,
/*--   文字:  风   --*/
/*--   宋体12;  此字体下对应的点阵为:宽×高=16×16    --*/
0x00,0x00,0x00,0xFE,0x02,0x12,0x22,0x42,0x82,0x7A,0x12,0x02,0xFE,0x00,0x00,0x00,
0x40,0x20,0x18,0x07,0x10,0x08,0x04,0x02,0x01,0x06,0x1C,0x00,0x0F,0x30,0x7C,0x00,
/*--   文字:  雨   --*/
/*--   宋体12;  此字体下对应的点阵为:宽×高=16×16    --*/
0x02,0x02,0xF2,0x32,0x52,0x92,0x12,0xFE,0x32,0x52,0x92,0x12,0xF2,0x02,0x02,0x00,
0x00,0x00,0xFF,0x01,0x02,0x04,0x00,0x7F,0x01,0x02,0x44,0x80,0x7F,0x00,0x00,0x00,
/*--   文字:  后   --*/
/*--   宋体12;  此字体下对应的点阵为:宽×高=16×16    --*/
0x00,0x00,0x00,0xFE,0x12,0x12,0x12,0x12,0x12,0x11,0x11,0x11,0x11,0x11,0x00,0x00,
0x40,0x30,0x0E,0x01,0x00,0x7F,0x11,0x11,0x11,0x11,0x11,0x11,0x7F,0x00,0x00,0x00,
/*--   文字:       --*/
/*--   宋体12;  此字体下对应的点阵为:宽×高=16×16    --*/
0x00,0x00,0x00,0x00,0x00,0x00,0x00,0x00,0x00,0x00,0x00,0x00,0x00,0x00,0x00,0x00,
0x00,0x00,0x00,0x00,0x00,0x00,0x00,0x00,0x00,0x00,0x00,0x00,0x00,0x00,0x00,0x00,
};
uchar code hz6[] =
{
  /*--   文字:  歌   --*/
/*--   宋体12;  此字体下对应的点阵为:宽×高=16×16    --*/
0x80,0xBA,0xAA,0xAA,0xBA,0x82,0xFE,0xA2,0x90,0x0C,0xEB,0x08,0x28,0x18,0x08,0x00,
0x00,0x1E,0x12,0x12,0x5E,0x80,0x7F,0x40,0x20,0x18,0x07,0x08,0x30,0xE0,0x40,0x00,
/*--   文字:  曲   --*/
/*--   宋体12;  此字体下对应的点阵为:宽×高=16×16    --*/
0x00,0x00,0xF8,0x08,0x08,0xFF,0x08,0x08,0x08,0xFF,0x08,0x08,0x08,0xF8,0x00,0x00,
0x00,0x00,0x7F,0x21,0x21,0x3F,0x21,0x21,0x21,0x3F,0x21,0x21,0x21,0x7F,0x00,0x00,
/*--   文字:  名   --*/
/*--   宋体12;  此字体下对应的点阵为:宽×高=16×16    --*/
0x00,0x40,0x20,0x10,0x08,0x27,0x44,0x84,0x44,0x24,0x14,0x0C,0x04,0x00,0x00,0x00,
0x04,0x04,0x04,0x02,0x7E,0x23,0x23,0x22,0x22,0x22,0x22,0x22,0x7E,0x00,0x00,0x00,
/*--   文字:  未   --*/
```

```
/*--   宋体12;  此字体下对应的点阵为:宽×高=16×16    --*/
0x40,0x40,0x48,0x48,0x48,0x48,0xC8,0xFF,0x48,0x48,0x48,0x48,0x48,0x40,0x40,0x00,
0x20,0x20,0x10,0x10,0x08,0x06,0x01,0xFF,0x01,0x02,0x04,0x08,0x18,0x30,0x10,0x00,
/*--   文字:  知   --*/
/*--   宋体12;  此字体下对应的点阵为:宽×高=16×16    --*/
0x40,0xA0,0x98,0x8F,0x88,0xF8,0x88,0x88,0x00,0xF8,0x08,0x08,0x08,0xF8,0x00,0x00,
0x80,0x40,0x20,0x18,0x07,0x02,0x04,0x18,0x00,0x7F,0x10,0x10,0x10,0x3F,0x00,0x00,
/*--   文字:      --*/
/*--   宋体12;  此字体下对应的点阵为:宽×高=16×16    --*/
0x00,0x00,0x00,0x00,0x00,0x00,0x00,0x00,0x00,0x00,0x00,0x00,0x00,0x00,0x00,0x00,
0x00,0x00,0x00,0x00,0x00,0x00,0x00,0x00,0x00,0x00,0x00,0x00,0x00,0x00,0x00,0x00,
/*--   文字:      --*/
/*--   宋体12;  此字体下对应的点阵为:宽×高=16×16    --*/
0x00,0x00,0x00,0x00,0x00,0x00,0x00,0x00,0x00,0x00,0x00,0x00,0x00,0x00,0x00,0x00,
0x00,0x00,0x00,0x00,0x00,0x00,0x00,0x00,0x00,0x00,0x00,0x00,0x00,0x00,0x00,0x00,
/*--   文字:      --*/
/*--   宋体12;  此字体下对应的点阵为:宽×高=16×16    --*/
0x00,0x00,0x00,0x00,0x00,0x00,0x00,0x00,0x00,0x00,0x00,0x00,0x00,0x00,0x00,0x00,
0x00,0x00,0x00,0x00,0x00,0x00,0x00,0x00,0x00,0x00,0x00,0x00,0x00,0x00,0x00,0x00,
};
uchar code hz7[] =
{
/*--   文字:  最   --*/
/*--   宋体12;  此字体下对应的点阵为:宽×高=16×16    --*/
0x40,0x40,0xC0,0x5F,0x55,0x55,0xD5,0x55,0x55,0x55,0x55,0x5F,0x40,0x40,0x40,0x00,
0x20,0x20,0x3F,0x15,0x15,0x15,0xFF,0x48,0x23,0x15,0x09,0x15,0x23,0x61,0x20,0x00,
/*--   文字:  浪   --*/
/*--   宋体12;  此字体下对应的点阵为:宽×高=16×16    --*/
0x08,0x30,0x01,0xC6,0x30,0x00,0xFC,0x94,0x95,0x96,0x94,0x94,0xFC,0x00,0x00,0x00,
0x04,0x04,0xFE,0x01,0x00,0x00,0xFF,0x40,0x21,0x06,0x08,0x34,0x62,0xC2,0x40,0x00,
/*--   文字:  漫   --*/
/*--   宋体12;  此字体下对应的点阵为:宽×高=16×16    --*/
0x10,0x20,0x81,0x66,0x00,0xC0,0x5F,0xD5,0x55,0x55,0xD5,0x55,0x5F,0xC0,0x00,0x00,
0x04,0xFC,0x03,0x00,0x00,0x81,0x85,0x4D,0x55,0x25,0x35,0x4D,0xC5,0x41,0x00,0x00,
/*--   文字:  的   --*/
/*--   宋体12;  此字体下对应的点阵为:宽×高=16×16    --*/
0x00,0xF8,0x8C,0x8B,0x88,0xF8,0x40,0x30,0x8F,0x08,0x08,0x08,0x08,0xF8,0x00,0x00,
0x00,0x7F,0x10,0x10,0x10,0x3F,0x00,0x00,0x00,0x03,0x26,0x40,0x20,0x1F,0x00,0x00,
/*--   文字:  事   --*/
```

```
/*--  宋体12;  此字体下对应的点阵为:宽×高=16×16   --*/
0x02,0x02,0x82,0xBA,0xAA,0xAA,0xAA,0xFF,0xAA,0xAA,0xAA,0xAA,0xBA,0x02,0x02,0x00,
0x02,0x02,0x0A,0x0A,0x2A,0x4A,0x8A,0x7F,0x0A,0x0A,0x0A,0x0A,0x1F,0x02,0x02,0x00,
/*--  文字:     --*/
/*--  宋体12;  此字体下对应的点阵为:宽×高=16×16   --*/
0x00,0x00,0x00,0x00,0x00,0x00,0x00,0x00,0x00,0x00,0x00,0x00,0x00,0x00,0x00,0x00,
0x00,0x00,0x00,0x00,0x00,0x00,0x00,0x00,0x00,0x00,0x00,0x00,0x00,0x00,0x00,0x00,
/*--  文字:     --*/
/*--  宋体12;  此字体下对应的点阵为:宽×高=16×16   --*/
0x00,0x00,0x00,0x00,0x00,0x00,0x00,0x00,0x00,0x00,0x00,0x00,0x00,0x00,0x00,0x00,
0x00,0x00,0x00,0x00,0x00,0x00,0x00,0x00,0x00,0x00,0x00,0x00,0x00,0x00,0x00,0x00,
/*--  文字:     --*/
/*--  宋体12;  此字体下对应的点阵为:宽×高=16×16   --*/
0x00,0x00,0x00,0x00,0x00,0x00,0x00,0x00,0x00,0x00,0x00,0x00,0x00,0x00,0x00,0x00,
0x00,0x00,0x00,0x00,0x00,0x00,0x00,0x00,0x00,0x00,0x00,0x00,0x00,0x00,0x00,0x00,
};
uchar code hz8[] =
{
/*--  文字:  一  --*/
/*--  宋体12;  此字体下对应的点阵为:宽×高=16×16   --*/
0x00,0x80,0x80,0x80,0x80,0x80,0x80,0x80,0x80,0x80,0x80,0x80,0x80,0xC0,0x80,0x00,
0x00,0x00,0x00,0x00,0x00,0x00,0x00,0x00,0x00,0x00,0x00,0x00,0x00,0x00,0x00,0x00,
/*--  文字:  生  --*/
/*--  宋体12;  此字体下对应的点阵为:宽×高=16×16   --*/
0x00,0x80,0x60,0x1E,0x10,0x10,0x10,0x10,0xFF,0x12,0x10,0x10,0x98,0x10,0x00,0x00,
0x01,0x40,0x40,0x41,0x41,0x41,0x41,0x41,0x7F,0x41,0x41,0x41,0x41,0x61,0x40,0x00,
/*--  文字:  有  --*/
/*--  宋体12;  此字体下对应的点阵为:宽×高=16×16   --*/
0x00,0x04,0x84,0x44,0xE4,0x34,0x2C,0x27,0x24,0x24,0x24,0xE4,0x04,0x04,0x04,0x00,
0x02,0x01,0x00,0x00,0xFF,0x09,0x09,0x09,0x29,0x49,0xC9,0x7F,0x00,0x00,0x00,0x00,
/*--  文字:  你  --*/
/*--  宋体12;  此字体下对应的点阵为:宽×高=16×16   --*/
0x80,0x40,0xF0,0x2C,0x43,0x20,0x98,0x0F,0x0A,0xE8,0x08,0x88,0x28,0x1C,0x08,0x00,
0x00,0x00,0x7F,0x00,0x10,0x0C,0x03,0x21,0x40,0x3F,0x00,0x00,0x03,0x1C,0x08,0x00,
/*--  文字:     --*/
/*--  宋体12;  此字体下对应的点阵为:宽×高=16×16   --*/
0x00,0x00,0x00,0x00,0x00,0x00,0x00,0x00,0x00,0x00,0x00,0x00,0x00,0x00,0x00,0x00,
0x00,0x00,0x00,0x00,0x00,0x00,0x00,0x00,0x00,0x00,0x00,0x00,0x00,0x00,0x00,0x00,
/*--  文字:     --*/
```

```
/*--  宋体12;  此字体下对应的点阵为:宽×高=16×16    --*/
0x00,0x00,0x00,0x00,0x00,0x00,0x00,0x00,0x00,0x00,0x00,0x00,0x00,0x00,0x00,0x00,
0x00,0x00,0x00,0x00,0x00,0x00,0x00,0x00,0x00,0x00,0x00,0x00,0x00,0x00,0x00,0x00,
/*--  文字:      --*/
/*--  宋体12;  此字体下对应的点阵为:宽×高=16×16    --*/
0x00,0x00,0x00,0x00,0x00,0x00,0x00,0x00,0x00,0x00,0x00,0x00,0x00,0x00,0x00,0x00,
0x00,0x00,0x00,0x00,0x00,0x00,0x00,0x00,0x00,0x00,0x00,0x00,0x00,0x00,0x00,0x00,
/*--  文字:      --*/
/*--  宋体12;  此字体下对应的点阵为:宽×高=16×16    --*/
0x00,0x00,0x00,0x00,0x00,0x00,0x00,0x00,0x00,0x00,0x00,0x00,0x00,0x00,0x00,0x00,
0x00,0x00,0x00,0x00,0x00,0x00,0x00,0x00,0x00,0x00,0x00,0x00,0x00,0x00,0x00,0x00,
};
uchar code hz9[] =
{
/*--  文字:  宁  --*/
/*--  宋体12;  此字体下对应的点阵为:宽×高=16×16    --*/
0x00,0x90,0x8C,0x84,0x84,0x84,0x85,0x86,0x84,0x84,0x84,0x84,0x94,0x8E,0x04,0x00,
0x00,0x00,0x00,0x00,0x00,0x40,0x80,0x7F,0x00,0x00,0x00,0x00,0x00,0x00,0x00,0x00,
/*--  文字:  静  --*/
/*--  宋体12;  此字体下对应的点阵为:宽×高=16×16    --*/
0x22,0xAA,0xAA,0xBF,0xAA,0xAA,0x22,0x80,0xA8,0xA7,0xF4,0xAC,0xA4,0xE0,0x80,0x00,
0x00,0xFF,0x0A,0x4A,0x8A,0x7F,0x00,0x00,0x42,0x82,0x7F,0x02,0x02,0x03,0x00,0x00,
/*--  文字:  的  --*/
/*--  宋体12;  此字体下对应的点阵为:宽×高=16×16    --*/
0x00,0xF8,0x8C,0x8B,0x88,0xF8,0x40,0x30,0x8F,0x08,0x08,0x08,0x08,0xF8,0x00,0x00,
0x00,0x7F,0x10,0x10,0x10,0x3F,0x00,0x00,0x00,0x03,0x26,0x40,0x20,0x1F,0x00,0x00,
/*--  文字:  夏  --*/
/*--  宋体12;  此字体下对应的点阵为:宽×高=16×16    --*/
0x00,0x01,0x01,0xFD,0x55,0x55,0x57,0x55,0x55,0x55,0x55,0xFD,0x01,0x01,0x01,0x00,
0x00,0x80,0xA0,0x91,0x4F,0x55,0x55,0x25,0x25,0x55,0x4D,0x45,0x80,0x80,0x80,0x00,
/*--  文字:  天  --*/
/*--  宋体12;  此字体下对应的点阵为:宽×高=16×16    --*/
0x00,0x40,0x42,0x42,0x42,0x42,0x42,0xFE,0x42,0x42,0x42,0x42,0x42,0x42,0x40,0x00,
0x00,0x80,0x40,0x20,0x10,0x08,0x06,0x01,0x02,0x04,0x08,0x10,0x30,0x60,0x20,0x00,
/*--  文字:      --*/
/*--  宋体12;  此字体下对应的点阵为:宽×高=16×16    --*/
0x00,0x00,0x00,0x00,0x00,0x00,0x00,0x00,0x00,0x00,0x00,0x00,0x00,0x00,0x00,0x00,
0x00,0x00,0x00,0x00,0x00,0x00,0x00,0x00,0x00,0x00,0x00,0x00,0x00,0x00,0x00,0x00,
/*--  文字:      --*/
```

```
/*--  宋体12;  此字体下对应的点阵为:宽×高=16×16   --*/
0x00,0x00,0x00,0x00,0x00,0x00,0x00,0x00,0x00,0x00,0x00,0x00,0x00,0x00,0x00,0x00,
0x00,0x00,0x00,0x00,0x00,0x00,0x00,0x00,0x00,0x00,0x00,0x00,0x00,0x00,0x00,0x00,
/*--  文字:   --*/
/*--  宋体12;  此字体下对应的点阵为:宽×高=16×16   --*/
0x00,0x00,0x00,0x00,0x00,0x00,0x00,0x00,0x00,0x00,0x00,0x00,0x00,0x00,0x00,0x00,
0x00,0x00,0x00,0x00,0x00,0x00,0x00,0x00,0x00,0x00,0x00,0x00,0x00,0x00,0x00,0x00,
};
uchar code hz10[] =
{
/*--  文字: 老  --*/
/*--  宋体12;  此字体下对应的点阵为:宽×高=16×16   --*/
0x40,0x44,0x44,0x44,0x44,0x44,0x7F,0xC4,0xC4,0x44,0x64,0x54,0x4E,0x44,0x40,0x00,
0x08,0x08,0x04,0x04,0x02,0x3E,0x49,0x48,0x44,0x44,0x42,0x42,0x40,0x70,0x00,0x00,
/*--  文字: 鼠  --*/
/*--  宋体12;  此字体下对应的点阵为:宽×高=16×16   --*/
0x00,0x00,0xBE,0xAA,0x2A,0x29,0x20,0xAA,0xAA,0x2A,0x2A,0xBE,0x00,0x00,0x00,0x00,
0x00,0x00,0x7F,0x22,0x15,0x00,0x00,0x7F,0x24,0x09,0x00,0x0F,0x30,0x40,0x78,0x00,
/*--  文字: 爱  --*/
/*--  宋体12;  此字体下对应的点阵为:宽×高=16×16   --*/
0x00,0x40,0xB2,0x96,0x9A,0x92,0xF6,0x9A,0x93,0x91,0x99,0x97,0x91,0x90,0x30,0x00,
0x40,0x20,0xA0,0x90,0x4C,0x47,0x2A,0x2A,0x12,0x1A,0x26,0x22,0x40,0xC0,0x40,0x00,
/*--  文字: 大  --*/
/*--  宋体12;  此字体下对应的点阵为:宽×高=16×16   --*/
0x20,0x20,0x20,0x20,0x20,0x20,0xA0,0x7F,0xA0,0x20,0x20,0x20,0x20,0x20,0x20,0x00,
0x00,0x80,0x40,0x20,0x10,0x0C,0x03,0x00,0x01,0x06,0x08,0x30,0x60,0xC0,0x40,0x00,
/*--  文字: 米  --*/
/*--  宋体12;  此字体下对应的点阵为:宽×高=16×16   --*/
0x20,0x20,0x22,0x24,0x38,0xE0,0x20,0xFF,0x60,0xA0,0x30,0x28,0x26,0x20,0x20,0x00,
0x40,0x20,0x10,0x0C,0x03,0x00,0x00,0xFF,0x00,0x01,0x06,0x08,0x18,0x30,0x10,0x00,
/*--  文字:   --*/
/*--  宋体12;  此字体下对应的点阵为:宽×高=16×16   --*/
0x00,0x00,0x00,0x00,0x00,0x00,0x00,0x00,0x00,0x00,0x00,0x00,0x00,0x00,0x00,0x00,
0x00,0x00,0x00,0x00,0x00,0x00,0x00,0x00,0x00,0x00,0x00,0x00,0x00,0x00,0x00,0x00,
/*--  文字:   --*/
/*--  宋体12;  此字体下对应的点阵为:宽×高=16×16   --*/
```

```
0x00,0x00,0x00,0x00,0x00,0x00,0x00,0x00,0x00,0x00,0x00,0x00,0x00,0x00,0x00,0x00,
0x00,0x00,0x00,0x00,0x00,0x00,0x00,0x00,0x00,0x00,0x00,0x00,0x00,0x00,0x00,0x00,
/*--  文字：    --*/
/*--  宋体12；  此字体下对应的点阵为：宽×高=16×16   --*/
0x00,0x00,0x00,0x00,0x00,0x00,0x00,0x00,0x00,0x00,0x00,0x00,0x00,0x00,0x00,0x00,
0x00,0x00,0x00,0x00,0x00,0x00,0x00,0x00,0x00,0x00,0x00,0x00,0x00,0x00,0x00,0x00,
};
void lcd_init()                                                    //液晶显示器初始化
{
  uint i;
  lcd_cmd_wr(0x3f,0);
  lcd_cmd_wr(0xc0,0);
  lcd_cmd_wr(0xb8,0);
  lcd_cmd_wr(0x40,0);
  lcd_cmd_wr(0x3f,1);
  lcd_cmd_wr(0xc0,1);
  lcd_cmd_wr(0xb8,1);
  lcd_cmd_wr(0x40,1);
  for(i=0;i<256;i++)
  {
    lcd_data_wr(0x00,0);
    lcd_data_wr(0x00,1);
  }
  lcd_cmd_wr(0xb8+4,0);
  lcd_cmd_wr(0xb8+4,1);
  for(i=0;i<256;i++)
  {
    lcd_data_wr(0x00,0);
    lcd_data_wr(0x00,1);
  }
}
void lcd_cmd_wr(uchar cmdcode,uchar f)                             //液晶显示写命令
{
  chech_busy(f);
  if(f==0) LLCD_CMD_WR=cmdcode;
  else RLCD_CMD_WR=cmdcode;
}

void chech_busy(uchar f)
{
```

```
    if(f == 0) LLCD_CMD_RD;
    else RLCD_CMD_RD;
    while(busy);
}
void lcd_str_wr(uchar row,uchar col,uchar n,uchar * str)  //液晶写字符串
{
    uchar i;
    for(i = 0;i<n;i ++ )
    {
        lcd_hz_wr(row,col,str + i * 32);
        col ++ ;
    }
}
void lcd_hz_wr(uchar posx,uchar posy,uchar * hz)           //液晶写一行汉字
{
    uchar i;
    if(posy<4)
    {
        lcd_cmd_wr(0xb8 + 2 * posx,0);                     //设置光标当前横坐标
        lcd_cmd_wr(0x40 + 16 * posy,0);                    //设置光标当前纵坐标
        for(i = 0;i<16;i ++ ) lcd_data_wr(hz[i],0);
        lcd_cmd_wr(0xb8 + 2 * posx + 1,0);
        lcd_cmd_wr(0x40 + 16 * posy,0);
        for(i = 16;i<32;i ++ ) lcd_data_wr(hz[i],0);
    }
    else
    {
        lcd_cmd_wr(0xb8 + 2 * posx,1);
        lcd_cmd_wr(0x40 + 16 * (posy - 4),1);
        for(i = 0;i<16;i ++ ) lcd_data_wr(hz[i],1);
        lcd_cmd_wr(0xb8 + 2 * posx + 1,1);
        lcd_cmd_wr(0x40 + 16 * (posy - 4),1);
        for(i = 16;i<32;i ++ ) lcd_data_wr(hz[i],1);
    }
}
void lcd_data_wr(uchar ldata,uchar f)                      //写一个字节数据
{
    chech_busy(f);                                         //检测忙
    if(f == 0) LLCD_DATA_WR = ldata;
    else RLCD_DATA_WR = ldata;
}
```

4.4.3 智能防盗密码锁报警系统设计

1. 设计任务及思路分析

智能防盗密码锁在现在很多防盗应用的场所都有一些应用。本小节根据实际应用的要求进行设计，设计完成后，只须加上一些控制开锁的装置，即可做成能应用于现实的产品。

(1) 设计任务及要求

- 要求密码锁的密码用键盘输入，并用LCD显示相关信息。
- 密码由键盘设置，键盘上除了数字按键外，还要设有确认按键以及密码修改按键。
- 输入1个字符时，LCD上显示1个"*"。输入完毕且按确认键后，若是正确密码，则允许修改密码；若不是正确密码，则声光报警两次；若连续密码错误3次，则连续报警，直到其他控制按键开关动作时停止报警。
- 系统设默认初始密码，密码可以允许修改，且修改后系统按照新密码进行操作。

(2) 设计思路分析

根据设计的任务要求可知，系统中必然用到单片机、键盘、LCD显示器、报警指示灯以及蜂鸣器。这些器件的系统功能以及它们各自之间的关系是：键盘用来输入密码字符，且通过确认按键、密码修改按键等来完成系统运行时的功能选择。LCD显示器用来显示键盘输入时的字符信息以及密码输入前、后等状态时的提示信息。报警指示灯以及蜂鸣器用于密码输入错误时的报警提示。最后，单片机是总的控制器，实现所有器件的整体控制。智能防盗密码锁报警系统设计框图如图4.4.5所示。

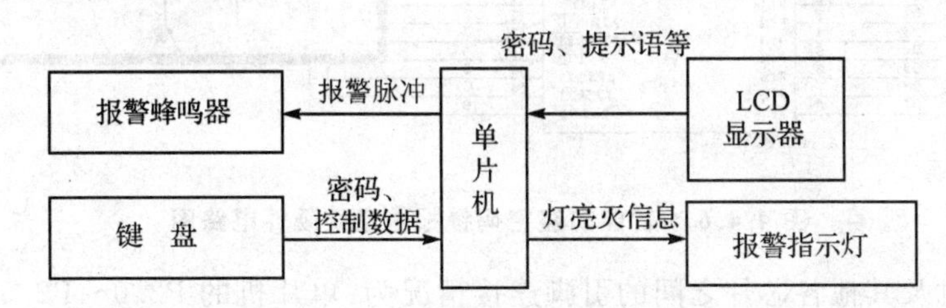

图4.4.5　智能防盗密码锁报警系统设计框图

2. 硬件设计

首先，键盘可考虑采用由多个单按键组成的矩阵式键盘，也可以考虑使用现成的小型键盘。在Proteus仿真环境下，有现成的4×4小型键盘，本设计就采用这种方案。该键盘上有0～9的数字以及6个其他不同字符按键。控制时，可在键盘上6个其他按键中选取"ON/C"以及"="分别作为返回/清零按键以及确认按键。

其次，显示器方面。设计任务中要求选用LCD显示器，从显示控制方便的角度考虑，本设计中采用12864LCD显示器。一方面，该LCD显示器可供显示的内容丰富；另一反面，其控制方法也比较简单。

然后，报警指示方面。本设计中是采用一个发光二极管和一个蜂鸣器分别构成报警指示灯和报警蜂鸣器。在实际设计时，读者可根据实际要求选用报警效果更好的器件。

系统设计的硬件电路图如图 4.4.6 所示。

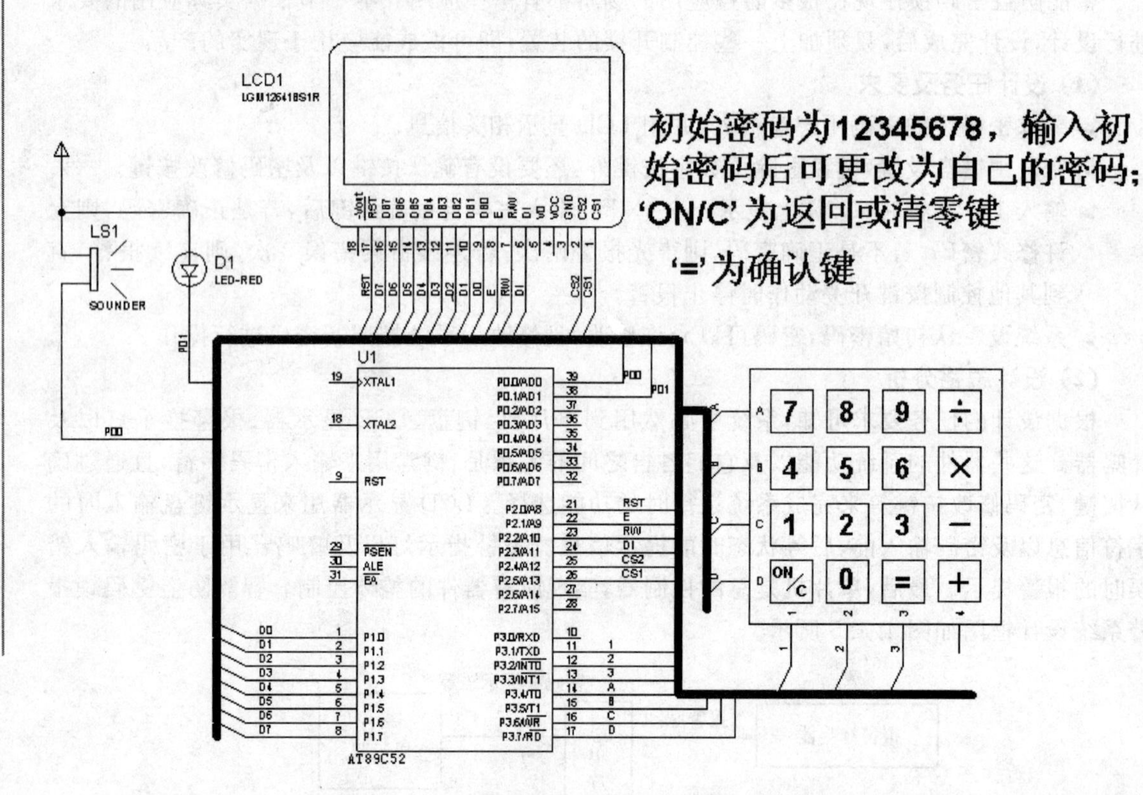

图 4.4.6 智能防盗密码锁报警系统硬件电路图

图中，单片机及其他各芯片之间的引脚连接情况为：单片机的 P2.0～P2.5(共 6 个引脚)分别与液晶显示器的复位线、时钟信号线、读/写信号线、数据/指令选择线、显示半屏片选线 2 以及显示半屏片选线 1 相连。单片机的 P1 口与液晶显示器的数据线相连。单片机的 P3.1～P3.3 与键盘的 0～2 列线分别相连，P3.4～P3.7 引脚分别与键盘的 0～3 行线相连。最后，单片机的 P0.0 以及 P0.1 分别与报警蜂鸣器、报警指示灯的控制口相连。

值得一提的是，之所以键盘只选用了 0～2 列以及 0～3 行，是因为本设计所选用的按键刚好避开了第 3 列上各按键，因此该列可闲置不用。另外，报警蜂鸣器以及报警指示灯与单片机相连的一端都是低电平控制有效端子，因此，当单片机向其送入低电平时，蜂鸣器和指示灯将发声和点亮。

3. 软件设计

(1) 设计思路分析

密码锁的软件程序设计需要考虑的问题比较多,主要有如下几个方面:

首先,键盘按键的检测及响应问题。当检测到有按键动作后,必须先查看是否为数字键,若是,则必须将其存入新输入数据的暂存单元。数字键输入过程中,系统应检查是否有清除键或确认键动作。若清除键动作,则清除前一次的输入数据;若确认键动作,则将新输入数据与密码数据进行逐一比较。

其次,信息显示的问题。当系统在初始开始进行时,应在LCD上提示用户输入密码。本设计是在LCD上显示“您好!请输入密码。‘C’清除,‘=’确认”。当键盘上有数字输入时,每输入一个,LCD上显示一个“*”。当键盘上确认键动作时,若密码正确,则LCD上应显示“恭喜您通过了!”;若密码错误,则LCD上应显示“密码错误!”。当密码输入正确后,系统应等待用户输入修改的密码或是返回;若输入数字并输入确认键,则LCD上应显示“恭喜密码修改成功,您的新密码为~~,‘C’返回”。显示中“~~”为实际的密码数字。信息显示的分步显示效果可如图4.4.7、图4.4.8和图4.4.9所示。

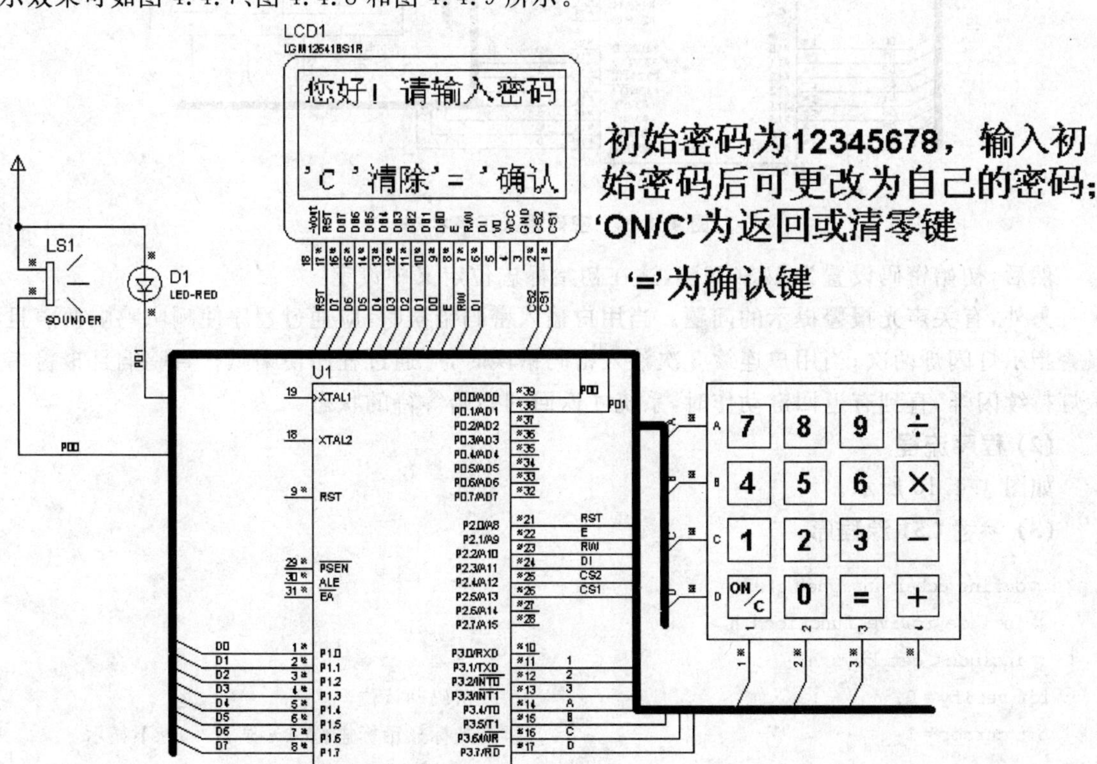

图4.4.7　系统运行初始状态

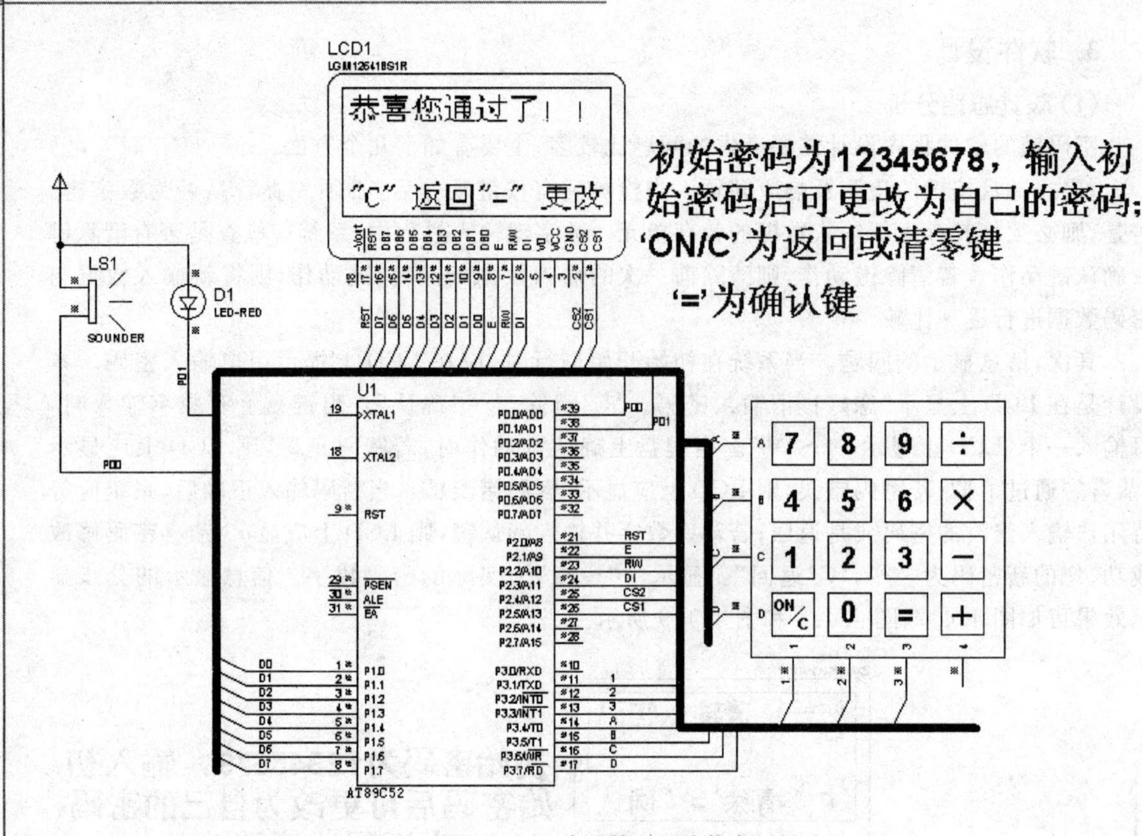

图 4.4.8　密码输入正确状态

然后，初始密码设置为 12345678，这在初始标志位定义中设定。

另外，有关声光报警提示的问题。当用户输入密码错误时，应通过程序使喇叭鸣响两声且报警指示灯闪烁两次；当用户连续 3 次输入密码错误时，应通过程序使喇叭一直鸣响且报警指示灯持续闪烁，直到有返回键动作时，系统才返回到初始等待的状态。

（2）程序流程

如图 4.4.10 所示。

（3）参考 C51 源程序

```
#define uchar unsigned char
#include<drive_functions.h>
#include<get_keys.h>
bit verify = 0;                              //密码确认位
bit cursor = 1;                              //光标显示标志位,1 - 显示 ,0 - 不显示
bit modify_flag = 0,modify = 0;
    //modify_flag 是密码修改标志,用于表示是否处在修改状态,modify 是决定密码修改的动作标志
```

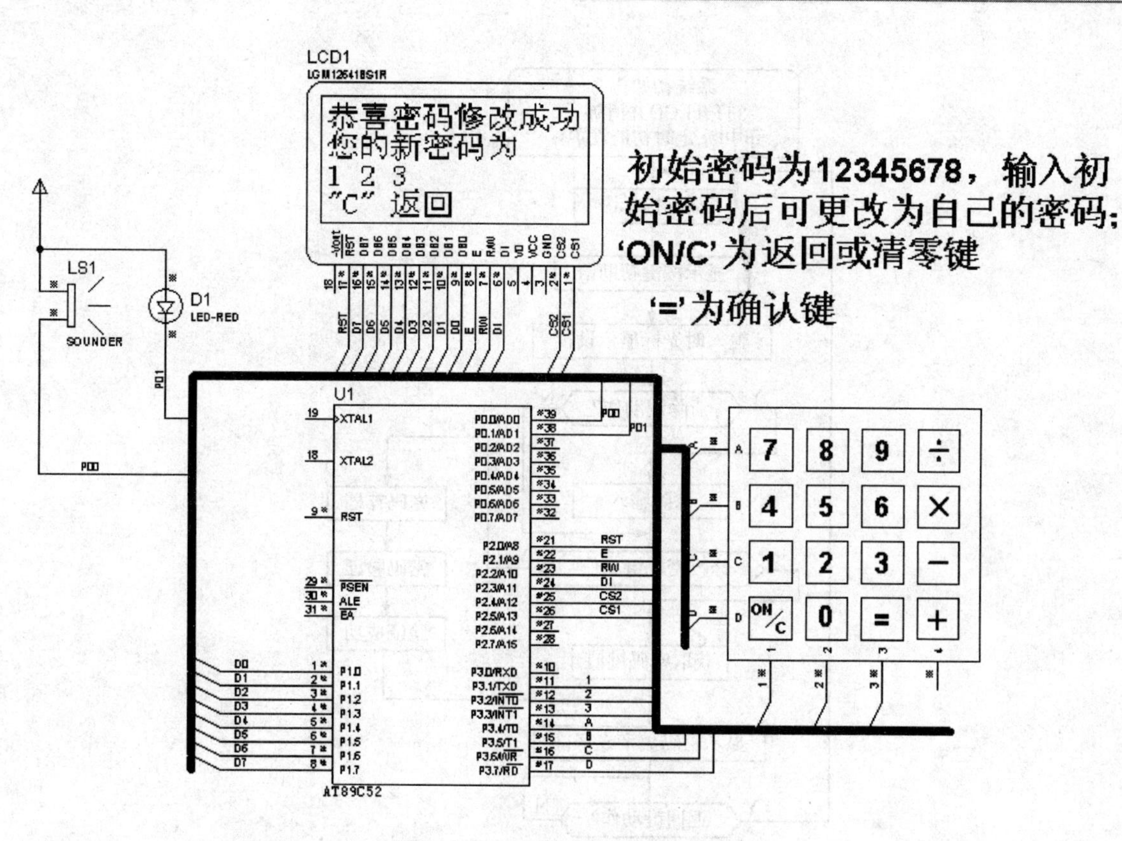

图 4.4.9　密码修改为 123 后状态


```
sbit alarm = P0^0;                              //报警扬声器
sbit led = P0^1;                                //报警指示灯
uint time_counter = 0;                          //延时计数
uchar counter = 0,j = 0,i,k,err_sum = 0;        //counter 为输入的密码个数
uchar pw_len = 8;                               //密码的长度
uchar PASS[8] = {1,2,3,4,5,6,7,8};              //密码初始值
uchar PW[8] = {0,0,0,0,0,0,0,0};                //输入密码暂存
uchar PW_NULL[8] = {0,0,0,0,0,0,0,0};
uchar MODIFY_BUF[8] = {0,0,0,0,0,0,0,0};        //修改密码暂存
/**** 主程序 ****/
void main(void)
{
    E = 1;
    DspOn();                                    //打开 LCD 显示器
    ClearLCD();                                 //显示器显示内容清除
```

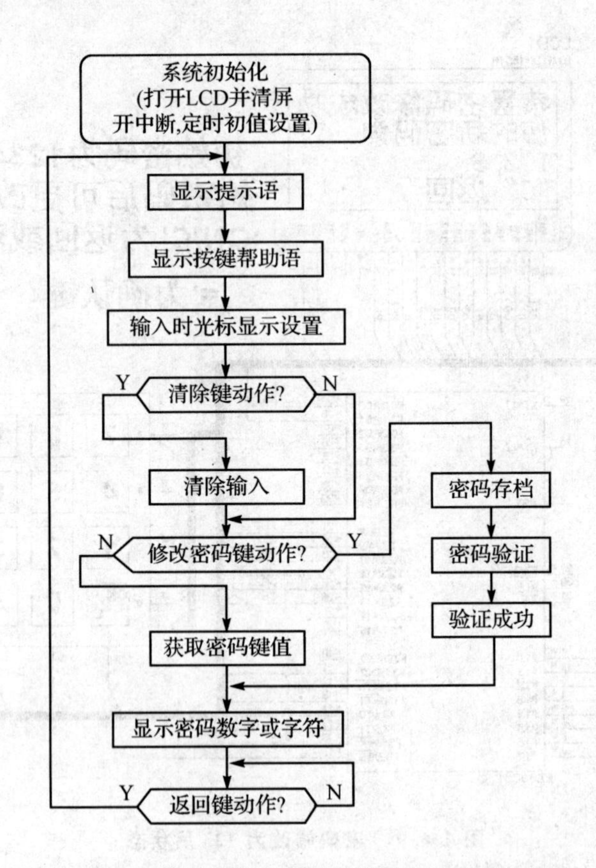

图 4.4.10 智能防盗密码锁报警系统主程序流程图

```
    TMOD = 0x10;
    ET1 = 1;
    EA = 1;
    TH1 = 0x00;
    TL1 = 0x00;
    TR1 = 1;

    while(1)
    {
        //*** 下面是显示提示语句
    uchar i;
    SetStartLine(0);
re_input:
    for(i = 0;i<4;i++)
```

```
{
SetPage(0);
SetColumn(i<<4);                                    // i * 16
DspUp(QING_SHU[i],1);
DspUp(QING_SHU[i + 4],2);

SetPage(1);
SetColumn(i<<4);                                    // i * 16
DspDown(QING_SHU[i],1);
DspDown(QING_SHU[i + 4],2);
}

// * * * * * * * 下面是显示按键帮助
for(i = 0;i<4;i ++ )
{
SetPage(6);
SetColumn(i<<4);                                    // i * 16
DspUp(QING_CHU[i],1);
DspUp(QING_CHU[i + 4],2);

SetPage(7);
SetColumn(i<<4);                                    // i * 16
DspDown(QING_CHU[i],1);
DspDown(QING_CHU[i + 4],2);
}

// * * * * * * * * * * 下面是光标显示设置
if(counter<8)                                       //如果输入到第8位,光标不再显示
{
    if(cursor)                                      //显示光标
    {
        i = counter;
        SetPage(2);
        SetColumn((i<4)? (i * 16):((i - 4) * 16));
        DspUp(GUANG_BIAO_KONG[0],(i<4)? 1:2);

        SetPage(3);
        SetColumn((i<4)? (i * 16):((i - 4) * 16));
        DspDown(GUANG_BIAO_KONG[0],(i<4)? 1:2);
```

```
            }

        else
        {
            i = counter;                                    //不显示光标
            SetPage(2);
            SetColumn((i<4)? (i*16):((i-4)*16));
            DspUp(GUANG_BIAO_KONG[1],(i<4)? 1:2);

            SetPage(3);
            SetColumn((i<4)? (i*16):((i-4)*16));
            DspDown(GUANG_BIAO_KONG[1],(i<4)? 1:2);
            }
    }
//********下面是获取按键值程序部分*****
    if(CheckState())
    {
            delay();

            if(CheckState())
            {
               key = GetKeys();
               if(key == 0x82)                              //清除输入
               {
                  if(modify_flag){counter = 0;MODIFY_BUF[8] = PW_NULL[8];}
                  else {counter = 0;PW[8] = PW_NULL[8];}
                    for(i = 0;i<8;i++)
                       {
                           SetPage(2);
                           SetColumn(i<<4);
                           DspUp(GUANG_BIAO_KONG[1],1);
                           DspUp(GUANG_BIAO_KONG[1],2);
                           SetPage(3);
                           SetColumn(i<<4);
                           DspDown(GUANG_BIAO_KONG[1],1);
                           DspDown(GUANG_BIAO_KONG[1],2);
                           }
                  }
              else if(key == 0x88)                          //修改密码
```

```
{
        if(modify_flag){modify = 1;goto modify_operation;}
                                        //进行修改密码存档
        else {verify = 1;goto verify_password;}         //进行密码验证
        }
else if(counter<8)                      //得到输入密码和修改密码时的按键值
        {
        switch(key)
            {
            case 0x84:
                        if(modify_flag)MODIFY_BUF[counter] = 0;
        //输入的数字为 0,其中 modify_flag == 1 时表示
                        else PW[counter] = 0;
        //处于修改密码状态
                        break;
            case 0x42:
                        if(modify_flag)MODIFY_BUF[counter] = 1;
        //输入的数字为 1
                        else PW[counter] = 1;
                        break;
            case 0x44:
                        if(modify_flag)MODIFY_BUF[counter] = 2;
        //输入的数字为 2
                        else PW[counter] = 2;
                        break;
            case 0x48:
                        if(modify_flag)MODIFY_BUF[counter] = 3;
        //输入的数字为 3
                        else PW[counter] = 3;
                        break;
            case 0x22:
                        if(modify_flag)MODIFY_BUF[counter] = 4;
        //输入的数字为 4
                        else PW[counter] = 4;
                        break;
            case 0x24:
                        if(modify_flag)MODIFY_BUF[counter] = 5;
        //输入的数字为 5
                        else PW[counter] = 5;
```

```
                        break;
            case 0x28:
                        if(modify_flag)MODIFY_BUF[counter] = 6;
        //输入的数字为6
                        else PW[counter] = 6;
                        break;
            case 0x12:
                        if(modify_flag)MODIFY_BUF[counter] = 7;
        //输入的数字为7
                        else PW[counter] = 7;
                        break;
            case 0x14:
                        if(modify_flag)MODIFY_BUF[counter] = 8;
        //输入的数字为8
                        else PW[counter] = 8;
                        break;
            case 0x18:
                        if(modify_flag)MODIFY_BUF[counter] = 9;
        //输入的数字为9
                        else PW[counter] = 9;
                        break;
            default:
                        break;
                }
            counter ++ ;
        }
    }
}
        //******显示输入的密码数字******
for(i = 0;i<counter;i ++ )                    //显示当前正在输入的数字
{
    if(modify_flag == 1)j = MODIFY_BUF[i];
    else j = 10;
    SetPage(2);
    SetColumn((i<4)? (i * 16):((i - 4) * 16));    // 判断显示的字是在左半屏还是右半屏
    DspUp(NUMBER_ARRY[j],(i<4)? 1:2);

    SetPage(3);
    SetColumn((i<4)? (i * 16):((i - 4) * 16));
```

```
    DspDown(NUMBER_ARRY[j],(i<4)? 1:2);
  }
       //************下面是修改密码时的显示内容*******
verify_password:    if(verify)
                    {

                       if(VerifyAray())
                       {                           //通过密码验证
                          ClearLCD();

                          for(i = 0;i<4;i ++ )
                                                   //显示相应的通过提示 "恭喜您通过了!!"
                          {
                          SetPage(0);
                          SetColumn(i<<4);
                                                   // 显示 "恭喜您通过了!!"的上半部分
                          DspUp(TONG_GUO[i],1);
                          DspUp(TONG_GUO[i + 4],2);

                          SetPage(1);
                          SetColumn(i<<4);
                                                   // 显示 "恭喜您通过了!!"的下半部分
                          DspDown(TONG_GUO[i],1);
                          DspDown(TONG_GUO[i + 4],2);

                          SetPage(6);
                          SetColumn(i<<4);
                                                   //显示 " "C"返回" = "更改"的上半部分
                          DspUp(TONG_GUO_TI_SHI[i],1);
                          DspUp(TONG_GUO_TI_SHI[i + 4],2);

                          SetPage(7);
                          SetColumn(i<<4);
                                                   //显示 " "C"返回" = "更改"的下半部分
                          DspDown(TONG_GUO_TI_SHI[i],1);
                          DspDown(TONG_GUO_TI_SHI[i + 4],2);
                          }
                          while(1)
                          {
```

```
            if(CheckState())
              //密码验证通过后检测是否有按键
            {
               delay();

               if(CheckState())
                  {
                     key = GetKeys();

                     if(key == 0x82)
                     {
                        for(i = 0;i<counter;i ++ )
                           PW[i] = 0;
                        counter = 0;verify = 0;goto re_input;

                     }      //按下返回键

                     else if(key == 0x88)
                 {counter = 0;modify_flag = 1;verify = 0;goto re_input;}
                           //按下修改键
                     }
                     else;
                  }

               }

        }
        else
        {

            err_sum ++ ;
            ClearLCD();
            for(i = 0;i<4;i ++ )     //密码验证失败
            {
            SetPage(0);
            SetColumn(i<<4);        // 显示"对不起密码不正确"的上半部分
            DspUp(BU_TONG_GUO[i],1);
            DspUp(BU_TONG_GUO[i + 4],2);

            SetPage(1);
            SetColumn(i<<4);        // 显示"对不起密码不正确"的下半部分
```

```
                    DspDown(BU_TONG_GUO[i],1);
                    DspDown(BU_TONG_GUO[i+4],2);

                    SetPage(6);
                    SetColumn(i<<4);        //显示 " "C" 返回"的上半部分
                    DspUp(TONG_GUO_TI_SHI[i],1);
                    SetPage(7);
                    SetColumn(i<<4);        // 显示 " "C" 返回"的下半部分
                    DspDown(TONG_GUO_TI_SHI[i],1);
                    }
                    if(err_sum == 3)
                    {
                        while(1)
                        {
                            sound(-1);
                            if(CheckState())
                            {
                                delay();

                            if(CheckState())
                                {
                                    key = GetKeys();

                                    if(key == 0x82)
            {counter = 0;verify = 0;err_sum = 0;goto re_input;}          //返回
                                }
                            }
                        }
                    }
                    else
                        sound(2);
                    counter = 0;verify = 0;goto re_input;
            }
      }

        //***************修改密码函数*************
modify_operation:  if(modify)                        //处理修改的密码
            {
                modify_flag = 0;
```

```
        for(i = 0;i<counter;i ++ ){PASS[i] = MODIFY_BUF[i];}     //进行密码的修改
            pw_len = counter;        //记录密码的长度
                //PASS[8] = MODIFY_BUF[8];
            ClearLCD();
            for(i = 0;i<counter;i ++ ) //显示修改的密码（数字密码）
            {
                j = PASS[i];
                if(i> = 4)k = 2;
                else k = 1;
                SetPage(4);
                SetColumn(((i> = 4)? (i - 4):i)<<4);
                DspUp(NUMBER_ARRY[j],k);
                SetPage(5);
                SetColumn(((i> = 4)? (i - 4):i)<<4);
                DspDown(NUMBER_ARRY[j],k);
            }
           //显示修改密码后的文字
                for(i = 0;i<4;i ++ )     //显示修改密码后的提示(文字部分)
                {
                SetPage(0);
                SetColumn(i<<4);
                DspUp(GAI_CHENG_GONG[i],1);
                DspUp(GAI_CHENG_GONG[i + 4],2);
                SetPage(1);
                SetColumn(i<<4);
                DspDown(GAI_CHENG_GONG[i],1);
                DspDown(GAI_CHENG_GONG[i + 4],2);
                SetPage(2);
                SetColumn(i<<4);
                DspUp(GAI_HOU_TI_SHI[i],1);
                DspUp(GAI_HOU_TI_SHI[i + 4],2);
                SetPage(3);
                SetColumn(i<<4);
                DspDown(GAI_HOU_TI_SHI[i],1);
                DspDown(GAI_HOU_TI_SHI[i + 4],2);
                SetPage(6);
                SetColumn(i<<4);
                DspUp(TONG_GUO_TI_SHI[i],1);
                SetPage(7);
```

```
                    SetColumn(i<<4);
                    DspDown(TONG_GUO_TI_SHI[i],1);
                    }
                    while(1)
                    {
                    if(CheckState())          //进行按键的检测
                        {
                            delay();

                        if(CheckState())
                            {
                                key = GetKeys();

                                if(key == 0x82)
                        //按下返回键时,返回到输入密码状态
                         {counter = 0;modify = 0;ClearLCD();goto re_input;}
                                }
                                }
                    }
                }

    }

}
/*****密码验证子程序****/
bit VerifyAray(void)
{
        uchar i;
        bit temp = FAULSE;
        for(i = 0;i<pw_len;i++)
            {
            if(PW[i]! = PASS[i])
                return FAULSE;
      //验证密码,即比较每个数组中的值,全部相同则密码确认,否则错误
            }
            return TRUE;
}
void delayless(unsigned int n)                    //延时程序
```

```
{
    unsigned int m;
    for(;n>0;n--)
        for(m=0;m<=10;m++);
}
void delay2(unsigned int n)                                    //延时程序 2
{
    unsigned int m;
    for(;n>0;n--)
        for(m=0;m<=110;m++);
}

/****声音报警子程序****/
void sound(char num)
{
    int i;
    if(num==-1)
    {
        led=1;
        delay2(100);
        for(i=0;i<200;i++)
          //此处为产生 pwm 信号,因为使用扩音器,所以必须用 pwm 产生声音
        {
            alarm=~alarm;
            delayless(2);
        }
        led=0;
        delay2(200);
    }
    else while(num>0)                                      //在此循环报警 num 次
    {
        led=1;
        delay2(300);
        for(i=0;i<600;i++)
        {
            alarm=~alarm;
            delayless(5);
        }
```

```
            led = 0;
            delay2(700);
            num -- ;
        }
        led = 1;
    }
    /****** 定时器 1 中断程序 *****/
    void Timer1(void) interrupt 3 using 1                    //定时进行光标的闪烁
    {
        TH1 = 0x00;
        TL1 = 0x00;
        TR1 = 0;
        if(time_counter>10)
        {
            time_counter = 0;
            cursor = ~cursor;                                //时间到,光标熄灭或者点亮
            }
         else time_counter ++ ;
         TR1 = 1;
    }
```


4.5 通信控制篇

4.5.1 红外通信原理

红外线遥控是目前使用最广泛的一种通信和遥控手段,具有体积小、功耗低、功能强、成本低等特点,因而,广泛应用于录音机、音响设备、空调机以及玩具等其他小型电器装置上。工业设备中,在高压、辐射、有毒气体、粉尘等环境下,采用红外线遥控不仅完全可靠而且能有效地隔离电气干扰。

红外通信用到基本器件是红外发射器件与红外接收器件。红外发射器件一般用红外线发光二极管,而红外接收器件则一般采用红外接收二极管、遥控接收头、红外传感器等。

红外遥控通信的主要实现过程为,先由红外发射器所在的发射电路对红外发射器施加导通电压,使其导通并发射红外线。之后,红外接收器件接收到红外线,将产生的光电流或光电压传送回其所在的红外接收电路。

1. 红外发光二极管

(1) 包装与外形

红外发光二极管与普通发光二极管的原理、结构工艺及外形都基本相同,但管芯材料有所不同。普通发光二极管的材料有磷化镓、磷砷化镓等,而红外发光二极管的材料则为砷化镓、砷铝化镓,其中大多为砷化镓。

红外发光二极管按包装种类可分为 3 种,即透镜消除型、陶瓷型及树脂分子型。红外线发光二极管的结构,如图 4.5.1 所示。若在使用环境和用途上要求严格,则应使用陶瓷型。

小功率红外发光二极管按光发射位置不同可分为顶射式、侧射式和轴向式等类型,如图 4.5.2 所示。其中应用较多的是顶射式,其外形与普通圆形发光二极管相同,也有 ϕ3 和 ϕ5 两种外形式样。

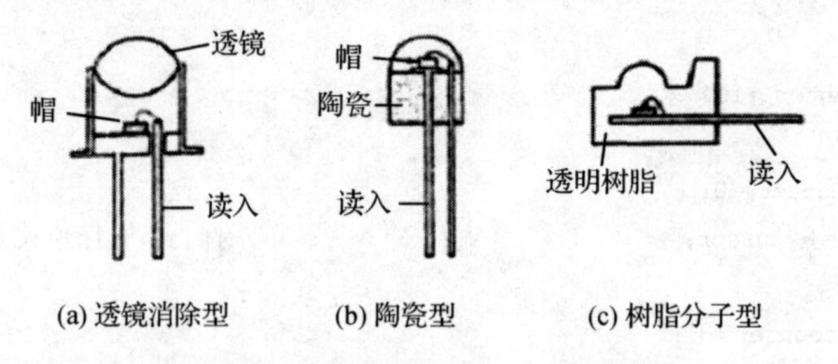

图 4.5.1　红外线发光二极管结构图

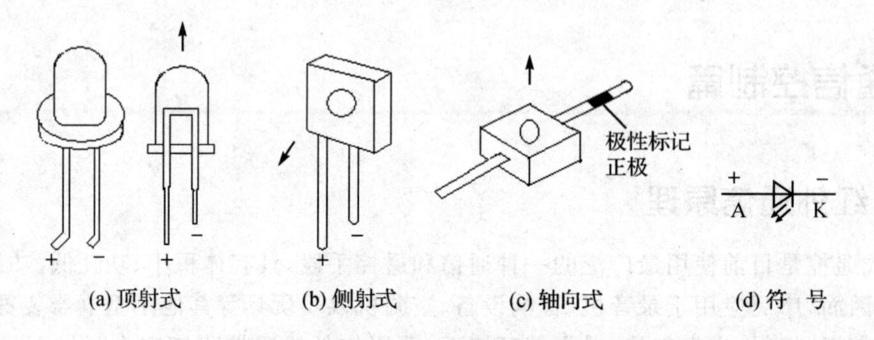

图 4.5.2　红外线发光二极管常见外形图

(2) 基本特性

红外发光二极管发光的条件与一般的发光二极管(LED)一样,只是红外线为不可见光。当向红外发光二极管上加正向电压时,红外发光二极管就会导通,从而产生正向电流,这就提供了红外发光二极管发射出光束的能量。一般而言,砷化镓的红外发光二极管输入导通电压约为 1 V,而镓质的红色发光二极管输入导通电压约为 1.8 V;绿色发光二极管输入导通电压约为 2.0 V。

当加入的电压超过输入导通电压之后，红外发光二极管上的电流便急速上升，而周围温度对二极管的输入导通电压影响亦很大。温度较高时，其输入导通电压数值降低；反之，输入导通电压升高。

红外发光二极管工作在反向电压时，只有微小的漏电流。但反向电压超过崩溃电压时，便立即产生大量的电流，从而使元件烧毁。一般红外线二极管反向耐压值约为 3～6 V，使用时尽量避免此情形发生。

2. 红外接收器件

(1) 红外接收用的光电二极管与光电三极管

红外接收光电二极管与光电三极管从外形来看是基本相同的，但内部结构各有不同。红外接收光电二极管由一个 PN 结组成，如图 4.5.3(a)所示。当有光照在光电二极管上时，器件导通产生光电压，一般可达 0.3～0.4 V。而红外接收光电三极管具有两个 PN 结，如图 4.5.3(b)所示。一般是其基极无引线，可以把它等效为一个接在 b、c 极间的光电二极管。在无光照时，c、e 极间电流极小，一般小于 0.3 μA；有光照时，光电三极管的光电流要比光电二极管的光电流大很多，一般在 0.5～3 mA 之间。光电三极管的长脚为 e 极，短脚为 c 极。

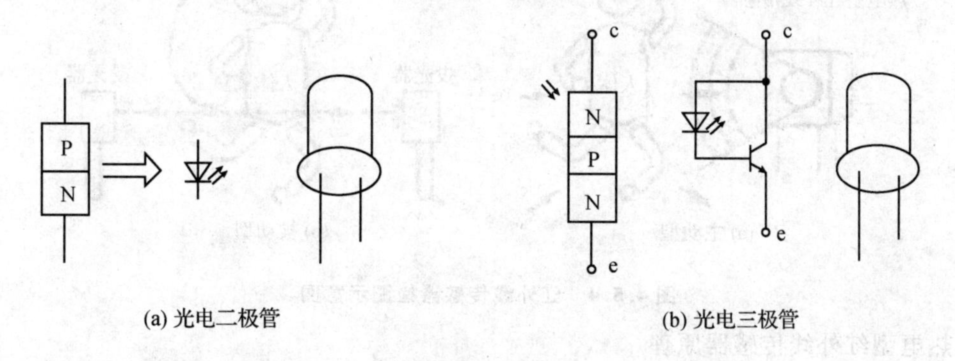

(a) 光电二极管　　(b) 光电三极管

图 4.5.3 红外接收光电二极管与光电三极管

(2) 红外线传感器

红外线传感器按检测的动作可分为两类：即热电型(或称为热释)红外线传感器和量子型红外线传感器。热电型红外线传感器就是一种将红外线一部分变换为热，并利用热能导致电阻值的变化而在线路中产生电动势，从而接收红外线输出电信号的传感器。量子型红外线传感器就是利用半导体迁徙现象吸收能量差这一光电效果，同时利用因 PN 结结合产生的光电动势效果来将红外线接收并输出电信号的传感器。热电型红外线传感器可在常温下动作，不存在波长依存性，同时价钱也比较便宜，因此常应用于小型设计中。而量子型红外线传感器虽然感度高，响应快速，但价格比较高，常用于一些特殊的应用场合中。

红外线让人觉得只由热的物体放射出来，可是事实上不是如此，凡存在于自然界的物体(如人类、火、冰等)都会射出红外线，只是其波长因其物体的温度而有差异。一般情况下，人体的体温约为36～37℃，放射出峰值为9～10 μm的远红外线。而加热至400～700℃的物体，可放射出峰值为3～5 μm的中间红外线。红外线传感器系就是可以检测出这些物体所发射红外线（温度）的一种感知器。

1）热电型红外线传感器特征

热电型红外线传感器工作是利用热电效果，其材料则使用一些单结晶或PVDF有机材料，如强介质陶瓷体（Dielectric Ceramic）、钽酸锂（LiTaO3）等。热电型红外线传感器特点如下：

- 由于是检测从物体放射出来的红外线，所以不必直接接触就能够感知物体表面的温度，所以人体以及移动中物体的温度当然均能以非接触方式测得。
- 热电型红外线传感器是检测别的物体所发出的红外线，因此是被动型（如图4.5.4(a)所示）。与图4.5.4(b)所示的主动型不同，因而省略了投光器、受光器之间光轴的校对工作，可减少安装工作量。

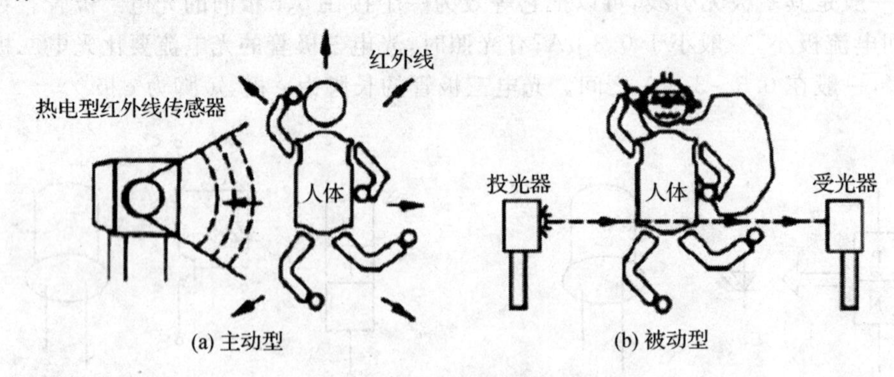

图 4.5.4 红外线传感器检测示意图

2)、热电型红外线传感器原理

首先介绍热电效果的原理，如图4.5.5所示，感知组件是使用PZT（钛酸锆酸铅系陶瓷体）强介质陶瓷体，在感知组件上施加高压电（3 000～5 000 V）而使电荷分极。借这种方法，组件表面显现的正负电荷会和空气中相反的电荷结合而呈电气中和状。当组件的表面温度变化时，感知组件分极的大小会随着温度变化而变化，因此稳定时其电荷中和状态就会崩溃；而感知组件表面电荷与吸着杂散电荷的缓和时间不同，所以会形成电气上的不平衡，而产生没有配对的电荷，如图4.5.5(b)所示。这种因温度变化而产生电荷的现象称为热电效果。设产生电荷为$\Delta\theta$，温度变化为ΔT，则$\Delta\theta/\Delta T=\lambda$（库仑/℃），这就是热电系数。图4.5.6为热电型红外线传感器的构造。

热电型红外线传感器利用热电效果来将红外线转换为电信号的过程如下：

① 各种波长的红外线射入传感器。

② 组件顶端的入射窗以滤光镜（Filter）覆盖着，只让必要的红外线通过，而将不要的红外

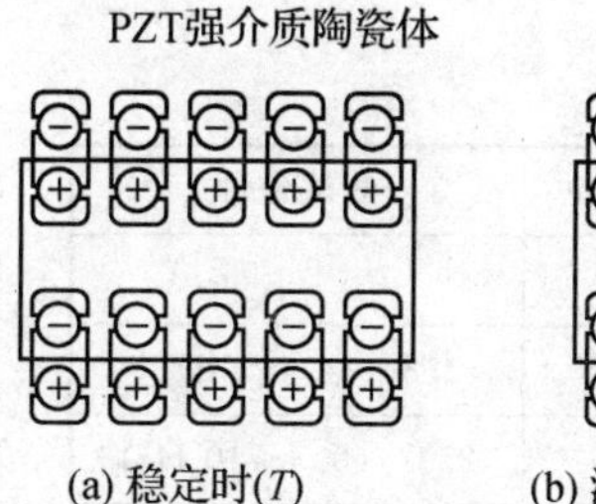

(a) 稳定时(T)

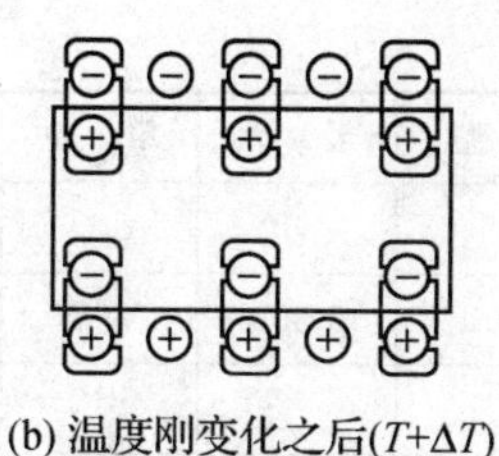

(b) 温度刚变化之后($T+\Delta T$)

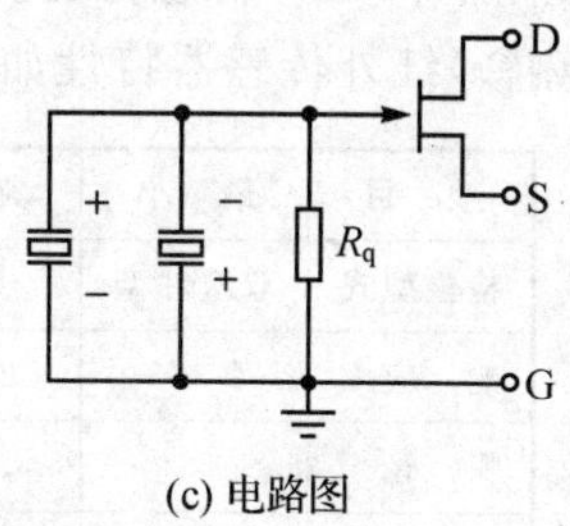

(c) 电路图

图 4.5.5 热电型红外线传感器的原理

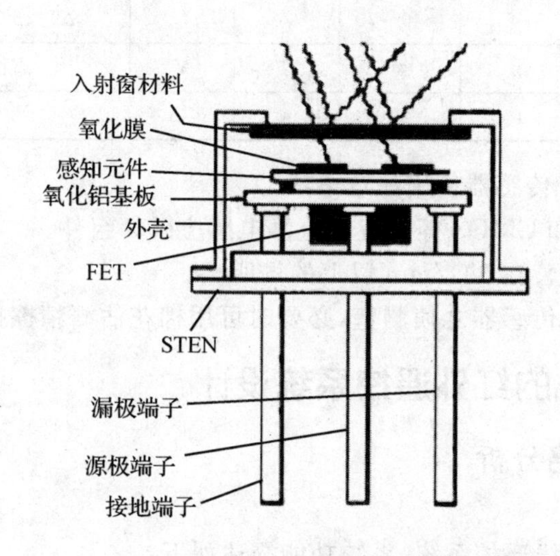

图 4.5.6 热电型红外线传感器的内部构造

线隔绝。

③ 位于感知组件表面的热吸收膜会将红外线变换成热。

④ 感知组件的表面温度上升，由热电效应可知，其表面可产生表面电荷。

⑤ 产生的表面电荷以 FET 放大且变换阻抗。

⑥ 从漏极(Drain)供给 FET 动作所需的电压。

⑦ 放大后的电气信号会在外部所接的源极与地端之间的电阻上显现出来，在偏压重叠之后输出。

3) 热电型(热释)红外传感器应用

热电型(热释)红外传感器可在入侵警报器(Intrusion detector)、移动侦测器(Motion sensing)、自动照明(Automatic light control)以及自动门控制(Automatic door control)等方面的设计电路中应用。

4）热电型(热释)红外传感器特性

热电型(热释)红外传感器特性如下：

项　目	最　小	典　型	最　大	单　位	测试条件
检验型式	双组件型				
响　应	2 300	2 800	3 300	V/W	8～14 μm/Hz
噪　音					25℃/(0.3～10 Hz)
飘移电压	0.2	0.6	1.5	V	R_s=47 kΩ
输出阻抗			10	kΩ	
操作温度		−40～70		℃	ΔT<5℃/min
操作电压	3		15	V	直流
操作电流	4	20	50	μA	

5）热电型(热释)红外传感器使用注意事项

- 使用聚热组件时(如 CMOS 等)，应防止静电感应破坏组件。
- 避免使用于温度改善在 3℃/min 以上的场所。
- 尽量避免手指接触传感器之侦测壁，必要时可用棉花沾酒精擦拭。

4.5.2 基于单片机的红外遥控系统设计

1. 设计任务及思路分析

(1) 设计任务要求

设计一个模拟的红外线遥控系统，系统功能描述如下：

- 系统有发射与接收两个部分，二者分别自行工作。
- 发射部分有多个按键，分别表示不同的功能。
- 接收部分有显示器件，用于显示从发射电路发射而来的按键信息。

(2) 设计思路分析

根据设计的任务要求，可基本获知系统的结构框架设计思路如下：

首先，系统具有两个部分，其一为发射电路部分，其二为接收电路部分，均由单片机实现控制。

其次，在发射电路中，系统应设置有控制按键组，分别表示不同的按键信息。按动某一按键时，相应的按键信息应从红外线发送口发送出去。

然后，在接收电路中，系统应设置有显示器件。当红外线接收器件接收到数据后，数据对应的按键信息应在显示器件上显示。

基于单片机的红外遥控系统设计框图如图 4.5.7 所示。

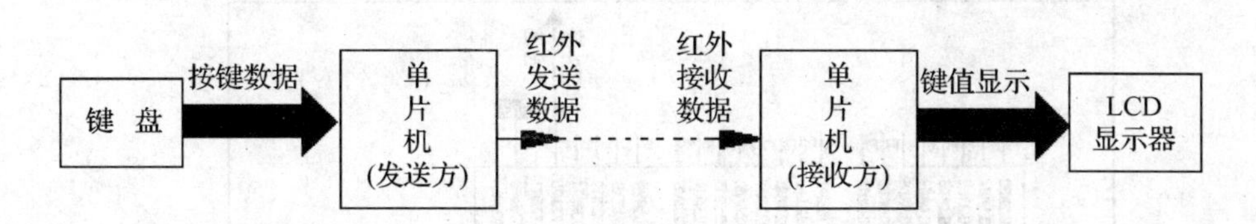

图4.5.7 基于单片机的红外遥控系统设计框图

2. 硬件设计

根据前面的设计任务要求，红外遥控系统的硬件电路应包括红外发射电路以及红外接收电路两个部分。

(1) 红外发射电路部分设计思路

由于设计任务中要求发射电路有按键组，且每个按键代表不同的含义，因此，具体设计时加入了一个小型键盘。该键盘有23个按键，在仿真软件中提取该器件时，键盘上本身就有0～9、＋、－、*、÷、ON/C、＋/－、%、M＋、M－、.、MRC、□、%、＝等按键标识。键盘同样也有行控制线和列控制线，其中行控制线分为K1～K4共4根，列控制线分为K5～K10共6根。除了"＋"所在的按键占用的行控制线为K3及K4两根外，其他都是由一根行控制线及一根列控制线来进行控制。在应用连线时，同大多数键盘控制连接方法相同，只是要注意"＋"按键的行列码与其他键的不同而已。实际设计连线时，将单片机的P1.0～P1.3引脚分别接键盘的4根行控制线K1～K4；而将单片机的P1.4～P1.7以及P3.6、P3.7分别与键盘的列控制线K5～K10相连。

另外，将单片机的P3.4引脚作为红外信号发送口。由于Proteus中没有红外发光二极管的电路模型，因此在该红外信号发送口上并未连接器件，但实际上利用下文介绍的软件程序，读者在实际设计时就可直接将红外发射管连接到红外信号发送口上，即可完成电路设计要求。

(2) 红外接收电路部分设计思路

设计任务中要求接收电路能将接收到的按键信息显示于显示器上，因此，具体设计时采用了一个LCD显示器，分行显示按键值信息以及提示信息。单片机的P0口与LCD的数据线相连，P2.0～P2.2分别与LCD的3根控制线RS、R/$\overline{W}$、E相连。

红外接收电路的红外接收信号是通过P3.2(即INT0外部中断0)引脚送入接收单片机的。与红外发射电路设计时的情况相同，此处也没有接实际的红外接收管。红外发射线与红外接收线是通过网络标号来直接相连的。因后面的软件程序是完全按照红外遥控系统的设计来进行的，因此，读者在做实物设计时同样直接将与前面的红外发射管相对应的红外接收管连接至本电路中即可。

总体硬件电路图如图4.5.8所示。其中，发射电路按键"7"有动作，而接收电路接收到后，在LCD上显示按键"7"的信息："Key is [7]"。

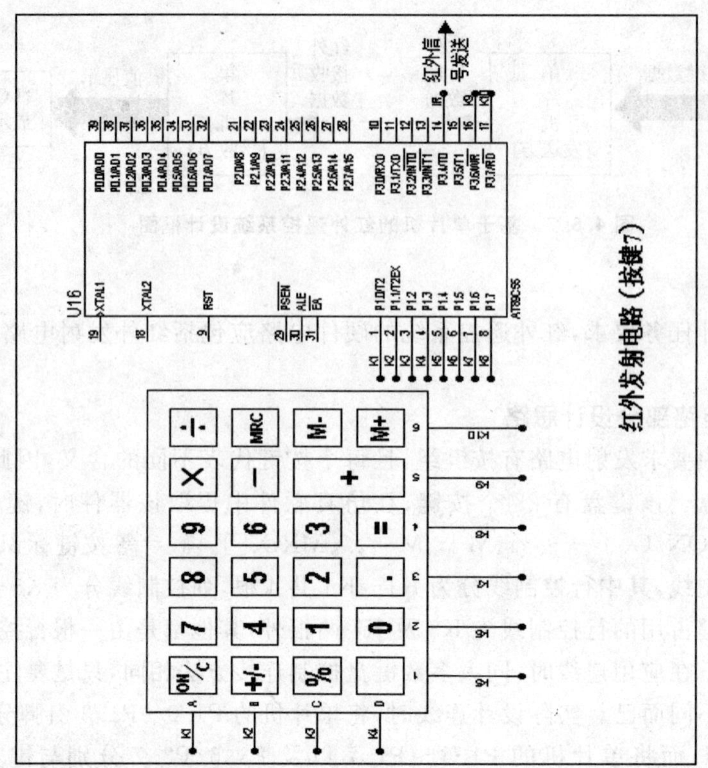

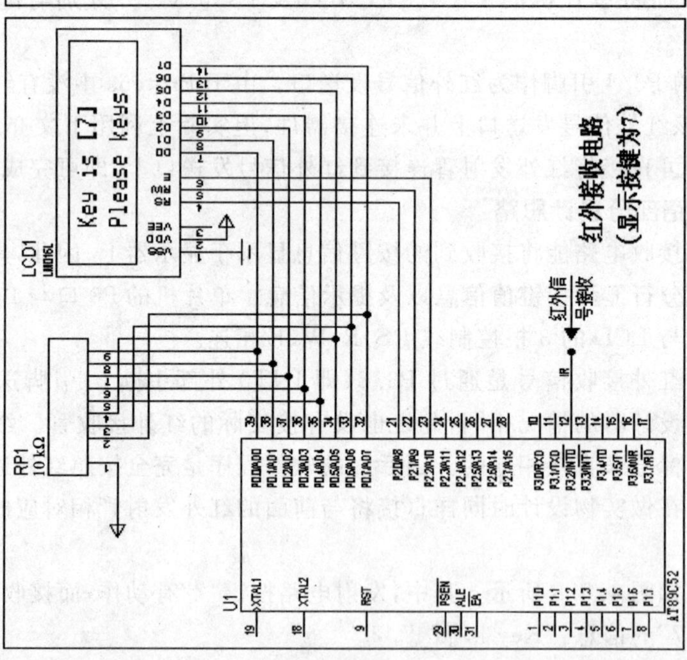

图　4.5.8　基于单片机的红外遥控系统总体硬件电路图

3. 软件设计

(1) 设计思路分析

红外遥控系统工作时,发射电路是按照一定的编码规律来进行红外线发射的,而接收电路则按照相应规律对接收的数据进行解码。具体到本次的设计,红外发射管负极接至单片机引脚,正极接电源。因此当向其输出0电平时,红外发射管导通;反之,向其输出1电平时,红外发射管熄灭。红外发射管导通时,即输出编码的低电平;而红外发射管熄灭时,即输出编码的高电平。

本设计中,红外发射电路发送数据时,先发送9 ms的起始0电平,即令红外发射管导通9 ms;然后发送4.5 ms的结束1电平,即令红外发射管熄灭4.5 ms;之后,再发送数据的16位显示地址值,先发送的是16位地址高8位,后发送的是16位地址的低8位。最后发送8位数据。8位数据发送时是先发送一次8位数据,再发送一次8位数据的反码。

无论是发送地址值还是数据,当需要发送0码时,令红外发射管导通;需要发送1码时,令红外发射管熄灭。

红外接收电路部分选用的LCD为16×2的显示器,即可显示2行16列的数据。此种显示器为液晶点阵显示器,也成为LCM,所以程序中针对LCD显示器设计时都用的LCM。

本设计令LCD的上一行显示接收到的按键信息,显示内容为固定的“Key is”和接收到的按键值;LCD的下一行则固定地显示提示按键语,即“Please keys”。

接收主程序中先调用LCD的下一行显示提示按键语,然后,从接收到的数据中提取按键值。提取按键值时经过了一个解码过程,即原先发射管发送为低电平的现在变成高电平,而原先发射管发送为高电平的,现在变成低电平。提取到按键值后,最后再送到LCD上显示。

(2) 程序流程

红外发射主程序、红外数据发送子程序以及红外接收主程序的流程图如图4.5.9所示。

(3) 参考C51源程序

1) 红外发射源程序

```
#include <AT89X51.h>
static bit OP;                              //红外发射管的亮灭
static unsigned int count;                  //延时计数器
static unsigned int endcount;               //终止延时计数
static unsigned char Flag;                  //红外发送标志
char iraddr1;                               //16位地址的第一个字节
char iraddr2;                               //16位地址的第二个字节
void SendIRdata(char p_irdata);
void delay();
char getkey()                               //按键值编码获取
```

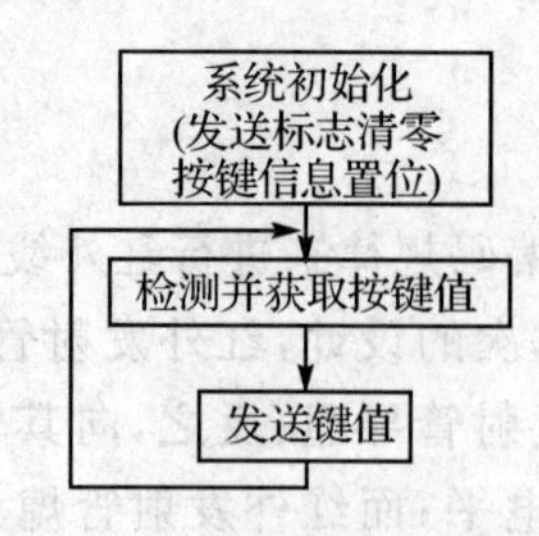

(a) 红外发射主程序流程图

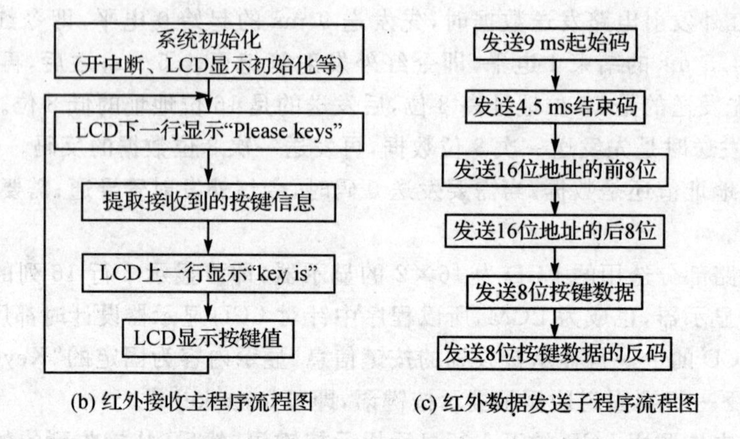

(b) 红外接收主程序流程图　　(c) 红外数据发送子程序流程图

图 4.5.9　基于单片机的红外遥控系统程序流程图


```
{
        P1 = 0xfe;P3_6 = P3_7 = 1;P3_3 = 1;        //第一行有动作
        if(!P1_4)return 1;        //ON
        if(!P1_5)return 2;        //7
        if(!P1_6)return 3;        //8
        if(!P1_7)return 4;        //9
        if(!P3_6)return 5;        //X
        if(!P3_7)return 6;        //÷
        P1 = 0xfd;                                  //第二行有动作
        if(!P1_4)return 11;       //+ -
        if(!P1_5)return 12;       //4
        if(!P1_6)return 13;       //5
        if(!P1_7)return 14;       //6
        if(!P3_6)return 15;       //-
        if(!P3_7)return 16;       //MRC
        P1 = 0xfb;                                  //第三行有动作
```

```
    if(!P1_4)return 21;     //%
    if(!P1_5)return 22;     //1
    if(!P1_6)return 23;     //2
    if(!P1_7)return 24;     //3
    if(!P3_6)return 25;     //+
    if(!P3_7)return 26;     //M-
    P1 = 0xf7;                              //第四行有动作
    if(!P1_4)return 31;     //□
    if(!P1_5)return 32;     //0
    if(!P1_6)return 33;     //.
    if(!P1_7)return 34;     //=
    if(!P3_6)return 35;     //+
    if(!P3_7)return 36;     //M+
    return 0;
}
/****发送主程序****/
void main(void)
{
  char key;
  count = 0;                                //延时计数器清零
  Flag = 0;                                 //红外发送标志清零
  OP = 0;                                   //红外发射管灭
  P3_4 = 1;                                 //一般是将二极管的负极与单片机相连,因此送1则熄灭
  EA = 1;                                   //允许CPU中断
  TMOD = 0x11;                              //设定时器0和1为16位模式1
  ET0 = 1;                                  //定时器0中断允许
  P1 = 0xff;                                //按键信息置位
  TH0 = 0xFF;
  TL0 = 0xE6;                               //设定时值0为38K也就是每隔26 μs中断一次
  TR0 = 1;                                  //开始计数
  iraddr1 = 0xff;
  iraddr2 = 0xff;
  do{
    key = getkey();                         //检测并获取按键值
    if(key == 1)SendIRdata(0x12);           //发送"ON/C"
    if(key == 11)SendIRdata(0x0b);          //发送"+/-"
    if(key == 25||key == 35)SendIRdata(0x1a);   //发送"+"
    if(key == 15)SendIRdata(0x1e);          //发送"-"
```

```
        if(key == 6)SendIRdata(0x0e);          //发送“÷”
        if(key == 16)SendIRdata(0x1d);         //发送“MRC”
        if(key == 26)SendIRdata(0x1f);         //发送“M-”
        if(key == 36)SendIRdata(0x1b);         //发送“M+”
        if(key == 32)SendIRdata(0x00);         //发送“0”
        if(key == 22)SendIRdata(0x01);         //发送“1”
        if(key == 23)SendIRdata(0x02);         //发送“2”
        if(key == 24)SendIRdata(0x03);         //发送“3”
        if(key == 12)SendIRdata(0x04);         //发送“4”
        if(key == 13)SendIRdata(0x05);         //发送“5”
        if(key == 14)SendIRdata(0x06);         //发送“6”
        if(key == 2)SendIRdata(0x07);          //发送“7”
        if(key == 3)SendIRdata(0x08);          //发送“8”
        if(key == 4)SendIRdata(0x09);          //发送“9”
        if(key == 21)SendIRdata(0x2A);         //发送“%”
        if(key == 5)SendIRdata(0x2B);          //发送“X”
        if(key == 33)SendIRdata(0x2C);         //发送“.”
        if(key == 34)SendIRdata(0x2D);         //发送“=”
        if(key == 31)SendIRdata(0x2E);         //发送“□”
    }while(1);
}
/****定时器 0 中断处理****/
void timeint(void) interrupt 1
{
    TH0 = 0xFF;
    TL0 = 0xE6;                 //设定时初值为 38 kHz 也就是每隔 26 μs 中断一次
    count++;
}
/****红外数据发送子程序****/
void SendIRdata(char p_irdata)
{
    int i;
    char irdata = p_irdata;
    endcount = 223;             //发送 9 ms 的起始码
    Flag = 1;                   //发送标志置位
    count = 0;                  //延时计数器清零
    P3_4 = 0;                   //红外发射管导通
    do{}while(count<endcount);
```

```
endcount = 117;                          //发送 4.5 ms 的结果码
Flag = 0;                                //发送标志复位
count = 0;                               //延时计数器清零
P3_4 = 1;                                //红外发射管关闭
do{}while(count<endcount);
irdata = iraddr1;                        //发送 16 位地址的前 8 位
for(i = 0;i<8;i++)
{
   endcount = 10;                    //先发送 0.56 ms 的 38 kHz 红外波(即编码中 0.56 ms 的低电平)
   Flag = 1;                             //发送标志置位
   count = 0;
   P3_4 = 0;                             //红外发射管导通
   do{}while(count<endcount);            //红外发射管持续发射
  //停止发送红外信号(即编码中的高电平)
   if(irdata - (irdata/2) * 2)           //判断 16 位地址前 8 位的末位为 1 还是 0
   {
     endcount = 15;                      //为 1 则用宽的高电平,即停止发送的时间长一些
   }
  else
   {
   endcount = 41;                        //为 0 则用窄的高电平,即停止发送的时间短一些
   }
  Flag = 0;                              //发送标志清零
  count = 0;
  P3_4 = 1;                              //红外发射管熄灭
  do{}while(count<endcount);             //红外发射管持续熄灭
  irdata = irdata>>1;
}
irdata = iraddr2;                        //发送 16 位地址的后 8 位
for(i = 0;i<8;i++)                       //发送编码中的低电平
{
   endcount = 10;
   Flag = 1;
   count = 0;
   P3_4 = 0;
   do{}while(count<endcount);
   if(irdata - (irdata/2) * 2)           //发送编码中的高电平
   {
```

```
            endcount = 15;
        }
        else
        {
          endcount = 41;
        }
        Flag = 0;
        count = 0;
        P3_4 = 1;
        do{}while(count<endcount);
        irdata = irdata>>1;
    }
    irdata = ~p_irdata;                          //发送 8 位数据
    for(i = 0;i<8;i ++ )
    {
        endcount = 10;
        Flag = 1;
        count = 0;
        P3_4 = 0;
        do{}while(count<endcount);
        if(irdata - (irdata/2) * 2)
        {
            endcount = 15;
        }
        else
        {
          endcount = 41;
        }
        Flag = 0;
        count = 0;
        P3_4 = 1;
        do{}while(count<endcount);
        irdata = irdata>>1;
    }
    irdata = p_irdata;                           //发送 8 位数据的反码
    for(i = 0;i<8;i ++ )
    {
        endcount = 10;
```

```
        Flag = 1;
        count = 0;
        P3_4 = 0;
        do{}while(count<endcount);

        if(irdata - (irdata/2) * 2)
        {
            endcount = 15;
        }
        else
        {
            endcount = 41;
        }
        Flag = 0;
        count = 0;
        P3_4 = 1;
        do{}while(count<endcount);
        irdata = irdata>>1;
    }
    endcount = 10;
    Flag = 1;
    count = 0;
    P3_4 = 0;
    do{}while(count<endcount);
    P3_4 = 1;
    Flag = 0;
}
void delay()                                        //延时
{
    int i,j;
    for(i = 0;i<400;i ++ )
    {
        for(j = 0;j<100;j ++ )
        {
        }
    }
}
```

2）红外接收源程序

```
#include "At89x51.h"
#include "stdio.h"
#include "stdlib.h"
#include "string.h"
#define JINGZHEN 48                                                   //晶振为 48 MHz
#define TIME0TH ((65536 - 100 * JINGZHEN/12)&0xff00)>>8               //time0,100 μs,红外遥控
#define TIME0TL ((65536 - 100 * JINGZHEN/12)&0xff)
#define TIME1TH ((65536 - 5000 * JINGZHEN/12)&0xff00)>>8
#define TIME1TL ((65536 - 5000 * JINGZHEN/12)&0xff)
#define uchar unsigned char
#define uint unsigned int
code uchar BitMsk[] = {0x01,0x02,0x04,0x08,0x10,0x20,0x40,0x80,};
uint IrCount = 0,Show = 0,Cont = 0;
uchar IRDATBUF[32],s[20];
uchar IrDat[5] = {0,0,0,0,0};
uchar IrStart = 0,IrDatCount = 0;
extern void initLCM( void);                               //外部调用 LCD 初始化子程序
extern void DisplayListChar(uchar X,uchar Y, unsigned char * DData);
                                                          //外部调用显示指定坐标的一串字符子函数
void timer1int (void)   interrupt 3   using 3{            //定时器 1 中断服务程序
EA = 0;
TH1  =  TIME1TH;
TL1  =  TIME1TL;
Cont ++ ;
if(Cont>10)Show = 1;
EA = 1;
}
void timer0int (void) interrupt 1 using 1{                //定时器 0 中断服务程序
    uchar i,a,b,c,d;
    EA = 0;
    TH0  =  TIME0TH;
    TL0  =  TIME0TL;
    if(IrCount>500)IrCount = 0;
    if(IrCount>300&&IrStart>0){IrStart = 0;IrDatCount = 0;IrDat[0] = IrDat[1] = IrDat[2] =
IrDat[3] = 0;IrCount = 0;}
    if(IrStart == 2)
```

```
    {
        IrStart = 3;
        for(i = 0;i<IrDatCount;i ++ )                    //接收数据转存
        {
            if(i<32)
            {
                a = i/8;

                b = IRDATBUF[i];
                c = IrDat[a];
                d = BitMsk[i % 8];
                if(b>5&&b<14)c|= d;
                if(b>16&&b<25)c& = ~d;
                IrDat[a] = c;
            }
        }
        if(IrDat[2]! = ~IrDat[3])
        {
          IrStart = 0;IrDatCount = 0;IrDat[0] = IrDat[1] = IrDat[2] = IrDat[3] = 0;IrCount = 0;

        }
        EA = 1;
        return;
    }
    IrCount ++ ;
    EA = 1;
}
void int0() interrupt 0 using 0   {                  //外部中断 0 服务程序
    EA = 0;
    if(IrStart == 0)
    {
      IrStart = 1;IrCount = 0;TH0  =  TIMEOTH;TL0  =  TIMEOTL;
      IrDatCount = 0;EA = 1;
      return;
    }
    if(IrStart == 1)
    {
     if(IrDatCount>0&&IrDatCount<33)
```

```
            IRDATBUF[IrDatCount - 1] = IrCount;
        if(IrDatCount>31)
            {IrStart = 2;TH0  =  TIME0TH;TL0  =  TIME0TL;EA = 1;return;}
        if(IrCount>114&&IrCount<133&&IrDatCount == 0)
            {IrDatCount = 1;}else if(IrDatCount>0)IrDatCount ++ ;
        }
    IrCount = 0;TH0  =  TIME0TH;TL0  =  TIME0TL;
    EA = 1;
}
/****接收主程序****/
main()
{
    uchar *a,n;
    TMOD   |= 0x011;
    TH0  =  TIME0TH;                                //定时初值赋值
    TL0  =  TIME0TL;
    ET0 = 1;
    TR0 = 1;                                        //开定时器0中断
    ET1 = 1;
    TR1 = 1;                                        //开定时器1中断
    IT0  =  1;                                      //下降沿触发
    EX0  =  1;
    initLCM();                                      //LCM显示器初始化
    EA = 1;                                         //开中断
    for(;;)
    {
        if(Show == 1)
        {
            Show = 0;
            Cont = 0;
            DisplayListChar(0,1,"Please keys");//在LCM的下一行显示“Please keys”
            a = "";
            switch (IrDat[3])                       //提取接收到的按键信息
            {
              case 0x12:                            //按键ON/C
                a = "ON/C";
                break;
              case 0x0b:                            //按键±
```

```
        a = "+/-";
        break;
    case 0x1a:                     //按键 +
        a = "+";
        break;
    case 0x1e:                     //按键 -
        a = "-";
        break;
    case 0x0e:                     //按键 ÷
        a = "/";
        break;
    case 0x1d:                     //按键 MRC
        a = "MRC";
        break;
    case 0x1f:                     //按键 M-
        a = "M-";
        break;
    case 0x1b:                     //按键 M+
        a = "M+";
        break;
    case 0x00:                     //按键 0
        if(IrDat[2] == 0xff)a = "0";
        break;
    case 0x01:                     //按键 1
        a = "1";
        break;
    case 0x02:                     //按键 2
        a = "2";
        break;
    case 0x03:                     //按键 3
        a = "3";
        break;
    case 0x04:                     //按键 4
        a = "4";
        break;
    case 0x05:                     //按键 5
        a = "5";
        break;
```

```
            case 0x06:                              //按键 6
                a = "6";
                break;
            case 0x07:                              //按键 7
                a = "7";
                break;
            case 0x08:                              //按键 8
                a = "8";
                break;
            case 0x09:                              //按键 9
                a = "9";
                break;
            case 0x2A:                              //按键 %
                a = "%";
                break;
            case 0x2B:                              //按键 X
                a = "X";
                break;
            case 0x2C:                              //按键.
                a = ".";
                break;
            case 0x2D:                              //按键 =
                a = "=";
                break;
            case 0x2E:                              //按键□
                a = " ";
                break;
        }
        n = strlen(a);
        if(n>0)
        {
        sprintf(s,"Key is [%s]    ",a);       //LCM 显示"Key is"

        }
        DisplayListChar(0,0,s);                     //显示按键值
    }
  }
}
```

3) 接收方 LCD 子程序

```
#include <reg51.h>
#include <intrins.h>
#include <string.h>
#include <absacc.h>
#define uchar unsigned char
#define uint unsigned int
#define BUSY 0x80                                   //LCM 忙检测标志
#define DATAPORT P0                                 //定义 P0 口为 LCM 通讯端口
sbit LCM_RS = P2^0;                                 //数据/命令端
sbit LCM_RW = P2^1;                                 //读/写选择端
sbit LCM_EN = P2^2;
void delay_LCM(uint);                               //LCM 延时子程序
void lcd_wait(void);                                //LCM 检测忙子程序
void WriteCommandLCM(uchar WCLCM,uchar BusyC);
                                                    //写指令到 LCM 子函数
void WriteDataLCM(uchar WDLCM);                     //写数据到 LCM 子函数
void DisplayOneChar(uchar X,uchar Y,uchar DData);
                                                    //显示指定坐标的一个字符子函数
void initLCM( void);                                //LCM 初始化子程序
void DisplayListChar(uchar X,uchar Y, unsigned char * DData);
                                                    //显示指定坐标的一串字符子函数
/**********延时 K×1 ms,12.000 MHz***********/
void delay_LCM(uint k)
{
    uint i,j;
    for(i = 0;i<k;i ++ )
    {
        for(j = 0;j<60;j ++ )
            {;}
    }
}
/***********写指令到 LCM 子函数*************/
void WriteCommandLCM(uchar WCLCM,uchar BusyC)
{
    if(BusyC)lcd_wait();
    DATAPORT = WCLCM;
    LCM_RS = 0;                                     //选中指令寄存器
    LCM_RW = 0;                                     // 写模式
```

```
    LCM_EN = 1;
    _nop_();
    _nop_();
    _nop_();
    LCM_EN = 0;
}
/**********写数据到 LCM 子函数 ************/
void WriteDataLCM(uchar WDLCM)
{
    lcd_wait( );                        //检测忙信号
    DATAPORT = WDLCM;
    LCM_RS = 1;                         // 选中数据寄存器
    LCM_RW = 0;                         // 写模式
    LCM_EN = 1;
    _nop_();
    _nop_();
    _nop_();
    LCM_EN = 0;
}
/***********LCM 内部等待函数*************/
void lcd_wait(void)
{
    DATAPORT = 0xff;
    LCM_EN = 1;
    LCM_RS = 0;
    LCM_RW = 1;
    _nop_();
    while(DATAPORT&BUSY)
    {   LCM_EN = 0;
        _nop_();
        _nop_();
        LCM_EN = 1;
        _nop_();
        _nop_();
        }
        LCM_EN = 0;
}
/**********LCM 初始化子函数***********/
void initLCM( )
{
```

```
    DATAPORT = 0;
    delay_LCM(15);
    WriteCommandLCM(0x38,0);                   //3次显示模式设置,不检测忙信号
    delay_LCM(5);
    WriteCommandLCM(0x38,0);
    delay_LCM(5);
    WriteCommandLCM(0x38,0);
    delay_LCM(5);
    WriteCommandLCM(0x38,1);                   //8bit数据传送,2行显示,5×7字型,检测忙信号
    WriteCommandLCM(0x08,1);                   //关闭显示,检测忙信号
    WriteCommandLCM(0x01,1);                   //清屏,检测忙信号
    WriteCommandLCM(0x06,1);                   //显示光标右移设置,检测忙信号
    WriteCommandLCM(0x0c,1);                   //显示屏打开,光标不显示,不闪烁,检测忙信号
}
/*****************显示指定坐标的一个字符子函数**************/
void DisplayOneChar(uchar X,uchar Y,uchar DData)
{
uchar mx,my;
    my = Y&1;
    mx = X&0xf;
    if(my>0)mx + = 0x40;                      //若y为1(显示第二行),地址码+0X40
    mx + = 0x80;                              //指令码为地址码+0X80
    WriteCommandLCM(mx,0);
    WriteDataLCM(DData);
}
/***********显示指定坐标的一串字符子函数***********/
void DisplayListChar(uchar X,uchar Y, unsigned char * DData)
{
    uchar i = 0,n;
    Y& = 0x01;
    X& = 0x0f;
    n = strlen(DData);
    while(i<n)
    {
        DisplayOneChar(X,Y,DData[i]);
        i ++ ;
        X ++ ;
    }
}
```

4.5.3　串行通信原理

串行通信是一种能把二进制数据按位顺序传送的通信。特点是：通信线路简单，最多只需一对传输线即可实现通信，成本低但速度慢，其通信线路既能传送数据信息，又能传送联络控制信息；它对信息的传送格式有固定要求，具体分为异步和同步两种信息格式，与此相应有异步通信和同步通信两种方式；在串行通信中，对信息的逻辑定义与 TTL 不兼容，需要进行逻辑电平转换。计算机与外界之间的数据传送大多是串行的，其传送的距离可以从几米到几千公里。单片机中使用的串行通信通常都是异步方式的。

1. 串行通信的分类

(1) 异步通信

在异步通信(Asynchronous Communication)中，在线路上的传送是不连续的，通常是以字符(或字节)为单位组成字符帧传送的。字符帧由发送端一帧一帧地发送，通过传输线被接收设备一帧一帧地接收。异步传送时，各个字符可以接连传送，也可以间断传送，这完全由发送端根据需要来决定的。另外，在异步传送时，同步时钟脉冲并不传送到接收方，发送端和接收端可以有各自的时钟来控制数据的发送和接收，这两个时钟源彼此独立，互不同步。

在异步通信中，字符帧格式和波特率是两个重要指标，由用户根据实际情况选定。

1) 字符帧

字符帧(Character Frame)也叫数据帧，由起始位、数据位、奇偶校验位和停止位 4 部分组成，如图 4.5.10 所示。

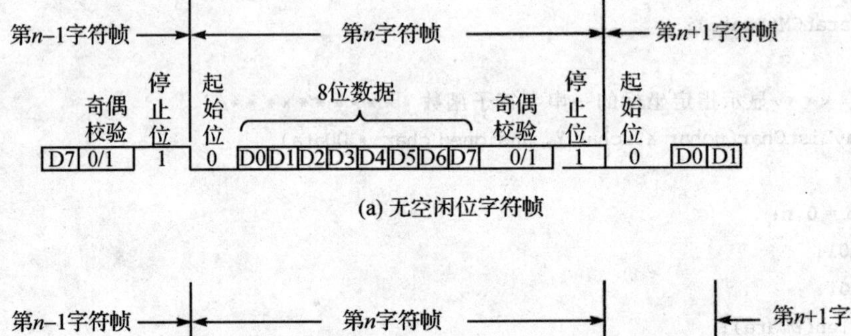

图 4.5.10　异步通信的字符帧格式

- 起始位:位于字符帧开头,只占一位,始终为逻辑“0”低电平,用于向接收设备表示发送端开始发送一帧信息。
- 数据位:紧跟起始位之后,用户根据情况可取5位、6位、7位或8位,低位在前高位在后。若所传数据为ASCII字符,则常取7位。
- 奇偶校验位:位于数据位后,仅占一位,用于表征串行通信中采用奇校验还是偶校验,由用户根据需要决定。
- 停止位:位于字符帧末尾,为逻辑“1”高电平,通常可取1位、1.5位或2位,用于向接收端表示一帧字符信息已发送完毕,也为发送下一帧字符做准备。

两相邻字符帧之间可以有若干空闲位,也可没有空闲位,这由用户根据需要决定。

2) 波特率

波特率(baud rate)定义为每秒钟传送二进制数据的位数(也称为比特数),单位是bps,即位/秒。波特率是串行通信的重要指标,用于表征数据传输的速度。波特率越高,数据传输速度就越快,但和字符的实际传输速率不同。字符的实际传输速率是指每秒钟所传字符帧的帧数,和字符帧格式有关。如波特率为1 600 bps的通信系统,若采用图4.5.11(a)所示的字符帧,则字符的实际传输速率为1 600/11=145.45帧/s;若改用图4.5.11(b)的字符帧,则字符的实际传输速率为1 600/14=114.29帧/s。

每位的传输时间定义为波特率的倒数。如波特率为1 600 bps的通信系统,其每位的传输时间为$T_d=1/1\ 600=0.625$ ms。

波特率还和信道的频带有关。波特率越高,信道频带就越宽。因此,波特率也是衡量通道频宽的重要指标。通常,异步通信的波特率在50~9 600 bps之间。波特率不同于发送时钟和接收时钟,常是时钟频率的1/16或1/64。

(2) 同步通信

同步通信(Synchronous Communication)是一种连续传送数据的通信方式,一次通信只传送一帧信息。在通信开始以后,发送端连续发送字符,接收端也连续接收字符,直到通信告一段落。同步传送时,字符与字符之间没有间隙,也不用起始位和停止位。同步通信字符帧一般由同步字符、数据字符和校验字符CRC这3部分组成。

同步通信的数据传输速率较高,通常可达56 000 bps或更高。不过,其缺点是要求发送时钟和接收时钟保持严格同步,故发送时钟除应和发送波特率保持一致外,还要求把它同时传送到接收端。

2. 串行通信的制式

在串行通信中,数据是在两个站之间传送的,按照数据传送的方向,串行通信可分为半双工和全双工两种制式。

1) 半双工

在半双工(Half Duplex)方式下,A站和B站之间只有一个通信回路,因此,每次只能有一个站发送，另一个站接收。即可以是A发送到B，也可以是B发送到A，但A、B不能同时发送，当然也不能同时接收。

2）全双工

在全双工（Full Duplex）方式下，A、B之间有两个独立的通信回路，两站都可以同时发送和接收数据。因此，两个站既可以同时发送，又可以同时接收，或者说一个站可以同时进行发收。

3. 串行口控制寄存器SCON和PCON

单片机对串行口的控制是通过SCON来实现的，同时还和电源控制寄存器PCON有关。二者各位的定义如图4.5.11所示。

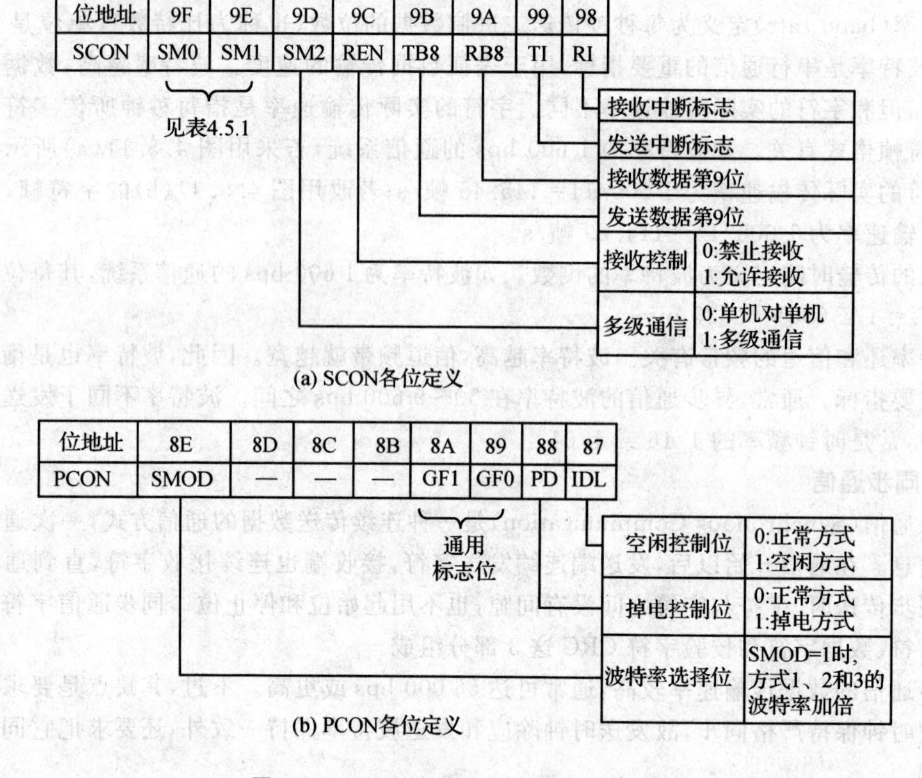

图4.5.11　SCON和PCON中各位的定义

(1) SCON各位定义

SM0和SM1：串行口方式控制位，用于设定串行口的工作方式，如表4.5.1所列。

SM2：多机通信控制位。主要在方式2和方式3下使用。在方式0时，SM2不用，应设置为0状态。在方式1下，SM2也应设置为0，此时RI只有在接收电路接收到停止位“1”时才被激活成“1”,并能自动发出串行口中断请求(假设此时中断是开放的)。在方式2或方式3下,若SM2=0,则串行口以单机发送或接收方式工作,TI和RI以正常方式被激活,但不会引起中断请求;若SM2=1和RB8=1,则RI不仅被激活而且可以向CPU发中断请求。

表4.5.1 串行口的工作方式和所用波特率对照表

SM0	SM1	相应工作方式	说 明	所用波特率
0	0	方式0	同步移位寄存器	$f_{osc}/12$
0	1	方式1	10位异步收发	由定时器控制
1	0	方式2	11位异步收发	$f_{osc}/32$ 或 $f_{osc}/64$
1	1	方式3	11位异步收发	由定时器控制

REN:接收控制位。若REN=0,则禁止串行口接收;若REN=1,则允许串行口接收。

TB8:发送数据第9位,用于在方式2和方式3时存放发送数据第9位。TB8由软件置位或复位。

RB8:接收数据第9位,用于在方式2和方式3时存放接收数据第9位。在方式1下,若SM2=0,则RB8用于存放接收到的停止位。方式0下,不使用RB8。

TI:发送中断标志位,用于指示一帧数据发送是否完毕。在方式0下,发送电路发送完第8位数据时,TI由硬件置位;在其他方式下,TI在发送电路开始发送停止位时置位。即TI在发送前必须由软件复位,发送完一帧后由硬件置位。CPU查询TI状态就可获知一帧信息是否已发送完毕。

RI:接收中断标志位,用于指示一帧数据是否接收完毕。在方式1下,RI在接收电路接收到第8位数据时由硬件置位;在其他方式下,RI是在接收电路收到停止位的中间位置时置位。RI也是在接收前必须由软件复位,接收完一帧后由硬件置位。CPU查询RI状态就可决定是否需要从接收缓存器SBUF中提取接收到的字符或数据。

(2) PCON各位的定义

SMOD:波特率选择位。在方式1、方式2和方式3时,串行通信波特率和2SMOD成正比。即当SMOD=1时,通信波特率可以提高一倍。

4. 串行接口的工作方式

单片机串行口有4种工作方式,即方式0、方式1、方式2和方式3。

方式0:串行数据通过RXD进入,由TXD输出时钟。每次发送或接收的数据是以最低位为首位来发送或接收的,每次共8位数据。波特率固定为单片机时钟频率(f_{osc})的1/12。

方式1:由TXD发送,RXD接收。一帧数据为10位,其中有一个起始位(0)、8个数据位(低位在前)以及一个停止位(1)。接收数据时,停止位存于串口控制寄存器SCON的RB8内。波特率可变,由定时器1溢出率和SCON共同决定。

$$波特率=\frac{2^{SMOD}}{32}\cdot 定时器 T1 溢出率=\frac{2^{SMOD}}{32}\cdot\frac{f_{osc}}{12}\cdot\left(\frac{1}{2^K-初值}\right)$$

数据发送由一条写 SUF 指令开始。串口由硬件自动加入起始位和停止位，构成一个完整的帧格式，然后在移位脉冲的作用下由 TXD 端串行输出。一个字符帧发送完毕后，使 TXD 输出线维持在"1"状态下，并将串行控制寄存器 SCON 中的发送中断标志 TI 置"1"，通知 CPU 可继续发送下一个数据。

接收数据时，SCON 中的 REN＝1(即接收控制位处于允许接收状态)。在此前提下，串口采样 RXD 端。当采样到由 1 到 0 的跳变信号时，就可认定为已接收到起始位。随后在移位脉冲的控制下，系统把接收到的数据移入接收缓冲器 SBUF 中。当停止位到来之后，把停止位送入 SCON 的 RB8 中，并置接收中断标志 RI 为 1，通知 CPU 从 SBUF 中取走接收到的数据。

方式 2：TXD 发送，RXD 接收。一帧数据为 11 位，其中有一个起始位(0)、8 个数据位(低位在前)、一个可编程的第 9 位数据及一个停止位(1)。波特率可编程为单片机时钟频率的 1/32(SMOD＝1)或 1/64(SMOD＝0)。波特率计算公式如下：

$$波特率=\frac{2^{SMOD}}{64}\cdot f_{osc}$$

方式 3：该方式数据传输形式、数据帧格式均与方式 2 相同，不同的是波特率。其波特率可变，并由定时器 1 溢出率和 SMOD 共同决定。方式 1 和方式 3 的波特率计算公式如下：

$$波特率=\frac{2^{SMOD}}{32}\cdot 定时器 T1 溢出率=\frac{2^{SMOD}}{32}\cdot\frac{f_{osc}}{12}\cdot\left(\frac{1}{2^K-初值}\right)$$

上式中，若定时器 T1 为方式 0，则 K＝13；若定时器 T1 为方式 1，则 K＝16；若定时器 T1 为方式 2 或 3，则 K=8。

4.5.4　双机串行通信系统设计

1. 设计任务及思路分析

(1) 设计任务要求

- 设计一个由单片机控制的双机串行通信系统。
- 该系统的发送方与接收方之间可实现双向串行通信。
- 发送电路与接收电路均有控制按键以及显示器，分别用于发送按键值以及显示按键值。
- 显示器显示的内容为己方或对方的按键值，即当作为发送方时，显示内容为己方的发送按键值；当作为接收方时，显示内容为接收到的对方的按键值。

(2) 设计思路分析

由于串行通信为 3 线制连线设计，即仅需连接 RXD、TXD 以及地，因此本设计从总体设计而言，进行通信的两个电路可完全相同，只是将二者的 TXD、RXD 交叉连接即可。从硬件方面设计而言，两个电路均应设置有按键组以及显示器。信息传输的内容则可根据串行通信的协议，在软件程序中完成设计。本设计电路的框图如图 4.5.12 所示。

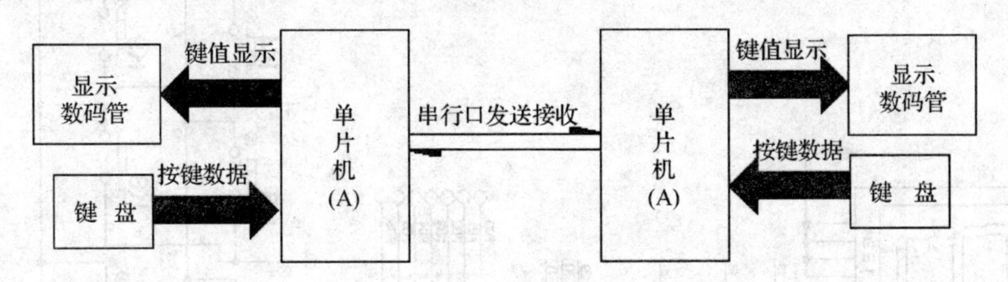

图 4.5.12 双机串行通信系统设计框图

2. 硬件设计

双机串行通信系统的硬件电路图如图 4.5.13 所示。

图中，控制按键是设置为 0～9 的普通数字信息，按键采用的是由 10 个单一的按键构成的 2 行 5 列的简易矩阵键盘。实际上，读者可考虑改进电路，接入更多的按键或接入大一些的键盘等，如此可使系统可发送的按键信息量更多。

显示器采用的是共阳型 4 位一体的 7 段数码管。由于显示数据为 0～9 的数字信息，因此就不必采用 LCD 显示器，毕竟从成本上说，7 段数码管还是要便宜得多。不过，若读者对按键信息量进行改进，且显示的数据超出了 7 段数码管的显示范围，那么读者就可考虑用点阵显示器、LCD 显示器等器件了。

两个电路的器件连线情况基本相同。将单片机的 P1.0～P1.4 分别作为按键的第 1 列～第 5 列控制线引脚，将单片机的 P1.5 和 P1.6 作为按键的第 2 行和第 1 行的控制线引脚。4 位一体 7 段数码管显示器的数据输入口是与单片机的 P0 口相连，而其显示片选口则全部接高电平。这样当有数据传送到数码管时，4 个数码管将同时显示相同的内容。

3. 软件设计

(1) 设计思路分析

根据串行通信协议，一般串行通信的控制程序编程时要先设置控制字 SCON，然后通过设置定时器的初值确定通信的波特率，打开中断，之后再来传送通信的数据。

本设计中，串行通信的工作方式选择为方式 1，即 10 位异步收发方式。另外由于本次是两机通信，因此设置为单机对单机的通信方式。于是根据这些设置内容可知，控制字 SCON 应设置为 50H。

本设计中波特率设置为 9 600 bps，设计时应先设置定时器 1 的方式字，然后根据定时初值以及波特率计算的公式来确定时初值。

程序运行时，系统会使数码管显示清空。然后等待发送或接收按键值，当有发送或接收按键值的动作时，两方的数码管都显示同一个数据。下一次有按键动作时，数码管上的显示内容

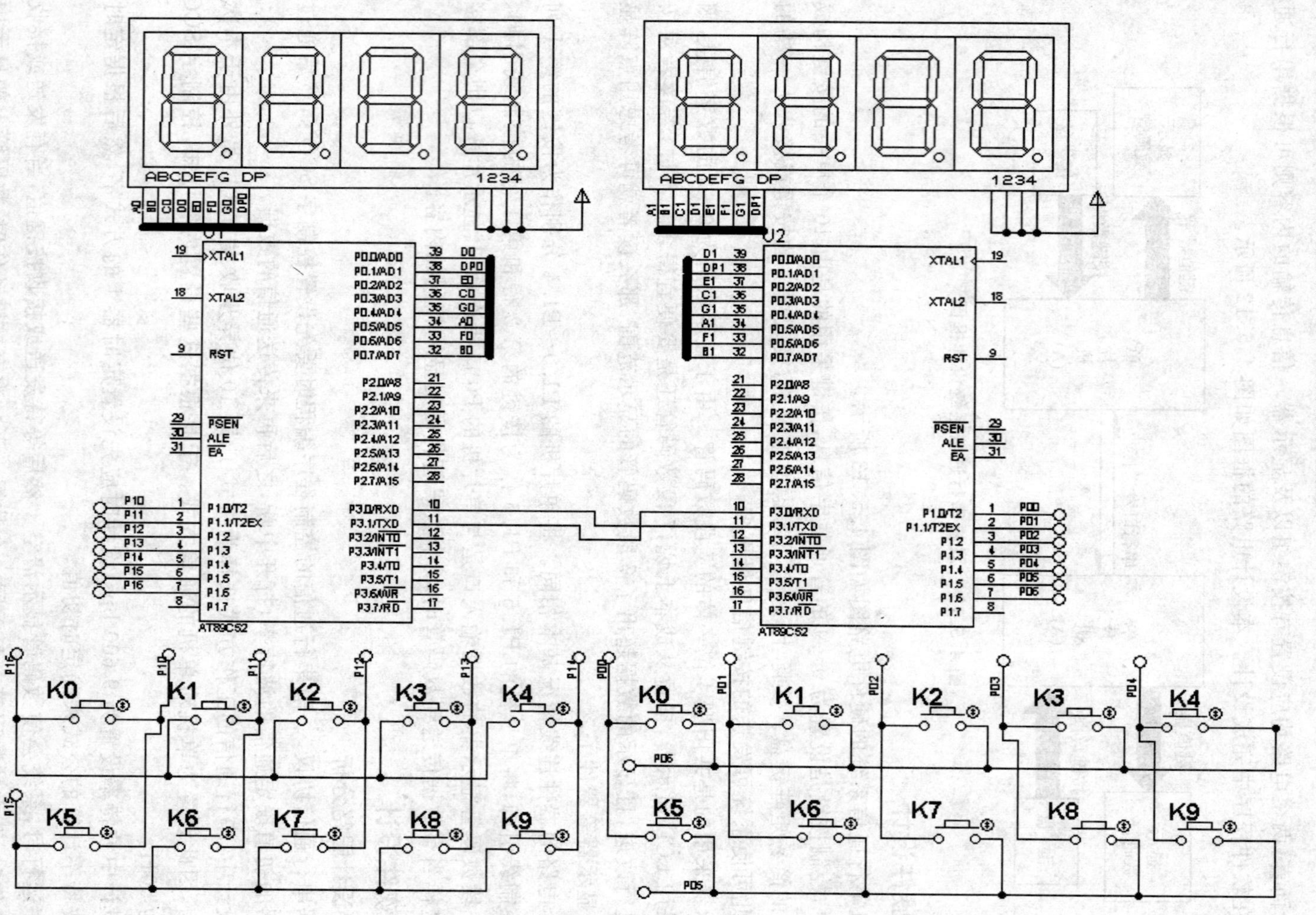

图 4.5.13 双机串行通信系统硬件电路图

将被完全覆盖为新的显示数据。

读者可考虑改进此部分的显示功能。如通过控制数码管的片选线使显示数据在 4 位一体数码管上进行由右向左的移动。即第一次显示时,数字显示于最右边的数码管。第二次显示时,前一次的数据移动到右数的第二个,而最右边显示本次的按键数字。其他依次类推。

(2) 程序流程

主程序以及键盘扫描子程序的流程图如图 4.5.14 所示。其他程序的流程图,读者可参考源程序的注解来分析推断。

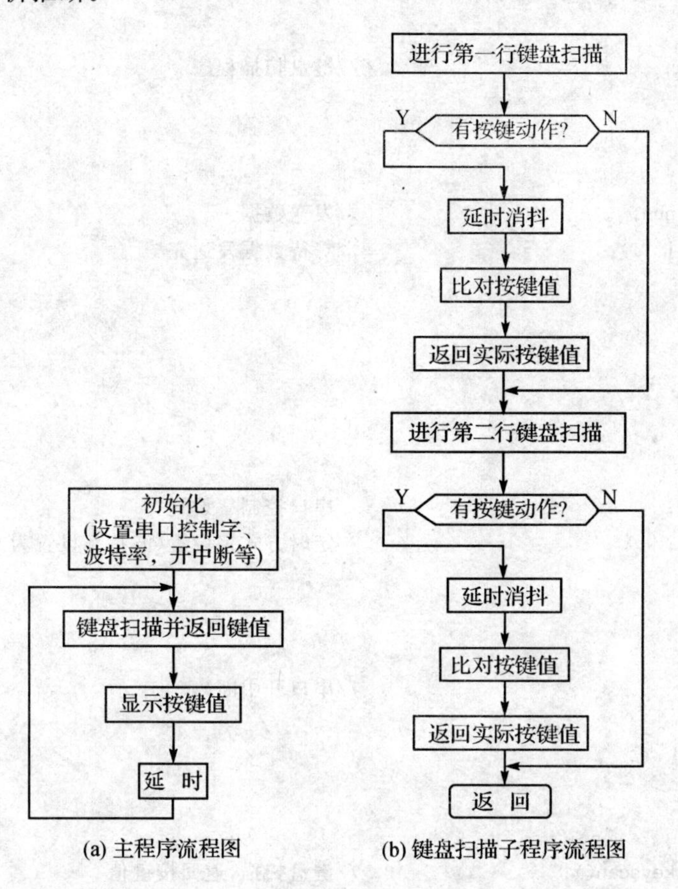

图 4.5.14　双机串行通信系统程序流程图

(3) 参考 C51 源程序

```
#include <REG52.H>
//#include <stdio.h>
#define uchar unsigned char
#define uint unsigned int
```

```
unsigned char a,num,temp,num1,num2;
uchar code table[] = {0x12,0x77,0x4a,0x46,0x27,0x86,0x82,0x17,0x02,0x07,0};
                                                  //对应于十进制的 7 段码
void delay(uint z)                                //延时程序
{
    uint x,y;
    for(x = z;x>0;x--)
        for(y = 110;y>0;y--);
}
uchar keyscan();                                  //键盘扫描程序
void send()
{
        ES = 0;
        SBUF = num;                               //发送数据
        while(! TI);                              //等待数据发送完毕
        TI = 0;
        ES = 1;
}
/****主程序****/
void main()
{
    SCON = 0x50;                                  //串口控制字设置
    TMOD = 0x20;                                  //定时方式字设置(波特率设置为 9600)
    TH1 = 0xfd;
    TL1 = 0xfd;
    TR1 = 1;
    ES = 1;                                       //串口开中断
    num = 11;
    EA = 1;
    while(1)
    {
        num1 = keyscan();                         //键盘扫描,返回按键值
        P0 = table[num1 - 1];                     //显示按键的值
        delay(1);
    }
}
/****串口中断服务程序****/
void ser() interrupt 4
{
```

```
    if(RI)
    {
        RI = 0;
        if(TI == 0)
        {
            num2 = SBUF;                         //接收数据
            num = num2;
        }
    }
}
/****键盘扫描子程序****/
uchar keyscan()
{
        P1 = 0xbf;                               //进行第一行键盘扫描
        temp = P1;
        temp = temp&0x1f;
        while(temp! = 0x1f)
        {
            delay(2);                            //延时消抖
            temp = P1;
            temp = temp&0x1f;                    //再次确认
            while(temp! = 0x1f)
            {
                temp = P1;
                switch(temp)
                {
                    case 0xbe: num = 0;          //按键 0 动作
                    send();                      //通过串口发送按键的值
                    return num;
                    case 0xbd: num = 1;          //按键 1 动作
                    send();
                    return num;
                    case 0xbb: num = 2;          //按键 2 动作
                    send();
                    return num;
                    case 0xb7: num = 3;          //按键 3 动作
                    send();
                    return num;
                    case 0xaf: num = 4;          //按键 4 动作
```

```
                    send();
                    return num;
                }
                while(temp! = 0x1f)
                {
                    temp = P1;
                    temp = temp&0x1f;
                }
            }
        }
        P1 = 0xdf;                              //进行第 2 行键盘扫描
        temp = P1;
        temp = temp&0x1f;
        while(temp! = 0x1f)
        {
            delay(2);                           //延时消抖
            temp = P1;
            temp = temp&0x1f;                   //再次确认
            while(temp! = 0x1f)
            {
                temp = P1;
                switch(temp)
                {
                    case 0xde: num = 5;         //按键 5 动作
                    send();
                    return num;
                    case 0xdd: num = 6;         //按键 6 动作
                    send();
                    return num;
                    case 0xdb: num = 7;         //按键 7 动作
                    send();
                    return num;
                    case 0xd7: num = 8;         //按键 8 动作
                    send();
                    return num;
                    case 0xcf: num = 9;         //按键 9 动作
                    send();
                    return num;
```

```
                }
                while(temp! = 0x1f)
                {
                        temp = P1;
                        temp = temp&0x1f;
                }
            }
        }

        return num;
    }
```

4.5.5　基于单片机的简易智能信号源发生器设计

1. D/A 转换原理及器件介绍

(1) D/A 转换原理

D/A 转换(Digital to Analog)是实现将数字量转换成模拟量的过程。D/A 转换器(DAC)就是实现这一转换过程的器件。DAC 是由参考电源、数字开关控制、模拟转换、数字接口及放大器组成,其原理框图如图 4.5.15 所示。

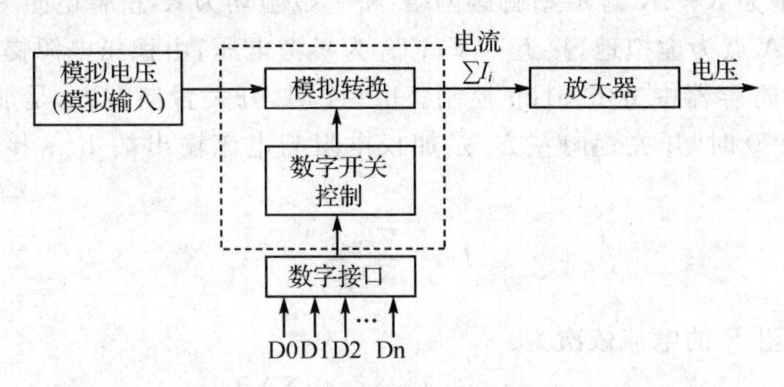

图 4.5.15　D/A 转换器原理框图

在图 4.5.15 中,待转换的数字量经数字接口控制各位相应的开关,以接通或断开各自的解码电阻,从而改变标准电源经电阻解码网络所产生的总电流 ΣI_i 。该电流经放大器放大后,输出与数字量相对应的模拟电压。

数字开关及模拟转换部分的电阻解码网络是 DAC 的核心。参考电源是保证 D/A 转换精度的重要前提,要求其稳定度高、漂移小。数字接口通常由锁存器组成,用来锁存被转换的数字量。

DAC 中的数字开关大都由晶体管或场效应管组成。DAC 的解码网络有两种结构,一种是权电阻解码网络，另一种为 R－2R T 型解码网络。权电阻解码网络由于各位的权电阻阻值（2^iR_i）不同，因而要求电阻的种类较多，制作工艺比较复杂，特别是在集成电路芯片中受到电阻间阻值差异的限制（两个电阻阻值比率超过 20∶1时，即不能良好的匹配），从而制约了 D/A 转换位数的增加（上限为 5 位）。R－2R 的 T 型解码网络中电阻种类比较少，因而制作也比较容易，故目前 D/A 转换器件中大都采用这种解码网络。

R－2R 的 T 型解码网络的原理电路，如图 4.5.16 所示。

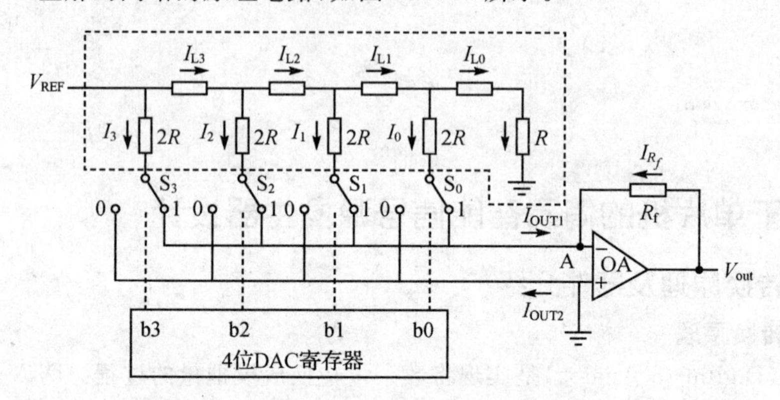

图 4.5.16　R－2R T 型解码网络的原理图

其中，虚线框中为 R－2R 的 T 型解码网络（桥上电阻均为 R，桥臂电阻为 $2R$）；OA 为运算放大器，也可外接，A 点为虚拟地，接近 0 V；V_{REF} 为参考电压，由稳压电源提供；$S_3 \sim S_0$ 为电子开关，受 4 位 DAC 寄存器中 b3b2b1b0 控制。bi＝1 时，开关置向右方，是加权电阻与电流输出端 I_{OUT1} 接通；bi＝0 时，开关置向左方，是加权电阻与电流输出端 I_{OUT2} 接通。由于 I_{OUT2} 接地，I_{OUT1} 为虚地，所以

$$I = \frac{V_{REF}}{\sum R}$$

流过每个权电阻 R_i 的电流依次为：

$$\begin{cases} I_1 = (1/2^n) \times (V_{REF}/\sum R) \\ I_1 = (1/2^{n-1}) \times (V_{REF}/\sum R) \\ \vdots \\ I_n = (1/2^1) \times (V_{REF}/\sum R) \end{cases}$$

由于 I_{OUT1} 端输出的总电流是置“1”各位加权电流的总和，I_{OUT2} 端输出的总电流是置“0”各位加权电流的总和，所以，当 D/A 转换器输入为全“1”时，I_{OUT1} 和 I_{OUT2} 分别为

$$\begin{cases} I_{OUT1} = (V_{REF}/\sum R) \times (1/2^1 + 1/2^2 + \cdots + 1/2^n) \\ I_{OUT2} = 0 \end{cases}$$

当运算放大器的反馈电阻 R_f 等于反相端输入电阻 ΣR 时，其输出模拟电压为

$$V_{OUT1}=-I_{OUT1}\times R_f=-V_{REF}(1/2^1+1/2^2+\cdots+1/2^n)$$

对于任意二进制码，其输出模拟电压为

$$V_{OUT1}=-V_{REF}(a_1/2^1+a_2/2^2+\cdots+a_n/2^n)$$

式中，$a_i=1$ 或 $a_i=0$。由此式便可得到相应的模拟量输出。

(2) D/A 转换器的性能指标

DAC 性能指标是选用 DAC 芯片型号的依据，也是衡量芯片质量的重要参数。

1) 分辨率

分辨率(Resolution)是指 DAC 能分辨的最小输出模拟增量，取决于输入数字量的二进制位数。一个 n 位的 DAC 所能分辨的最小电压增量定义为满量程值的 2^{-n} 倍。例如，满量程为 10 V 的 8 位 DAC 芯片的分辨率为 $10\text{ V}\times2^{-8}=39\text{ mV}$；而一个相同满量程的 16 位 DAC 的分辨率却可高达 $10\text{ V}\times2^{-16}=153\ \mu\text{V}$。

2) 转换精度

转换精度(Conversion Accuracy)是指满量程时 DAC 的实际模拟输出值和理论值的接近程度。R－2R 的 T 型解码网络 DAC 的转换精度和参考电压 V_{REF}、电阻值以及电子开关的误差有关。例如，满量程时理论输出值为 10 V，假设其实际输出值是在 9.99～10.01 V 之间，那么其转换精度为±10 mV。通常情况下，DAC 的转换精度为分辨率的一半，即 LSB/2。LSB 为分辨率，是最低一位数字量变化引起的幅度变化量。

3) 偏移误差

偏移误差(Offset Error)是指输入数字量为零时，输出模拟量对零的偏移值。这种误差通常可以通过 DAC 的外接 V_{REF} 和电位计加以调整。

4) 线性度

线性度(Linearity)是值 DAC 的实际转换特性曲线和理想直线之间的最大偏差。通常，线性度不应超过 $\pm\frac{1}{2}$LSB。

(3) DAC0832

目前市场销售的 D/A 转换器件按其输出信号情况，可分为两类，即电流输出型和电压输出型。按控制应用的外接引脚情况，也可分为两类，其中一类不带使能端和控制端，只有数字量输入和模拟量输出线，在电子电路中应用；另一类带有使能端和控制端，可以直接与微处理器进行控制连接，专门应用于微处理器设计应用电路。

DAC0832 是一种电流输出型 D/A 转换器，可与微处理器直接进行控制连接，是美国国民半导体公司(National Scmiconductor Corporation)研制的一种 8 位 D/A 转换芯片。此外，还有 DAC0830 和 DAC0831。由于器件采用先进的 CMOS 工艺，因此功耗低、输出漏电流误差较小。因性价比较高，因此广泛应用于目前很多小型 D/A 转换电路设计中。DAC0832 芯片

外观及引脚图如图 4.5.17 所示，其内部结构原理框图如图 4.5.18 所示。

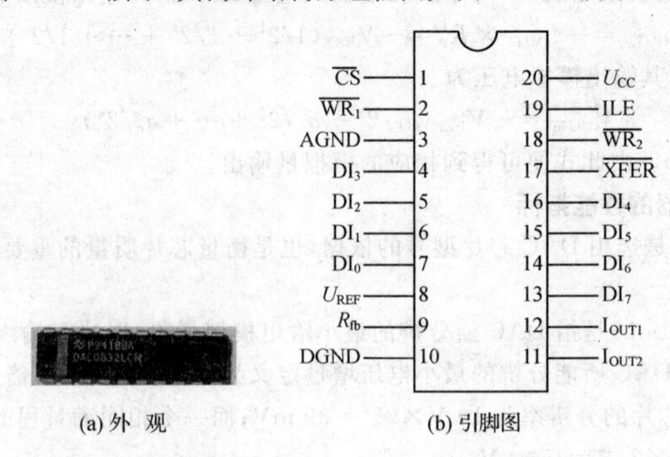

(a) 外 观 (b) 引脚图

图 4.5.17 DAC0832 芯片外观及引脚图

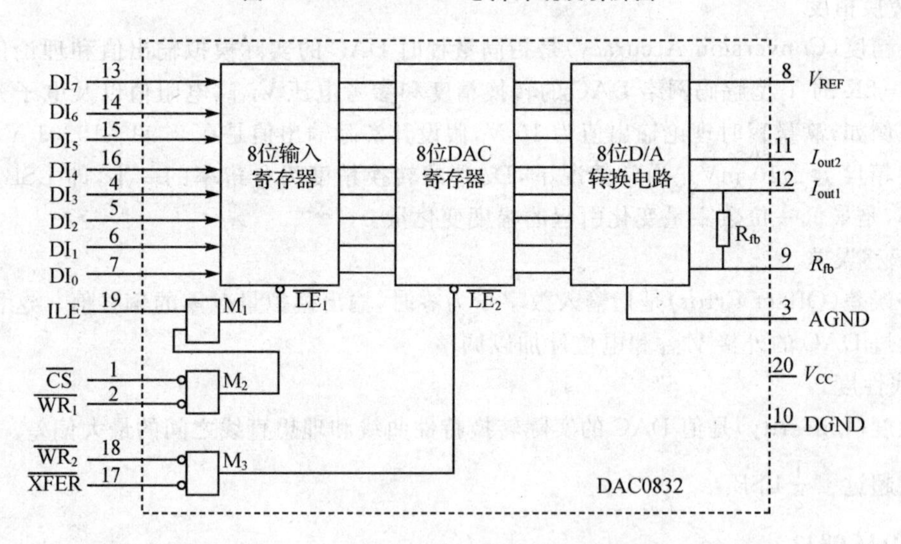

图 4.5.18 DAC0832 芯片内部结构原理框图

1）芯片引脚介绍如下：

ⓐ **数字量输入线 $DI_7 \sim DI_0$（8 条）**

$DI_7 \sim DI_0$ 常和 CPU 的数据总线相连，用于输入 CPU 送来的待转换数字量，DI_7 为最高位。

ⓑ **控制线（5 条）**

$\overline{CS}$为片选线。当它为低电平时，器件被选中工作；当它为高电平时，器件不被选中工作。

ILE 为允许数字量输入线。当 ILE 为高电平时，“8 位输入寄存器”允许数字量输入。

$\overline{XFER}$为传送控制输入线，低电平有效。

$\overline{WR_1}$和$\overline{WR_2}$为两条写命令输入线。$\overline{WR_1}$用于控制数字量送到输入寄存器。当ILE为“1”且$\overline{CS}$、$\overline{WR_1}$为“0”时，则“与门”M_1输出高电平，“8位输入寄存器”接收信号。当上述条件不是同时满足时，则M_1输出由高变低，“8位输入寄存器”锁存数据。$\overline{WR_2}$用于控制D/A转换的时间。当$\overline{XFER}$和$\overline{WR_2}$同时为低电平时，M_3输出高电平，“8位DAC寄存器”输出跟随输入。否则，M_3输出由高变低，“8位DAC寄存器”锁存数据。$\overline{WR_1}$和$\overline{WR_2}$的脉冲宽度要求不小于500 ns，即便V_{CC}提高到15 V，其脉宽也不应小于100 ns。

ⓒ 输出线(3条)

R_{fb}为运算放大器反馈线，常接到运算放大器输出端。I_{OUT1}和I_{OUT2}为两条模拟电流输出线。$I_{OUT1}+I_{OUT2}$为一个常数。即若输入数字量为全“1”，则I_{OUT1}为最大，I_{OUT2}为最小；若输入数字量为全“0”，则I_{OUT1}为最小，I_{OUT2}为最大。为了保证额定负载下输出电流的线性度，I_{OUT1}和I_{OUT2}引脚线上的电位必须尽量接近地电平。为此，I_{OUT1}和I_{OUT2}通常接到运算放大器的输入端。

ⓓ 电源线(4条)

V_{CC}为电源输入线，可在＋5～＋15 V之间。V_{REF}为参考电压，一般在－10～＋10 V之间。V_{CC}和V_{REF}由稳压电源提供。DGND为数字量地线，AGND为模拟量地线，通常是将二者接在一起。

2）DAC0832的工作方式

DAC0832的输出是电流型的，在其输出端外接运算放大器后就可实现输出电压值。根据对其控制线连接信号情况的不同，其工作方式可分为单级缓冲方式、双级缓冲方式以及直接驱动方式3种。

ⓐ 单级缓冲方式

单级缓冲方式是使DAC0832两个输入寄存器（$\overline{WR_1}$和$\overline{WR_2}$）中的一个处于直通方式，而另一个处于受控的锁存方式，也可以使两个寄存器同时选通及锁存。在实际应用中，如果只有一路模拟量输出，或虽有几路模拟量输出但并不要求同步的情况下，就可采用单级缓冲方式。其连接电路如图4.5.19(a)所示。

ⓑ 双级缓冲方式

双级缓冲方式是把DAC0832的两个锁存器都接成受控方式。芯片中有个数据寄存器，这样就可以将8位输入数据先保存在输入寄存器中；当需要D/A转换时，再将此数据从输入寄存器送至DAC寄存器中锁存并进行D/A转换输出。双级缓冲方式的连接电路如图4.5.19(b)所示。

采用两级缓冲型工作方式：当输入数据在更新期间模拟量输出也随之出现不稳定时，则可以在上一次模拟量输出的同时将下一次要转换的数据事先存入“输入寄存器”中，从而克服不稳定现象并提高数据转换速度。用此种工作方式还可以同时更新多个数/模转换器的输出，还能给多个D/A器件的系统和多处理机系统中的D/A器件协调工作带来方便。

ⓒ **直接驱动方式**

直接驱动方式中，输入锁存器和数据寄存器均处于直通方式，此时，只要有数据输入，器件就会进行D/A转换，连接电路如图4.5.19(c)所示。

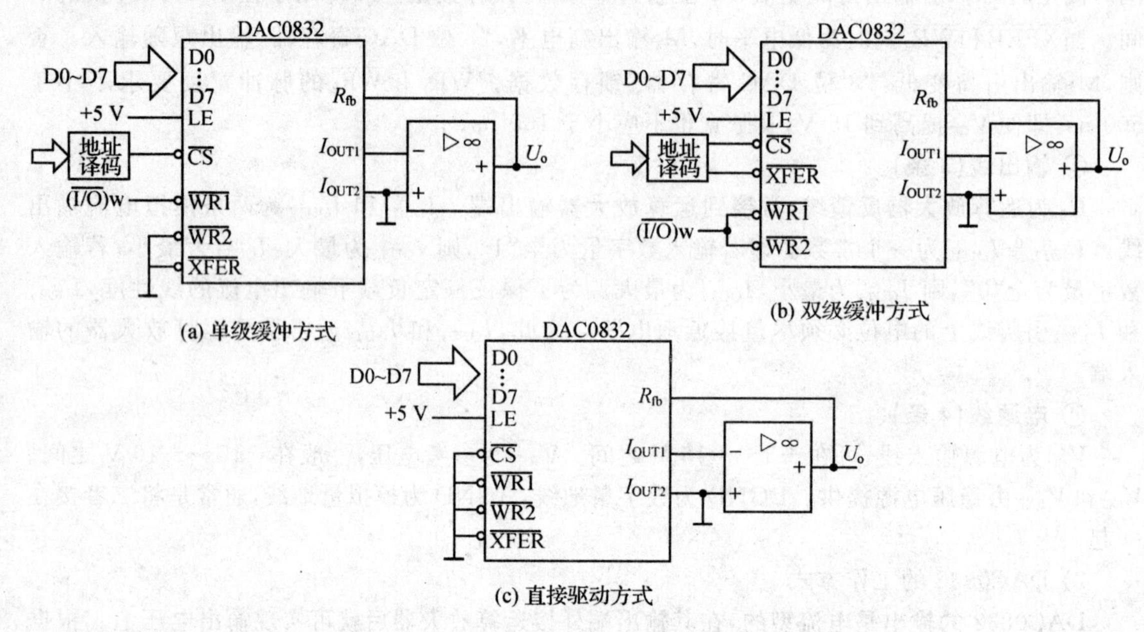

图4.5.19　DAC0832工作方式

2. 设计任务及思路分析

1) 设计任务及要求

设计一个基于单片机的简易智能信号源发生器，要求能产生方波、锯齿波、三角波、正弦波等波形。波形输出的类型、幅度和频率均由相应的控制按键允许用户选择设置。另外，当前输出波形的类型要有相应的指示灯提示。

2) 设计思路分析

根据设计任务要求，在设计前应当了解其基本构成有如下几个部分：单片机、D/A转换电路、按键、指示灯，各部分之间的关系如图4.5.20的设计框图所示。

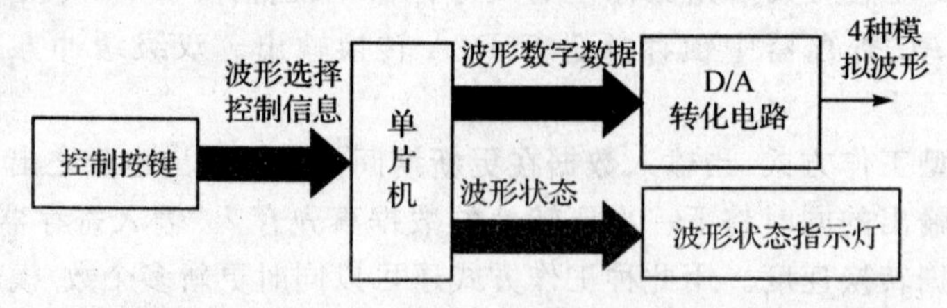

图4.5.20　基于单片机的简易智能信号源发生器设计框图

3. 硬件设计

首先，因信号源发生器由单片机控制，同时需要产生多种波形，因而必然用到 D/A 转换电路，这里采用 DAC0832 芯片，且选择直接驱动方式，即将 $\overline{CS}$、$\overline{WR1}$、$\overline{WR2}$和 XFER 均与地相接。如此一来，当单片机送来待转换的数字信号时，芯片自动进行 D/A 转换。芯片的外围通过两级运算放大器，则由 DAC0832 转换出来的电流信号就能转变成双极性的电压信号。本设计中采用的 D/A 转换电路图如图 4.5.21 所示。

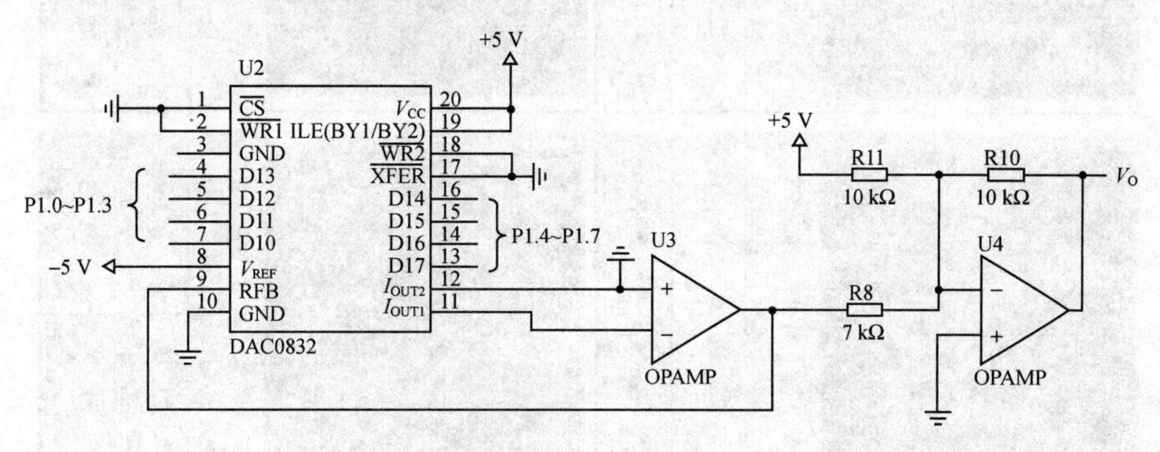

图 4.5.21　D/A 转换电路图

其次，设计中要求能由用户对输出波形的类型、幅度和频率进行选择控制，因此必须设置按键组或小型键盘。本设计中采用一个按键作为波形选择按键，每按动一次，可使波形类型发生一次改变。另外，输出波形的幅度和频率值进行调节，无外乎各两种情况，即增大或减小，因此，还应设有增幅、减幅、增频和减频 4 个按键。

另外，设计中要求对当前输出的波形类型用指示灯来提示。针对本设计中输出的波形类型(有方波、锯齿波、三角波和正弦波 4 种)，因此至少应设有 4 个指示灯来表示当前的输出情况。这部分的显示设计，读者可考虑添加或改进的空间比较大。如可用数码管显示输出波形的幅度、频率值，还可设置幅度与频率增减的具体数值显示。另外，读者还可将目前的波形类型指示灯改成波形名称显示，即用 LCD 显示波形名称，如此一来，波形的一些设置信息就也可以用 LCD 来显示。

最后，DAC0832 的数据输入线接单片机的 P1 口；单片机的 P3.0、P3.1、P3.2、P3.5 和 P3.6 这 5 个引脚分别与增幅、减幅、波形选择、减频以及增频 5 个按键的一端相连，按键的另一端都是与地相连；单片机的 P0.0～P0.3 共 4 个引脚则分别与方波、三角波、正弦波以及锯齿波 4 种波形对应的指示灯负极相连。

图 4.5.22 为 Proteus 仿真时，在虚拟示波器上显示的系统电路输出的波形图。

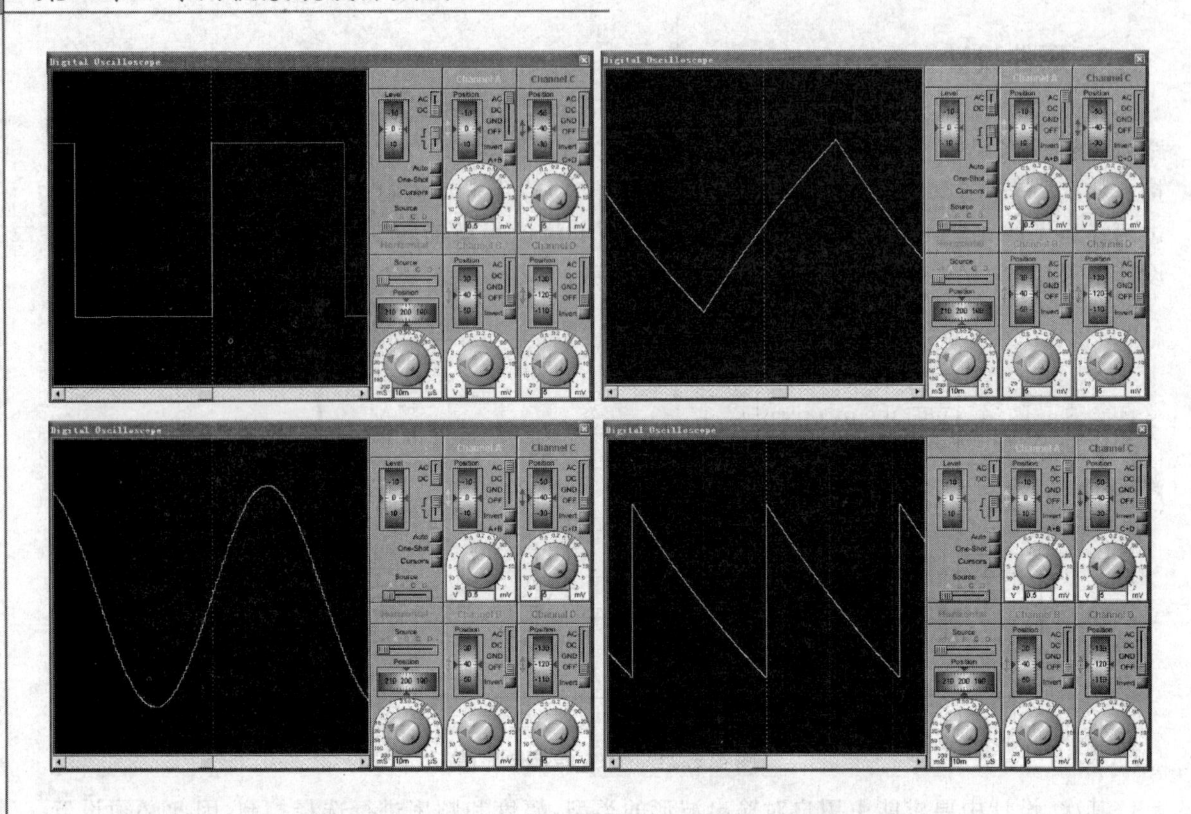

图 4.5.22　Proteus 仿真中虚拟示波器的输出波形情况

4. 软件设计

(1) 设计思路分析

本系统主程序设计中，主要是处理好几个硬件功能在程序执行上的次序，具体处理则可放到子程序中。

本系统软件设计中的子程序中主要包括了两个大的方面，其一为波形产生子程序，其二为按键处理子程序。

① 按键处理子程序相对比较简单，只需要先扫描是否有按键动作，然后，再根据按键对应的功能进行程序操作。对于增、减幅按键的动作，可先检查当前输出的波形是否为正弦波。若非正弦波，则可令幅度值加 5 或减 5；如为正弦波，则可通过减少其幅值计算时的负倍数来达到增大幅值的目的，也可通过增加其幅值计算时的负倍数来达到减小幅值的目的。

对于增、减频按键的动作，由于本程序设计是通过调节延时时间来实现调节输出波形频率的，因此，增大或减小延时时间，就可达到减小或增大频率的目的。

② 波形产生子程序是本次设计的核心。信号发生器输出 4 种波形，因而对应就会有 4 个相应的波形产生子程序。现对其程序编写的思路分别予以介绍。

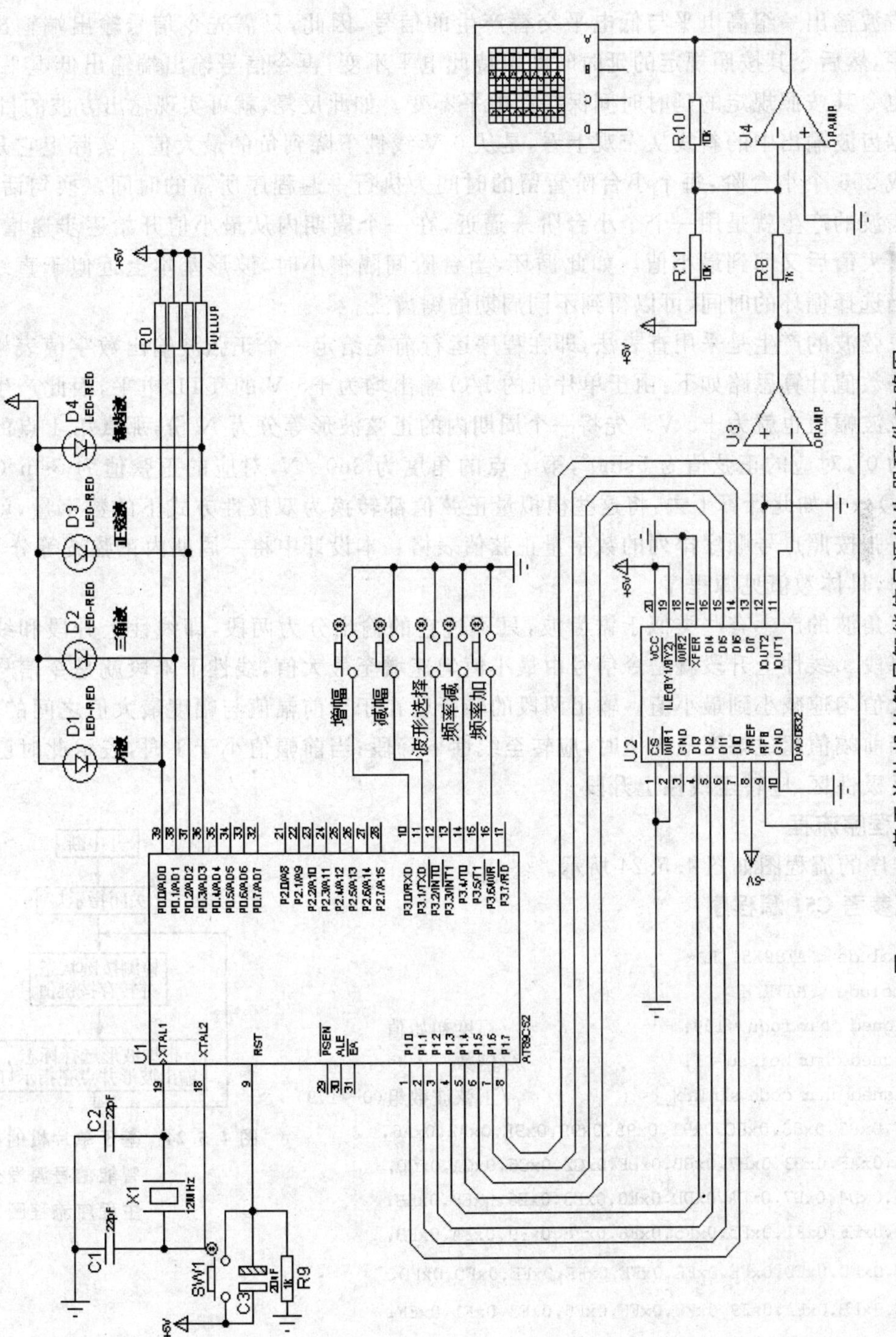

图 4.5.23　基于单片机的简易智能信号源发生器硬件电路图

- 方波输出一组高电平与低电平交替产生的信号,因此,只需先令信号输出端输出高电平,然后令其按照规定的延时时间保持此电平不变;再令信号输出端输出低电平,然后也令其按照规定的延时时间保持此电平不变。如此反复,就可实现输出方波的目的。
- 锯齿波输出中的斜线从宏观上看,是从0 V线性下降到负的最大值。实际上它是被分成256个小台阶,每个小台阶暂留的时间为执行一遍程序所需的时间。换句话说,锯齿波的产生就是用一个个小台阶来逼近,在一个周期内从最小值开始逐步递增,达到最大值后又回到最小值。如此循环,当台阶间隔很小时,波形基本上近似于直线。适当选择循环的时间,可以得到不同周期的锯齿波。
- 正弦波的产生是采用查表法,即在程序运行前先给定一个正弦波输出数字值表格。表格数值计算思路如下:由于单片机的I/O输出均为+5 V的TTL电平,因此产生的正弦波幅值也就为+5 V。先将一个周期内的正弦波形等分为N份,那么第1点的角度为0°,对应的正弦值为5sin0°,第2点的角度为360°/N,对应的正弦值为5sin(360°/N)……如此计算下去,将这些模拟量正弦值都转换为双极性方式下的数字量,就得到一张按照点号顺序排列的数字量正弦值表格。本设计中将一周期内正弦波等分为180份,具体数值见源程序。
- 三角波的产生有些类似于锯齿波,只不过它的输出分为两段,即线性上升段和线性下降段。线性上升段就是令信号由最小值匀速增至最大值,线性下降段就是令信号由最大值匀速减小到最小值。输出两段的转折就在于当前幅值与幅度最大值之间的关系,当前幅值超过幅度最大值时,应转至线性下降段;当前幅值小于1时,表示此时已处于负极性区,应转至线性上升段。

(2) 程序流程

主程序的流程图如图4.5.24所示。

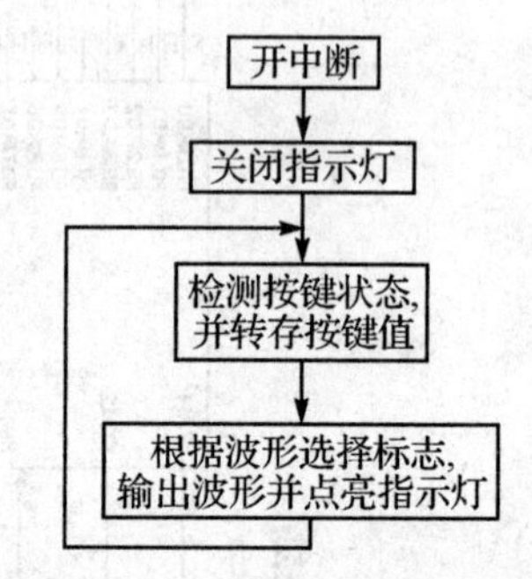

图4.5.24 基于单片机的简易智能信号源发生器主程序流程图

(3) 参考C51源程序

```
#include <AT89X51.H>
#include <MATH.H>
unsigned char fudu = 199;                    //幅度初始值
unsigned char beishu = 1;                    //倍数
unsigned char code sinTab[] = {              //正弦波数组(0～179)
0x7F,0x83,0x88,0x8C,0x91,0x95,0x99,0x9E,0xA2,0xA6,
0xAA,0xAF,0xB3,0xB7,0xBB,0xBF,0xC2,0xC6,0xCA,0xCD,
0xD1,0xD4,0xD7,0xDA,0xDD,0xE0,0xE3,0xE6,0xE8,0xEB,
0xED,0xEF,0xF1,0xF3,0xF5,0xF6,0xF8,0xF9,0xFA,0xFB,
0xFC,0xFD,0xFD,0xFE,0xFE,0xFE,0xFE,0xFE,0xFD,0xFD,
0xFC,0xFB,0xFA,0xF9,0xF8,0xF6,0xF5,0xF3,0xF1,0xEF,
0xED,0xEB,0xE8,0xE6,0xE3,0xE0,0xDD,0xDA,0xD7,0xD4,
```

```
0xD1,0xCD,0xCA,0xC6,0xC2,0xBF,0xBB,0xB7,0xB3,0xAF,
0xAA,0xA6,0xA2,0x9E,0x99,0x95,0x91,0x8C,0x88,0x83,
0x7F,0x7B,0x76,0x72,0x6D,0x69,0x65,0x60,0x5C,0x58,
0x54,0x4F,0x4B,0x47,0x43,0x3F,0x3C,0x38,0x34,0x31,
0x2D,0x2A,0x27,0x24,0x21,0x1E,0x1B,0x18,0x16,0x13,
0x11,0x0F,0x0D,0x0B,0x09,0x08,0x06,0x05,0x04,0x03,
0x02,0x01,0x01,0x00,0x00,0x00,0x00,0x00,0x01,0x01,
0x02,0x03,0x04,0x05,0x06,0x08,0x09,0x0B,0x0D,0x0F,
0x11,0x13,0x16,0x18,0x1B,0x1E,0x21,0x24,0x27,0x2A,
0x2D,0x31,0x34,0x38,0x3C,0x3F,0x43,0x47,0x4B,0x4F,
0x54,0x58,0x5C,0x60,0x65,0x69,0x6D,0x72,0x76,0x7B
};
unsigned char k = 1,flag = 0,s_Counter = 0,set = 1,NUM[8];        //set 波形选择标志
/****主程序****/
void main()
{
  EA = 1;                                          //开中断
  EX1 = 1;
  while(1)
  {
  P0 = 0xff;                                       //将指示灯全关闭
  if(P3_0 == 0)scan_k0();                          //减幅
  if(P3_1 == 0)scan_k1();                          //增幅
  if(P3_4 == 0)scan_k4();                          //减频
  if(P3_6 == 0)scan_k6();                          //增频
  if(P3_2 == 0)scan_k2();
  switch(set)                                      //波形选择输出
    {
  case 1:fang();                                   //产生方波
        P0 = 0x0e;                                 //方波指示灯亮
         break;
  case 2:sanjiao();                                //产生三角波
        P0 = 0x0d;                                 //三角波指示灯亮
         break;
  case 3:zhengxian();                              //产生正弦波
        P0 = 0x0b;                                 //正弦波指示灯亮
         break;
 case 4:juchi();                                   //产生锯齿波
        P0 = 0x07;                                 //锯齿波指示灯亮
```

```
            break;
        }
    }
}
void delay(unsigned char g){                            //延时 g ms
    unsigned char i,j;
    for(i = 0;i<g;i ++ ){
    for(j = 0;j<121;j ++ ){;}}
}
void fang()                                             //产生方波子程序
{
    if(flag == 0)
{
if(s_Counter ++ > = 199)
{
flag = 1;
s_Counter -- ;
}
P1 = fudu;                                              //输出高电平
}
else
{
if(s_Counter -- < = 1)
{
flag = 0;
}
P1 = 0;                                                 //输出低电平
}
delay(k);                                               //延时 1 ms
}

void sanjiao()                                          //产生三角波子程序
{
if(flag == 0)                                           //目前处于线性上升段
{
if(s_Counter ++ > = fudu)                               //若达到幅值最大值,则使波形处于线性下降段
{
flag = 1;
}
```

```
}
else
{
if(s_Counter-- <= 1)                     //若小于1,表示现在处于负极性端,应使波形处
                                         //于线性上升段
{
flag = 0;
}
}
P1 = s_Counter;                          //输出实际的幅值
delay(k);
}
void juchi()                             //产生锯齿波程序
{
if(s_Counter++ >= fudu)
    {
    s_Counter = 0;
    }
P1 = s_Counter;
delay(k);
}
void zhengxian()                         //产生正弦波程序
{
     unsigned char k1 = 2 * k;
        P1 = sinTab[s_Counter]/beishu;   //取正弦波代码
        s_Counter++;
        if(s_Counter >= 180)
        {
               s_Counter = 0;

        }

        delay(k1);
}
/****波形选择按键处理子程序****/
void scan_k2()                           //扫描波形选择按键按下的次数
{
  unsigned int i;
  if(P3_2 == 0)set++;                    //每动作一次,波形选择标志加1
```

```
        if(set>=5)set=1;
        while(P3_2==0);
        for(i=0;i<1000;i++);
            while(P3_2==0);
    }
/****减频按键处理子程序****/
 void scan_k4()        /*扫描减频按键,增加 k 值降低频率(1=<k<=10),*/
{
    unsigned int i;
    if(P3_4==0)
    {
    for(i=0;i<1000;i++);
    if(P3_4==0)
    if(k<11)k++;;                                    //增加 K 值,频率降低
    }
        while(P3_4==0);
}
/****增频按键处理子程序****/
void scan_k6()    /*扫描增频按键,减小 k 值增加频率(1=<k<=10),*/
{
    unsigned int i;
    if(P3_6==0)
    {
    for(i=0;i<1000;i++);
    if(P3_6==0)
    if(k>1)k--;;
    }
        while(P3_6==0);
}
void scan_k0()                                       //增幅按键处理子程序
{unsigned int i;
     if(P3_0==0)
        {
        for(i=0;i<1000;i++);
        if(P3_0==0)
         {

          if(set==3&&beishu>1)                     //表示此时输出为正弦波
               beishu--;                           //倍数减 1
```

```
            else if(fudu<250) fudu = fudu + 5;          //幅度小于250的前提下,则加5
            }
        }
            while(P3_0 == 0);
}
void scan_k1()                                          //减幅按键处理子程序
{unsigned int i;

    if(P3_1 == 0)
      {
      for(i = 0;i<1000;i++);
      if(P3_1 == 0)
      {
    if(set == 3&&beishu<12)                             //表示此时输出为正弦波
          beishu++;                                     //倍数加1
    if(fudu>40) fudu = fudu - 5;                        //幅度大于40的前提下,减5
    }
    }
    while(P3_1 == 0);
}
```

4.6 本章小结

本章从显示、温度、电机、声音以及通信5个方面的单片机控制系统的设计出发介绍了单片机系统设计的原理、方法、过程。在分析各系统设计思路的同时,也为今后系统功能改进提供了一些可供参考的改进方案。本章在所有12个设计系统介绍中,均提供了详细的C语言参考源程序。通过阅读和学习参考源程序,读者可更快地学会编写C语言程序,从而收到事半功倍的效果。

附录A 自学体验推荐设计题

1. 智能出租车计费控制系统

设计功能:要求通过单片机控制,能用键盘人工设置计费的起始单价、当前日期时间等,自动检测行驶里程,并用液晶显示器显示最终的行驶里程、车费、日期等信息。

2. 智能楼宇控制系统

设计功能:要求通过单片机控制,系统控制对象包括教学楼层的电铃、楼层走廊电灯。通过键盘设置默认的打铃时间,灯的亮灭也要有控制时段。通过数码管或其他显示器显示当前时间以及下一次打铃的时间。

3. 基于单片机的室内报警器

设计功能:通过单片机检测室内红外传感装置的信息,以便判断室内是否有人,从而决定报警与否。要有人工监控装置,以便在正常时段决定何时启用报警检测。

4. 基于单片机的汉字多方式显示广告牌

设计功能:利用单片机控制点阵或液晶显示器,使其按照键盘设置的不同方式显示多种不同格式的汉字以及字符。

5. 基于单片机的频率、电压检测系统

设计功能:显示电路中采集到信号的频率及电压,同时设置一个标准值;当信号值超过标准值时,要进行一定的报警提示。

6. 电热锅炉温度控制系统

设计功能:通过系统检测电热锅炉的温度,用显示器显示实时的温度值。当温度高于设定温度时,系统控制降温装置启动;当温度低于设定温度时,系统控制升温装置启动。

7. 电动自行车通用智能充电器

设计功能:通过键盘设置当前使用的电池种类信息,系统控制充电的电压及电流,以便满足设置电池的不同要求。

8. 基于单片机的智能照明控制系统

设计功能:系统控制照明电路的电源供电情况。通过检测光照和红外线两种信息,当检测到光照比较亮且室内无人时，自动切断照明电路的电源。

9. 基于单片机的多路数据采集系统

设计功能：利用系统检测并采集多路模拟信号数据，数据电压范围在设计系统时自行设定，系统通过显示器件显示检测的电压值，不同路的数据应分别显示。

10. 基于单片机的汽车防护系统

设计功能：设计一个汽车防护系统，在行车时可以监视后方车辆的车距状态；倒车时可以有倒车安全距离的提醒；离开车辆时可以有电源锁加密以及无线遥控防盗报警双重保护功能。

附录 B

C51 中的关键字

关键字	用 途	说 明
auto	存储种类说明	用以说明局部变量,默认值为此
break	程序语句	退出最内层循环
case	程序语句	switch 语句中的选择项
char	数据类型说明	单字节整型数或字符型数据
const	存储类型说明	在程序执行过程中不可更改的常量值
continue	程序语句	转向下一次循环
default	程序语句	switch 语句中的失败选择项
do	程序语句	构成 do..while 循环结构
double	数据类型说明	双精度浮点数
else	程序语句	构成 if..else 选择结构
enum	数据类型说明	枚举
extern	存储种类说明	在其他程序模块中说明了的全局变量
flost	数据类型说明	单精度浮点数
for	程序语句	构成 for 循环结构
goto	程序语句	构成 goto 转移结构
if	程序语句	构成 if..else 选择结构
int	数据类型说明	基本整型数
long	数据类型说明	长整型数
register	存储种类说明	使用 CPU 内部寄存的变量
return	程序语句	函数返回
short	数据类型说明	短整型数

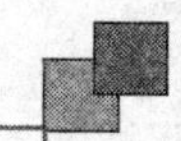

续

关键字	用　途	说　明
signed	数据类型说明	有符号数，二进制数据的最高位为符号位
sizeof	运算符	计算表达式或数据类型的字节数
static	存储种类说明	静态变量
struct	数据类型说明	结构类型数据
swicth	程序语句	构成 switch 选择结构
typedef	数据类型说明	重新进行数据类型定义
union	数据类型说明	联合类型数据
unsigned	数据类型说明	无符号数数据
void	数据类型说明	无类型数据
volatile	数据类型说明	该变量在程序执行中可被隐含地改变
while	程序语句	构成 while 和 do..while 循环结构
bit	位标量声明	声明一个位标量或位类型的函数
sbit	位标量声明	声明一个可位寻址变量
Sfr	特殊功能寄存器声明	声明一个特殊功能寄存器
Sfr16	特殊功能寄存器声明	声明一个 16 位的特殊功能寄存器
data	存储器类型说明	直接寻址的内部数据存储器
bdata	存储器类型说明	可位寻址的内部数据存储器
idata	存储器类型说明	间接寻址的内部数据存储器
pdata	存储器类型说明	分页寻址的外部数据存储器
xdata	存储器类型说明	外部数据存储器
code	存储器类型说明	程序存储器
interrupt	中断函数说明	定义一个中断函数
reentrant	再入函数说明	定义一个再入函数
using	寄存器组定义	定义芯片的工作寄存器

附录 C

PCB 布线实用方法简介

1. PCB 布线的一般准则

(1) 器件布局

既然是采用手工布线，那么第一个步骤就是在板上放置器件。将噪声敏感器件和产生噪声器件分开放置。完成这个任务有两个准则：

① 将电路中器件分成两大类：高速(>40 MHz)器件和低速器件。如有可能的话，将高速器件尽量靠近板的接插件和电源放置。

② 将上述大类再分成 3 个子类：纯数字、纯模拟和混合信号。将数字器件尽量靠近板的接插件和电源放置。

电路板布线时，要将高频元件和数字器件尽量靠近接插件放置。纯模拟器件距离数字器件最远，以确保开关噪声不会耦合到模拟信号路径中。

(2) 地和电源策略

确定了器件的大体位置后，就可以定义地平面和电源平面了。实现这些平面是需要一些策略技巧的。

在 PCB 中不使用地平面是很危险的，尤其是在模拟和混合信号设计中。其一，因为模拟信号是以地为基准的，地噪声问题比电源噪声问题更难应对。例如，A/D 转换器(MCP3201)的反相输入引脚是接地的；其二，地平面对噪声有屏蔽作用。采用地平面可以很容易解决这些问题，但是，如果没有地平面，要克服这些问题几乎是不可能的。“不需要地平面”的理论还行得通吗？这可以通过数据来验证。

A/D 转换器输出数字码的噪声可归因于运放的噪声和缺少抗信号混叠滤波器。如果电路中有“最少”量的数字电路，可能只需要一个地平面和一个电源平面。“最少”可由电路板设计人员定义。将数字和模拟地平面连接在一起的危险在于模拟电路会从电源引脚引入噪声，并将噪声耦合到信号路径中。在电路的一点或多点上，要将模拟电路和数字电路的地和电源连接在一起，以确保所有器件的电源、输入和输出共地，其标称值不会被破坏。

在 12 位系统中，电源平面并不像地平面那么重要。尽管电源平面可以解决许多问题，使电源线比电路板上其他走线宽两倍或三倍，以及有效使用旁路电容，都可以降低电源的噪声。

(3) 信号线

电路板(包括数字和模拟电路)上的信号线要尽量短。这个基本准则将降低无关信号耦合到信号路径的可能性。尤其要注意的是模拟器件的输入端,这些输入端通常比输出引脚或电源引脚具有更高的阻抗。例如,A/D 转换器的参考电压输入引脚在进行转换期间是最敏感的。运放的输入端也可能在信号路径中引入噪声。

高阻抗输入端对于输入电流比较敏感。如果从高阻抗输入端引出的走线靠近有快速变化电压的走线(如数字或时钟信号线),就会发生这种情况,此时电荷通过寄生电容耦合到高阻抗走线中。

这两条走线之间的关系如图 C.1 所示。图中,两条走线之间寄生电容的值主要取决于走线之间的距离(d)以及两条走线保持平行的长度(L)。通过这个模型,高阻抗走线中产生的电流等于:

$$I = C\mathrm{d}V/\mathrm{d}t$$

其中,I 是高阻抗走线上的电流,C 是两条 PCB 走线之间的电容值,dV 是有开关动作的走线上的电压变化,dt 是电压从一个电平变化到下一个电平所用的时间。

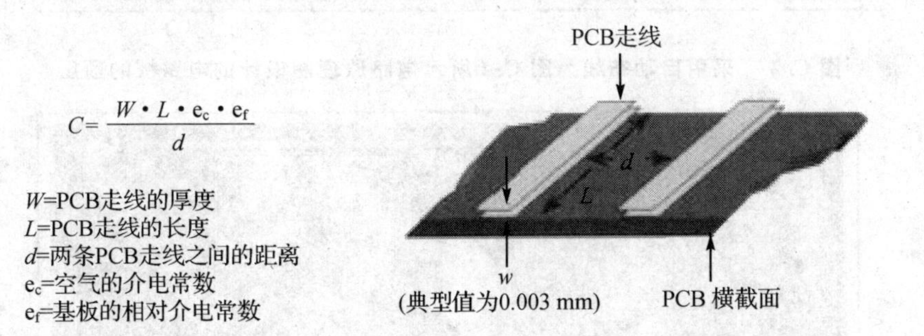

图 C.1　PCB 走线上产生寄生电容公式

2. 双面板布线技巧

在当今激烈竞争的电池供电市场中,由于成本指标限制,设计人员常常使用双面板。尽管多层板(4 层、6 层及 8 层)方案在尺寸、噪声和性能方面具有明显优势,成本压力却促使工程师们重新考虑其布线策略,采用双面板。

设计 PCB 时,往往很想使用自动布线。通常,纯数字的电路板(尤其信号电平比较低,电路密度比较小时)采用自动布线是没有问题的。但是,在设计模拟、混合信号或高速电路板时,如果采用布线软件的自动布线工具,可能会出现一些问题,甚至带来严重的电路性能问题。

例如,图 C.2 中显示了一个采用自动布线设计的双面板的顶层。此双面板的底层如图 C.3 所示,这些布线层的电路原理如图 C.4 所示。设计此混合信号电路板时,须仔细考虑将器件手工放在板上,以便将数字和模拟器件分开放置。

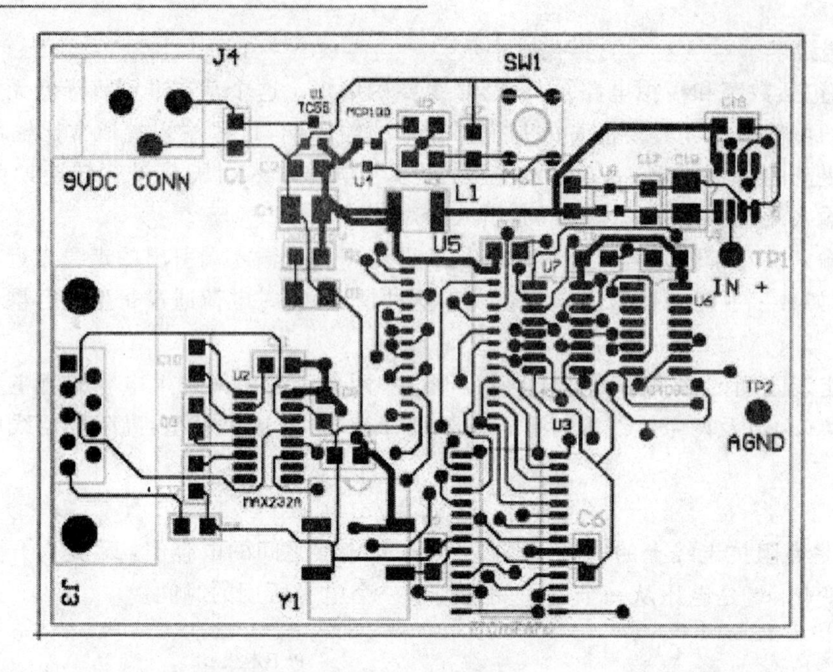

图 C.2　采用自动布线为图 C.4 所示电路原理图设计的电路板的顶层

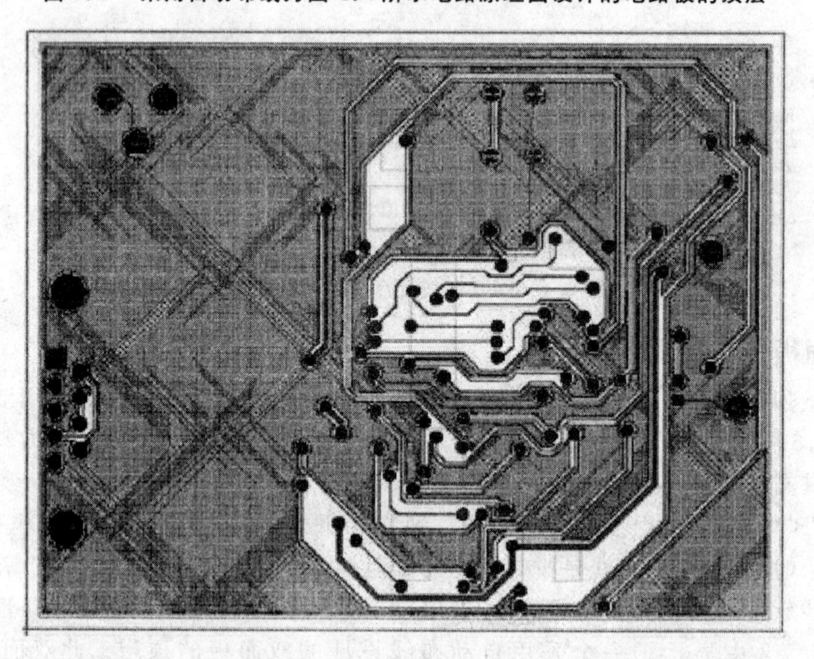

图 C.3　采用自动布线为图 C.4 所示电路原理图设计的电路板的底层

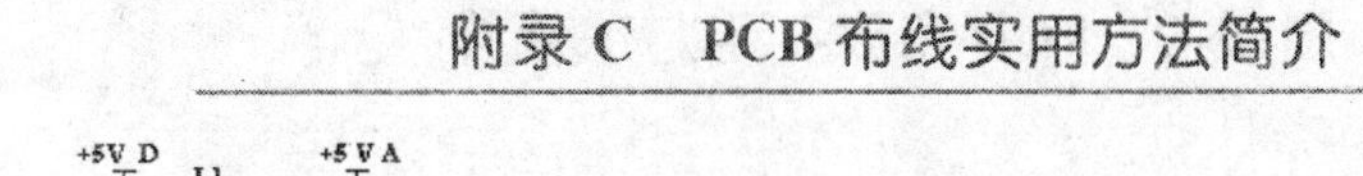

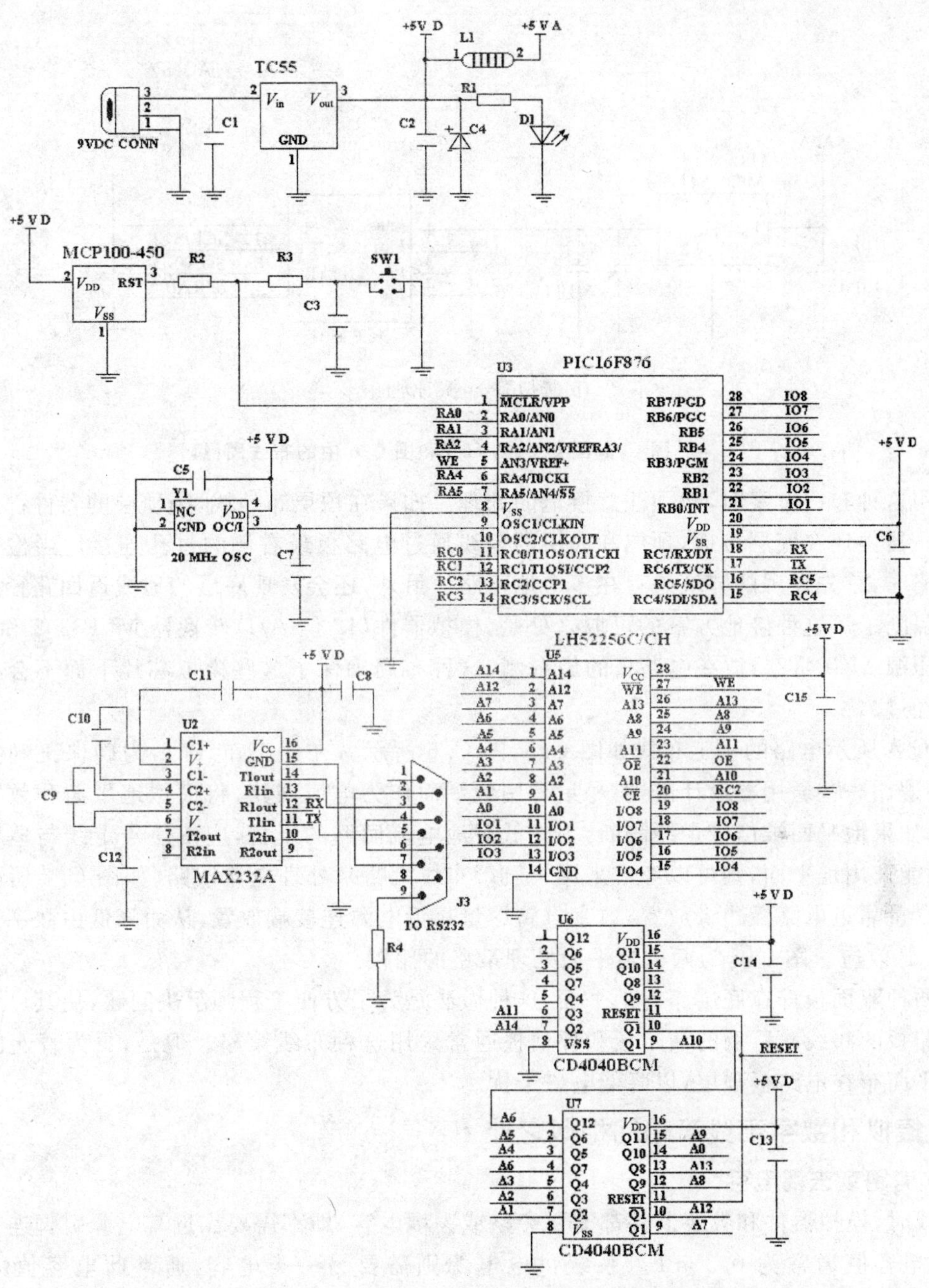

(a) 图C.2、图C.3、图C.5和图C.6中布线的电路原理图

图 C.4　图 C.2、图 C.3、图 C.5 和图 C.6 中的布线图

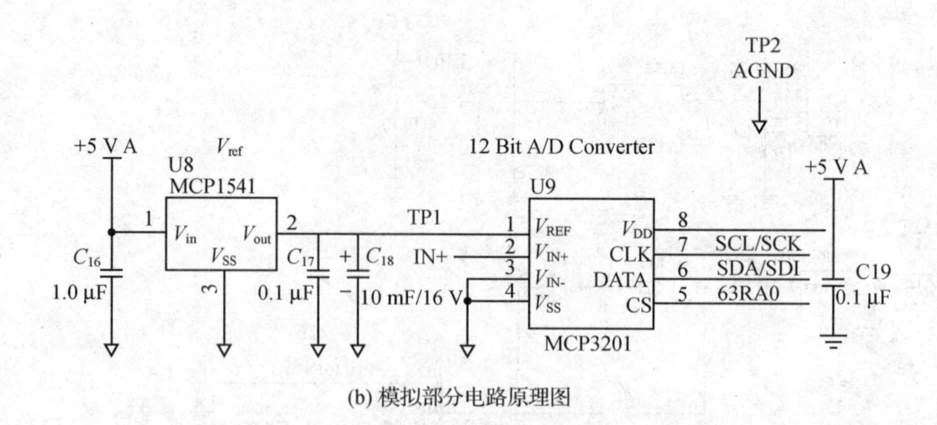

(b) 模拟部分电路原理图

图 C.4　图 C.2、图 C.3、图 C.5 和图 C.6 中的布线图(续)

采用这种布线方案时,必须注意接地的处理。如果在顶层布地线,则顶层的器件都通过走线接地。器件还在底层接地,顶层和底层的地线通过电路板最右侧的过孔连接。当检查这种布线策略时,首先发现的弊端是存在多个地环路。另外,还会发现底层的地线返回路径被水平信号线隔断了。这种接地方案的可取之处是,模拟器件(12 位 A/D 转换器 MCP3202 和 2.5 V 参考电压源 MCP4125)放在电路板的最右侧,这种布局确保了这些模拟芯片下面不会有数字地信号经过。

图 C.4 所示电路的手工布线如图 C.5、图 C.6 所示。在手工布线时,为确保正确实现电路,需要遵循一些通用的设计准则:尽量采用地平面作为电流回路,将模拟地平面和数字地平面分开;如果地平面被信号走线隔断,为降低对地电流回路的干扰,应使信号走线与地平面垂直,若不能采用地平面,则可以考虑采用“星形”布线策略来处理电流回路(如图 C.7 所示);模拟电路尽量靠近电路板边缘放置,数字电路尽量靠近电源连接端放置,从而降低由数字开关引起的 d*i*/d*t* 效应。图 C.8 为两种地平面处理策略的比较。

这两种双面板都在底层布有地平面,这种做法是为了方便工程师解决问题,使其可快速地明了电路板的布线。厂商的演示板和评估板通常采用这种布线策略。但是,更为普遍的做法是将地平面布在电路板顶层,以降低电磁干扰。

3. 模拟和数字布线策略的相似之处

(1) 旁路或去耦电容

布线时,模拟器件和数字器件都需要旁路或去耦电容,即都需要靠近其电源引脚连接一个电容,此电容值通常为 0.1 mF。系统供电电源则需要另一类电容,通常此电容值大约为 10 mF。

旁路或去耦电容的位置如图 C.9 所示,其中圆圈处即为电容。电容取值范围为推荐值的 1/10～10 倍之间。但引脚须较短,且尽量靠近器件(对于 0.1 mF 电容)或供电电源(对于

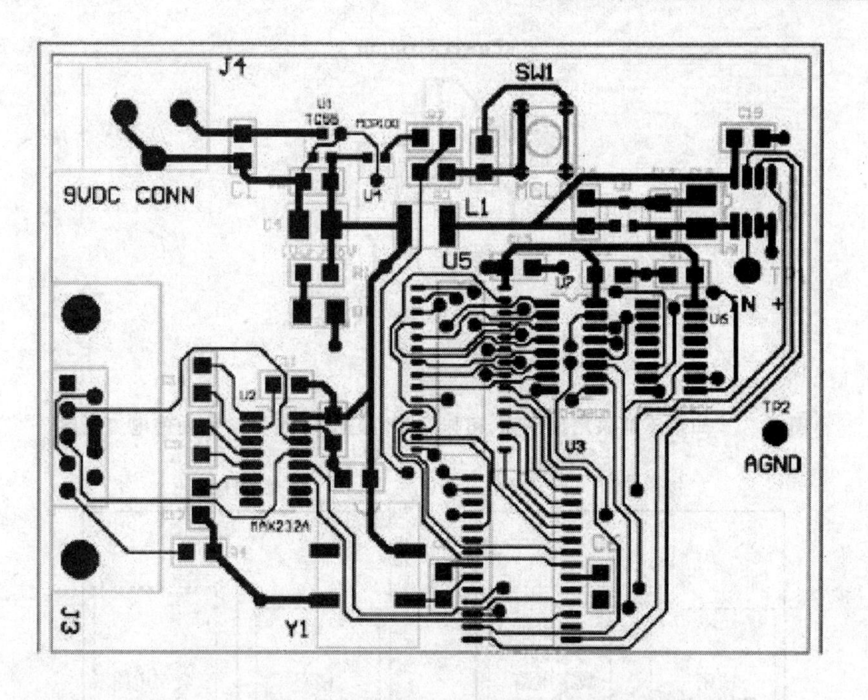

图C.5　采用手工走线为图C.4设计的电路板的顶层

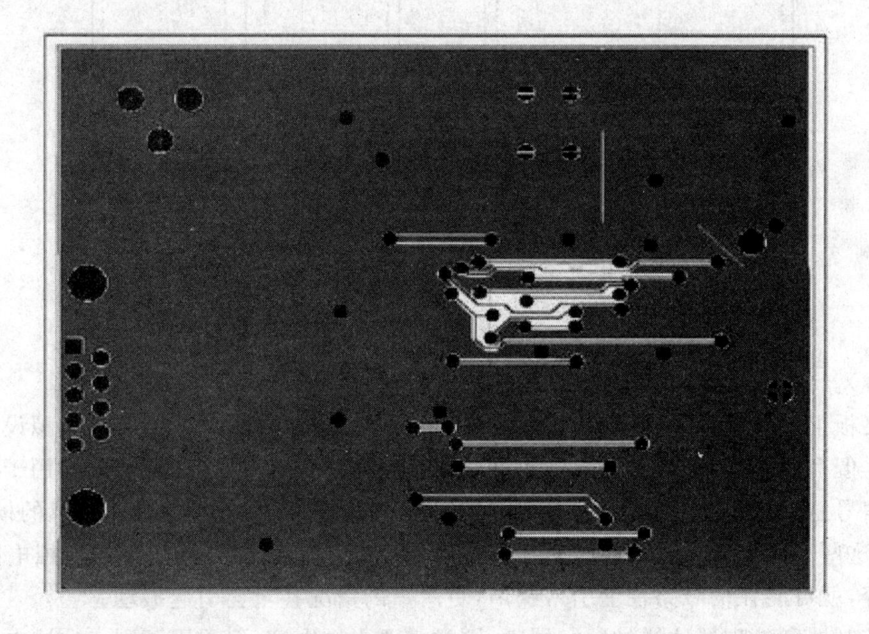

图C.6　采用手工走线为图C.4设计的电路板的底层

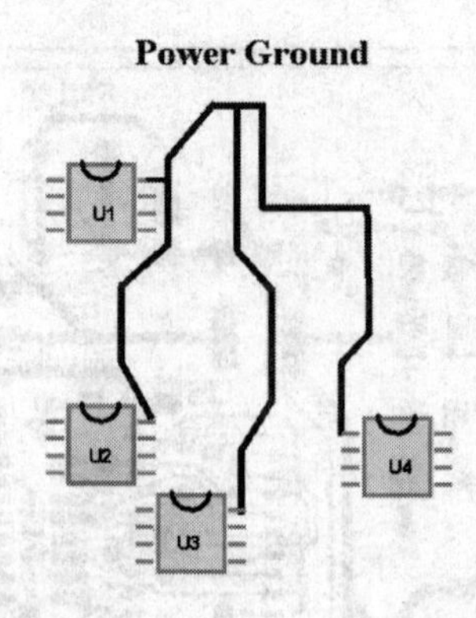

图 C.7 如果不能采用地平面,可以采用“星形”布线策略来处理电流回路

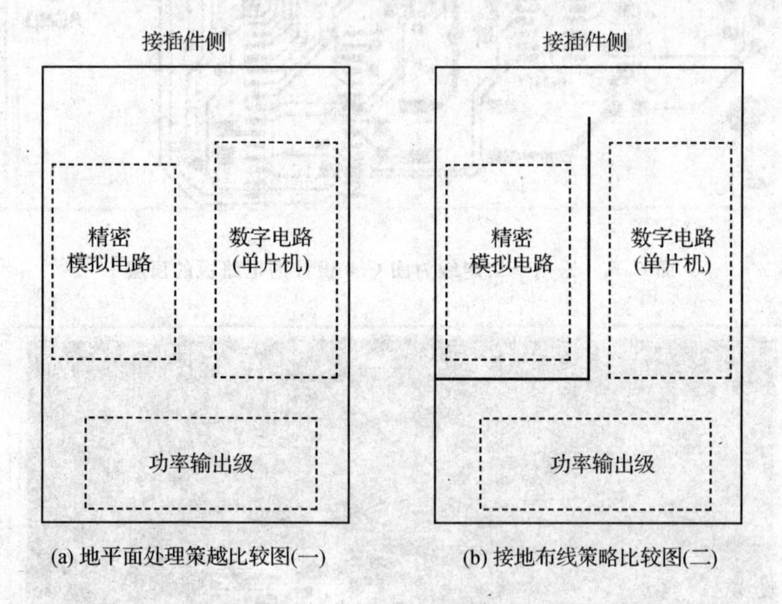

(a) 地平面处理策越比较图(一)

(b) 接地布线策略比较图(二)

图 C.8 地平面处理策越比较图

10 mF 电容)。

在电路板上加旁路或去耦电容,以及这些电容在板上的位置,对于数字和模拟设计来说都属于常识。但有趣的是,其原因却有所不同。在模拟布线设计中,旁路电容通常用于旁路电源上的高频信号;如果不加旁路电容,则这些高频信号可能通过电源引脚进入敏感的模拟芯片。一般来说,这些高频信号的频率超出模拟器件抑制高频信号的能力。如果在模拟电路中不使用旁路电容,就可能在信号路径上引入噪声,更严重的情况甚至会引起振动。

对于控制器和处理器这样的数字器件,同样需要去耦电容,但原因不同。这些电容的一个功能是用作“微型”电荷库。在数字电路中,执行门状态的切换通常需要很大的电流。由于开

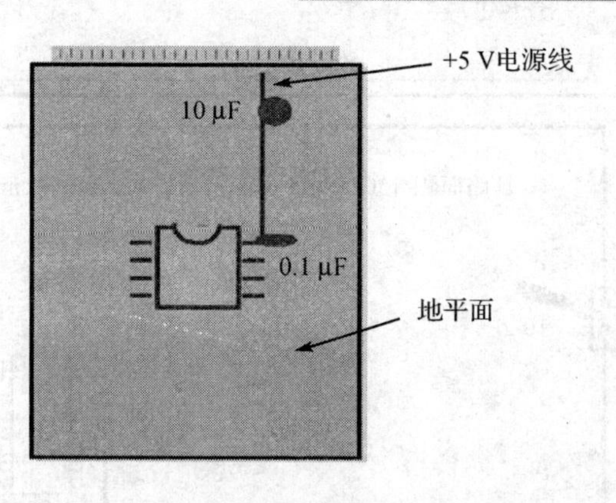

图 C.9　旁路电容与去耦电容的电路板位置示意图

关时芯片上产生开关瞬态电流并流经电路板，有额外的“备用”电荷是有利的。如果执行开关动作时没有足够的电荷，则会造成电源电压发生很大变化。电压变化太大，则会导致数字信号电平进入不确定状态，并很可能引起数字器件中的状态机错误运行。流经电路板走线的开关电流将引起电压发生变化，电路板走线存在寄生电感，可采用如下公式计算电压的变化：

$$V = L\mathrm{d}i/\mathrm{d}t$$

其中，V＝电压的变化；L＝电路板走线感抗；$\mathrm{d}i$＝流经走线的电流变化；$\mathrm{d}t$＝电流变化的时间。

因此，在供电电源处或有源器件的电源引脚处施加旁路(或去耦)电容是较好的做法。

(2) 电源线和地线要布在一起

电源线和地线的位置良好配合，可以降低电磁干扰的可能性。如果电源线和地线配合不当，会设计出系统环路，并很可能产生噪声。电源线和地线配合不当的 PCB 设计示例如图 C.10所示。此电路板上，使用不同的路线来布电源线和地线，由于这种不恰当的配合，电路板的电子元器件和线路受电磁干扰的可能性比较大，且产生出的环路面积达到了 697 cm^2。

图 C.11 所示的单面板中，到电路板上器件的电源线和地线彼此靠近。此电路板中电源线和地线的配合比图 C.10 中恰当，产生的环路面积仅为 12.8 cm^2。电路板中电子元器件和线路受电磁干扰(EMI)的可能性降低了 697/12.8 倍或约 54 倍。

4. 模拟和数字领域布线策略的不同之处

(1) 地平面是个难题

电路板布线的基本知识既适用于模拟电路，也适用于数字电路。一个基本的经验准则是使用不间断的地平面，这一常识降低了数字电路中的 $\mathrm{d}i/\mathrm{d}t$(电流随时间的变化)效应，从而改变地的电势并使噪声进入模拟电路。数字和模拟电路的布线技巧基本相同，但有一点除外。也就是说，要将数字信号线和地平面中的回路尽量远离模拟电路。这一点可以通过如下做法来实现：将模拟地平面单独连接到系统地连接端，或者将模拟电路放置在电路板的最远端，也

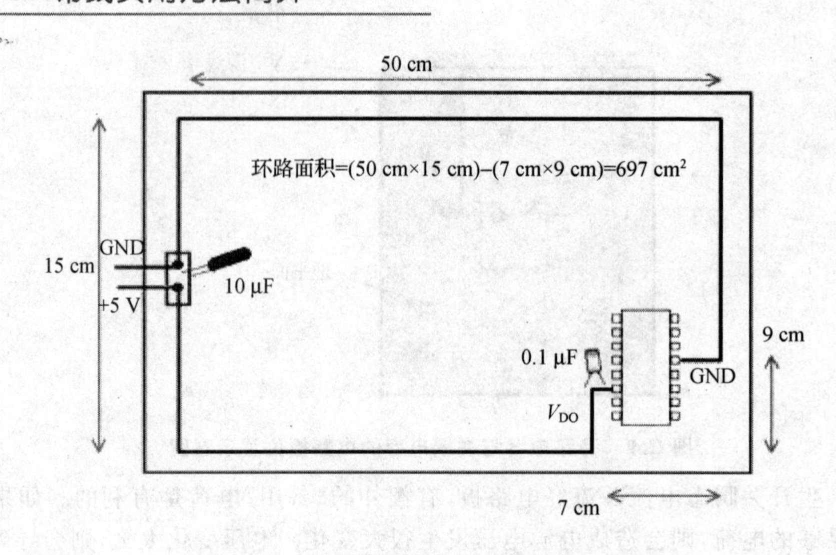

图 C.10 不恰当的电源与地线布局示意图

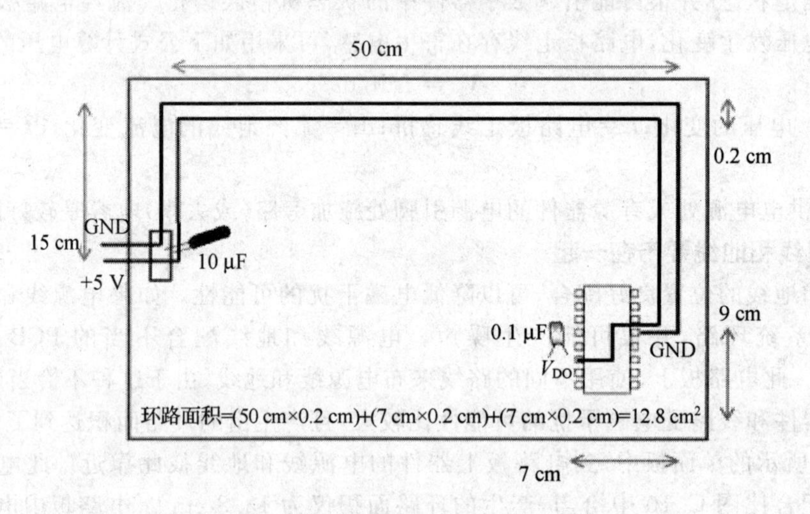

图 C.11 合理的电源与地线布局示意图

就是线路的末端，这样做是为了保持信号路径所受到的外部干扰最小。数字电路就不需要这样做，其可容忍地平面上的大量噪声，而不会出现问题。

图 C.12(a)将数字开关动作和模拟电路隔离，将电路的数字和模拟部分分开。图 C.12(b)要尽可能将高频和低频分开，高频元件要靠近电路板的接插件。

图 C.13 在 PCB 上布两条靠近的走线，很容易形成寄生电容。由于这种电容的存在，在一条走线上的快速电压变化可在另一条走线上产生电流信号。

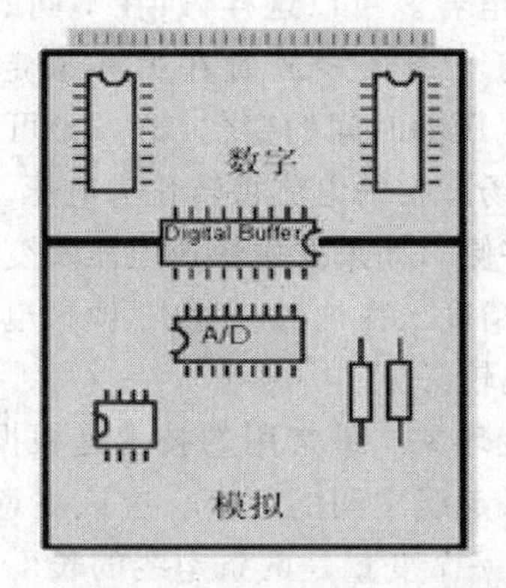

(a) 模拟模块与数字模块的位置处理

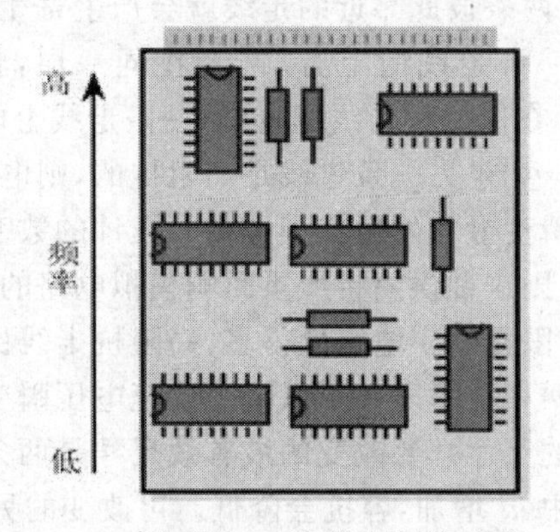

(b) 高频模块与低频模块的位置处理

图 C.12　电路模块位置摆放方法示意图

$$C=\frac{W\cdot L\cdot e_c\cdot e_f}{d}$$

W=PCB走线的厚度
L=PCB走线的长度
d=两条PCB走线之间的距离
e_c=空气的介电常数
e_f=基板的相对介电常数

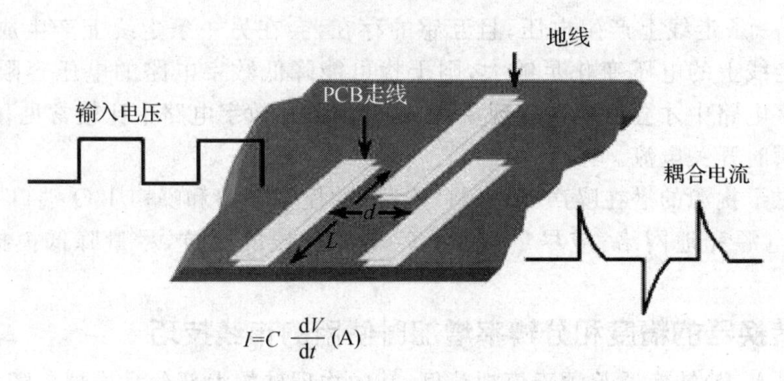

图 C.13　过近距离走线配置产生的影响

(2) 元件的位置

如上所述，在每个 PCB 设计中，电路的噪声部分和“安静”部分（非噪声部分）要分隔开。一般来说，数字电路“富含”噪声，而且对噪声不敏感（因为数字电路有较大的电压噪声容限）；相反，模拟电路的电压噪声容限就小得多。两者之中，模拟电路对开关噪声最为敏感。在混合信号系统的布线中，这两种电路要分隔开。另外，还应尽可能地将高频和低频分开，高频元件要靠近电路板的插件。电路元件位置摆放方法如图 C.12 所示。

(3) PCB 设计产生的寄生元件

PCB 设计中很容易形成可能产生问题的两种基本寄生元件：寄生电容和寄生电感。设计电路板时，放置两条彼此靠近的走线就会产生寄生电容。可以这样做：在不同的两层，将一条走线放置在另一条走线的上方；或者在同一层，将一条走线放置在另一条走线的旁边，如图C.13所示。在这两种走线配置中，一条走线上电压随时间的变化(dV/dt)可能在另一条走线上产生电流。如果另一条走线是高阻抗的，则电场产生的电流将转化为电压。

快速电压瞬变最常发生在模拟信号设计的数字侧。如果发生快速电压瞬变的走线靠近高阻抗模拟走线，则这种误差将严重影响模拟电路的精度。在这种环境中，模拟电路有两个不利的方面：噪声容限比数字电路低得多；高阻抗走线比较常见。

采用下述两种技术之一可以减少快速电压瞬变现象。最常用的技术是根据电容的方程，改变走线之间的尺寸。要改变的最有效尺寸是两条走线之间的距离。应该注意，变量d在电容方程的分母中，d增加，容抗会降低。可改变的另一个变量是两条走线的长度。在这种情况下，长度L降低，两条走线之间的容抗也会降低。

另一种技术是在这两条走线之间布地线。地线是低阻抗的，而且添加这样的另外一条走线将削弱产生干扰的电场，如图C.13所示。

电路板中寄生电感产生的原理与寄生电容形成的原理类似。也是布两条走线，在不同的两层，将一条走线放置在另一条走线的上方；或者在同一层，将一条走线放置在另一条的旁边，如图C.14所示。在这两种走线配置中，一条走线上电流随时间的变化(dI/dt)，由于这条走线的感抗，会在同一条走线上产生电压；且互感的存在，会在另一条走线上产生成比例的电流。如果在第一条走线上的电压变化足够大，则干扰可能降低数字电路的电压容限而产生误差。并不只是在数字电路中才会发生这种现象，但这种现象在数字电路中比较常见，因为数字电路中存在较大的瞬时开关电流。

为消除电磁干扰源的潜在噪声，最好将“安静”的模拟线路和噪声I/O端口分开。要设法实现低阻抗的电源和地网络，应尽量减小数字电路导线的感抗，尽量降低模拟电路的电容耦合。

5. A/D转换器的精度和分辨率增加时使用的布线技巧

最初，模数(A/D)转换器起源于模拟范例，其中物理硅的大部分是模拟。随着新的设计拓扑学发展，此范例演变为在低速A/D转换器中数字占主要部分。尽管A/D转换器片内由模拟占主导转变为由数字占主导，PCB的布线准则却没有改变。当设计混合信号电路时，为实现有效布线，仍需要关键的布线知识。

(1) 逐次逼近型A/D转换器的布线

逐次逼近型A/D转换器有8位、10位、12位、16位以及18位分辨率。最初，这些转换器的工艺和结构是带R-2R梯形电阻网络的双极型。但是最近，采用电容电荷分布拓扑将这些器件移植到了CMOS工艺。显然，这种移植并没有改变这些转换器的系统布线策略。除较高分辨率的器件外，基本的布线方法是一致的。对于这些器件，需要特别注意防止来自转换器串行或并行输出接口的数字反馈。

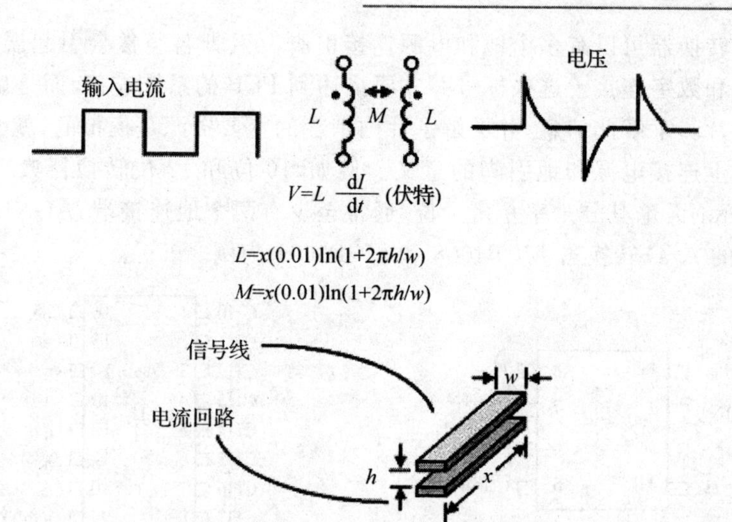

图 C.14　如果不注意走线的放置，PCB中的走线可能产生线路感抗和互感

从电路和片内专用于不同领域的资源来看，模拟在逐次逼近型 A/D 转换器中占主导地位。图 C.15 是一个 12 位 CMOS 逐次逼近型 A/D 转换器的方框图。此转换器使用了由电容阵列形成的电荷分布。

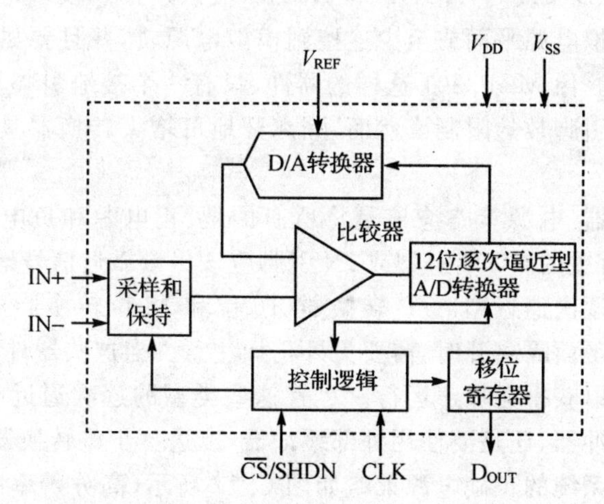

图 C.15　12 位 CMOS 逐次逼近型 A/D 转换器的方框图

在此方框图中，采样/保持、比较器、数模转换器(DAC)的大部分以及 12 位逐次逼近型 A/D 转换器都是模拟的。电路的其余部分是数字的。因此，此转换器所需的大部分能量和电流都用于内部模拟电路。此器件需要很小的数字电流，只有 D/A 转换器和数字接口会发生少量开关。

这些类型的转换器可以有多个地和电源连接引脚。引脚名经常会引起误解,因为可用引脚标号区分模拟和数字连接。这些标号并非要描述到 PCB 的系统连接,而是确定数字和模拟电流如何流出芯片。了解此信息,并了解了片内消耗的主要资源是模拟的,就会明白在相同平面(如模拟平面)上连接电源和地引脚的意义。例如,10 位和 12 位转换器典型样片的引脚配置如图 C.16 所示。无论其分辨率是多少位,通常至少有两个地连接端:AGND 和 DGND。此处以 Microchip 的 A/D 转换器 MCP4008 和 MCP3001 为例。

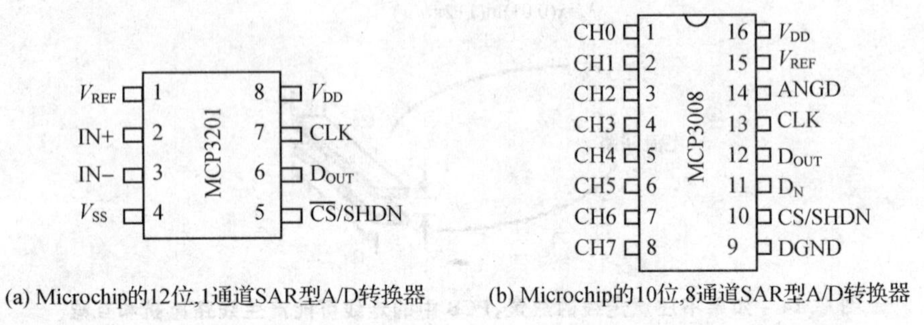

(a) Microchip的12位,1通道SAR型A/D转换器　(b) Microchip的10位,8通道SAR型A/D转换器

图 C.16 逐次逼近型 A/D 转换器

对于这些器件,通常从芯片引出两个地引脚:AGND 和 DGND。电源有一个引出引脚。当使用这些芯片实现 PCB 布线时,AGND 和 DGND 应该连接到模拟地平面。模拟和数字电源引脚也应该连接到模拟电源平面或至少连接到模拟电源轨,并且要尽可能靠近每个电源引脚连接适当的旁路电容。像 MCP3201 这样的器件,只有一个接地引脚和一个正电源引脚,其唯一的原因是由于封装引脚数的限制。然而,隔离开地可增大转换器具有良好和可重复精度的可能性。

对于所有这些转换器,电源策略应该是将所有的地、正电源和负电源引脚连接到模拟平面。而且,与输入信号有关的 COM 引脚或 IN 引脚应该尽量靠近信号地连接。

对于更高分辨率的逐次逼近型 A/D 转换器(16 位和 18 位转换器),在将数字噪声与“安静”的模拟转换器、电源平面隔离开时,需要另外稍加注意。当这些器件与单片机接口时,应该使用外部的数字缓冲器以获得无噪声运行。尽管这些类型的逐次逼近型 A/D 转换器通常在数字输出侧有内部双缓冲器,还是要使用外部缓冲器,以进一步将转换器中的模拟电路与数字总线噪声隔离开。这种系统的正确电源策略如图 C.17 所示(高分辨率的逐次逼近型 A/D 转换器)。其中,转换器的电源和地应该连接到模拟平面。然后,A/D 转换器的数字输出应使用外部的三态输出缓冲器缓冲。这些缓冲器除了具有高驱动能力外,还具有隔离模拟和数字侧的作用。

(2) 高精度Σ-△型 A/D 转换器的布线策略

高精度Σ-△型 A/D 转换器硅面积的主要部分是数字。早期生产这种转换器的时候,范例中的这种转变使用户使用 PCB 平面将数字噪声和模拟噪声隔离开。与逐次逼近型 A/D 转

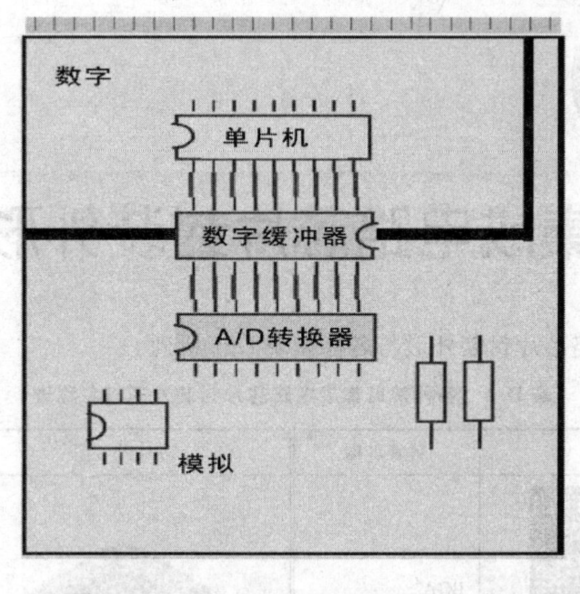

图 C.17　对于高分辨率的逐次逼近型 A/D 转换器

换器一样，这些类型 A/D 转换器可能有多个模拟地、数字地和电源引脚。工程师一般倾向于将这些引脚分开，分别连接到不同的平面。但是，这种倾向是错误的，尤其是当试图解决 16 位到 24 位精度器件的严重噪声问题时。

对于有 10 Hz 数据速率的高分辨率Σ-△型 A/D 转换器，加在转换器上的时钟(内部或外部时钟)可能为 10 MHz 或 20 MHz。此高频率时钟用于开关调制器和运行过采样引擎。对于这些电路，与逐次逼近型 A/D 转换器一样，AGND 和 DGND 引脚也是在同一地平面上连接在一起的。而且，模拟和数字电源引脚也最好在同一平面上连接在一起。对模拟和数字电源平面的要求与高分辨率逐次逼近型 A/D 转换器相同。

必须要有地平面，这意味着至少需要双面板。在此双面板上，地平面至少要覆盖整个板面积的 75%。地平面层的用途是降低接地阻抗和感抗，并提供对电磁干扰(EMI)和射频干扰(RFI)的屏蔽作用。如果在电路板的地平面侧需要有内部连接走线，那么走线要尽可能短并与地电流回路垂直。

各种常见集成电路芯片封装外形与名称表

各种常见集成电路芯片封装外形与名称如表 D.1 所列。

表 D.1 各种常见集成电路芯片封装外形与名称表

芯片外形图	封装名称	芯片外形图	封装名称
	BGA Ball Grid Array		EBGA 680L
	LBGA 160L	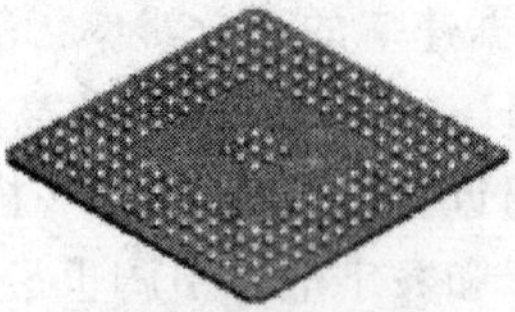	PBGA 217L Plastic Ball Grid Array
	SBGA 192L		TSBGA 680L
	CLCC		CNR Communication and Networking Riser Specification Revision 1.2

续表 D.1

芯片外形图	封装名称	芯片外形图	封装名称
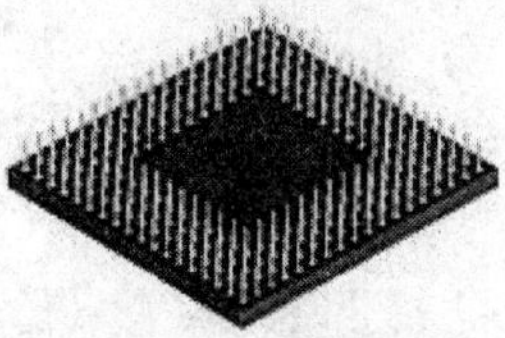	CPGA Ceramic Pin Grid Array		DIP Dual Inline Package
	DIP - tab Dual Inline Package with Metal Heat-sink	 FBGA	FBGA
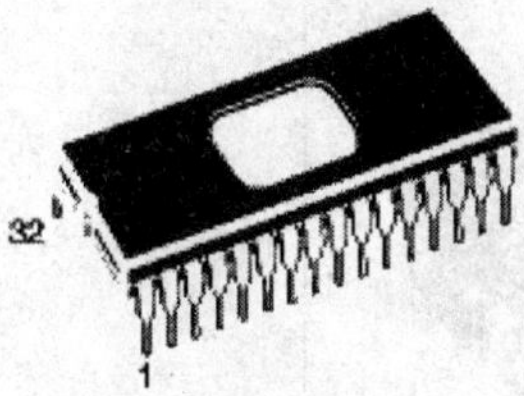 32 1	FDIP	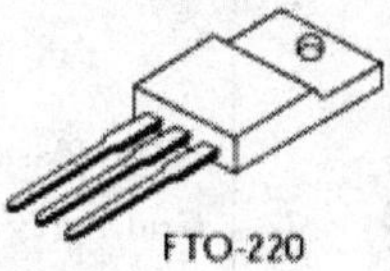 FTO-220	FTO - 220
	Flat Pack	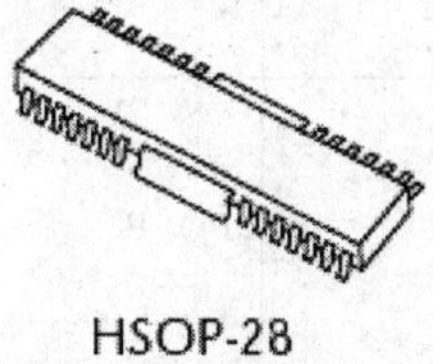 HSOP-28	HSOP - 28
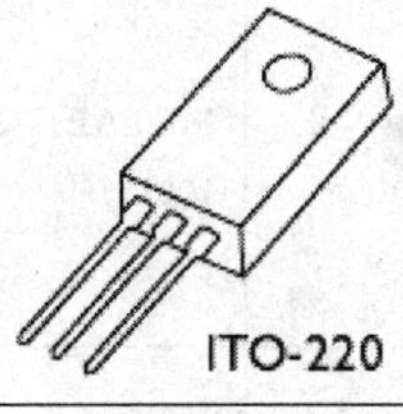 ITO-220	ITO - 220	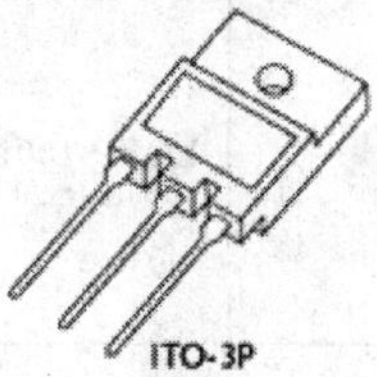 ITO-3P	ITO - 3P
	JLCC		LCC

续表 D.1

芯片外形图	封装名称	芯片外形图	封装名称
	LDCC		LGA
	LQFP		PCDIP
	PGA Plastic Pin Grid Array		PLCC
	PQFP		PSDIP
	LQFP 100L		METAL QUAD 100L
	PQFP 100L		QFP Quad Flat Package

续表 D.1

芯片外形图	封装名称	芯片外形图	封装名称
SOT-143	SOT143	STO-220	SOT220
	SOT223		SOT223
SOT-23	SOT23		SOT23/SOT323
	SOT25/SOT353		SOT26/SOT363
	SOT343		SOT523
	SOT89	SOT-89	SOT89

续表 D.1

芯片外形图	封装名称	芯片外形图	封装名称
	Socket 603 Foster		LAMINATE TC-SP 20L Chip Scale Package
	TO252		TO263/TO268
	QFP Quad Flat Package		TQFP 100L
	SBGA		SC－70 5L
	SDIP	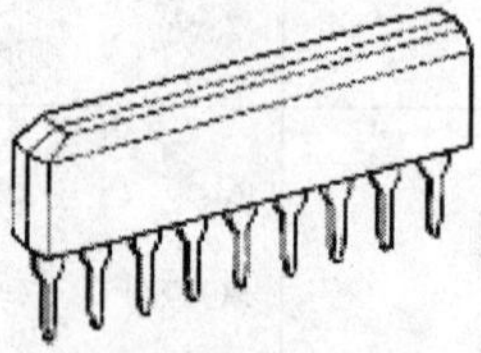	SIP Single Inline Package
	SO Small Outline Package		SOJ 32L

续表 D.1

芯片外形图	封装名称	芯片外形图	封装名称
	SOJ		SOP EIAJ TYPE II 14L
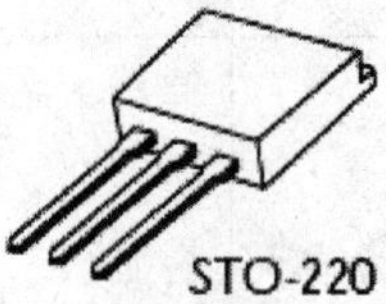 STO-220	SOT220		SSOP 16L
 TO-247	TO247		SSOP
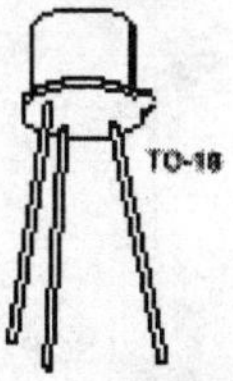 TO-18	TO18	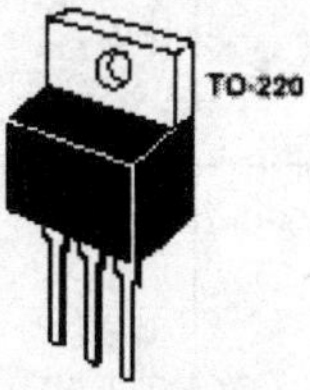 TO-220	TO220
 TO-264	TO264		TO3
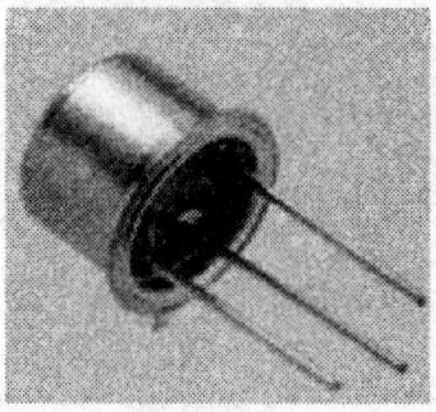	TO5	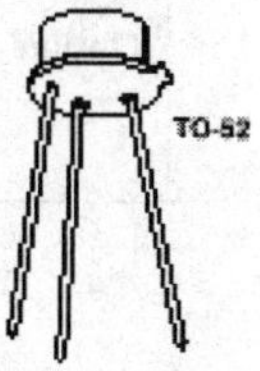 TO-52	TO52

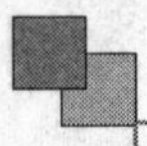

续表 D.1

芯片外形图	封装名称	芯片外形图	封装名称
 TO-71	TO71	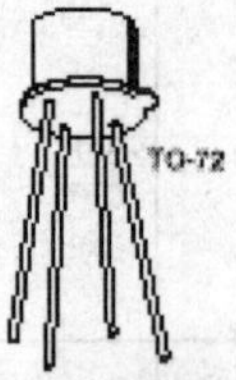 TO-72	TO72
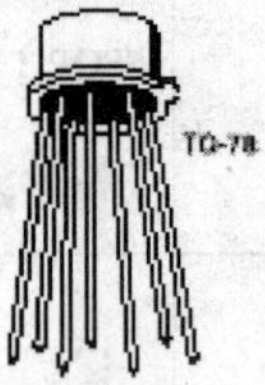 TO-78	TO78		TO8
 TO-92	TO92	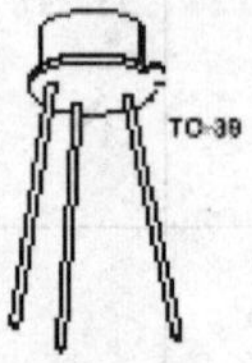 TO-39	TO93
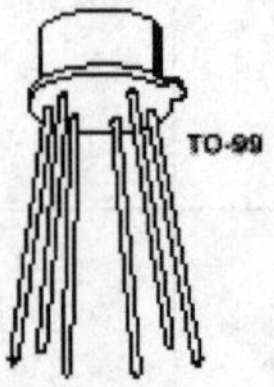 TO-99	TO99		TSOP Thin Small Outline Package
	TSSOP or TSOP II Thin Shrink Outline Package	 μBGA	uBGA Micro Ball Grid Array

续表 D.1

芯片外形图	封装名称	芯片外形图	封装名称
	uBGA Micro Ball Grid Array		ZIP Zig - Zag In-line Package
	BQFP132		C - Bend Lead
	CERQUAD Ceramic Quad Flat Pack		Ceramic Case
	LAMINATE CSP 112L Chip Scale Package		Gull Wing Leads
	PDIP		PLCC

续表 D.1

芯片外形图	封装名称	芯片外形图	封装名称
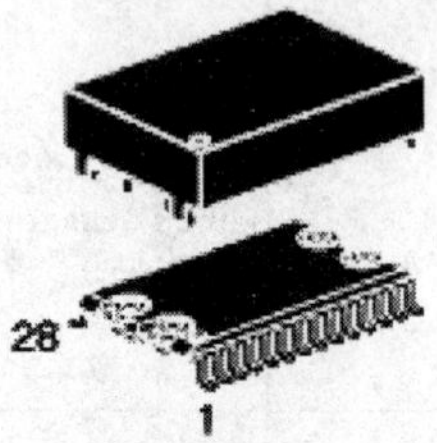 28 1	SNAPTK	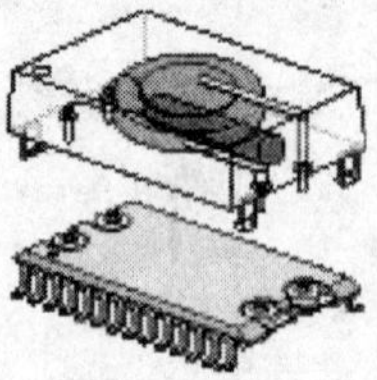	SNAPTK
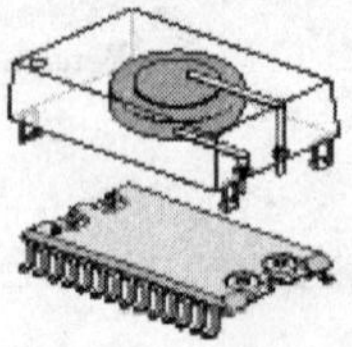	SNAPZP		SOH

参考文献

[1] 郑丽群.谈 8051 单片机开发系统及开发过程[J].中国新技术新产品.2009(4):10.

[2] 肖婧.单片机入门与趣味实验设计[M].北京:北京航空航天大学出版社,2008.

[3] 沙占友,王彦朋,孟志永,等.单片机外围电路设计[M].北京:电子工业出版社,2003.

[4] 高卫东,辛友顺,韩彦征.51 单片机原理与实践[M].北京:北京航空航天大学出版社,2009.

[5] 张靖武,周灵彬.单片机系统的 PROTEUS 设计与仿真[M].北京:电子工业出版社,2008.

[6] 张靖武,周灵彬.单片机原理、应用于 PROTEUS 仿真[M].北京:电子工业出版社,2008.

[7] 沈长生.常用电子元器件使用一读通[M].北京:人民邮电出版社,2003.

[8] 胡汉才.单片机原理及其接口技术[M].北京:清华大学出版社,2002.

[9] 潘新民,王燕芳.微型计算机控制技术[M].北京:高等教育出版社,2002.

[10] 丁彦闯,陈建权,王公.带语音功能的温湿度测量仪设计[J].电子测量技术.2008,31(3):115-124.

[11] 陶国彬.基于 AT89C2051 温度采集控制器的设计研究[J].科学技术与工程,2009,9(4):1035-1038.

[12] 居敏花.基于 AT89S52 的温湿度检测系统的设计[J].山西电子技术,2009(3):47-49.

[13] 阮忠,邹琦萍.基于 AT89S2051 单片机的单总线数字温度计设计[J].广西轻工业,2008(2):44-46.

[14] 胡绍祖,曾连荪.基于单片机的室内温度采集和控制系统[J].电脑知识与技术,2009,5(7):1743-1744.

[15] 冯平,夏颖,张治中.数字温度报警器的设计与实现[J].广东通信技术,2009(4):14-28.

[16] 刘莹,秦迎春.AT89C2051 双向温度监控系统的设计[J].国外电子元器件,2008(6):36-42.

[17] 王萍.基于 AT89C51 单片机的温度测量设计[J].硅谷,2009(2):38.

[18] 乔元劭,曹衍龙.基于 AT89C51 的豆浆液温度控制系统[J].控制与检测,2008(5):45-47.

[19] 谢玲,程明霄,蒋书波.基于 89C52 的油气分析箱体温度控制系统的设计[J].信息化纵

横,2009(7):49-52.
[20] 刘静波.基于 AT89C2051 的温度测控系统设计与分析[J].现代电子技术,2008(1):121-126.
[21] 孟武胜,李亮.基于 AT89C52 单片机的步进电机控制系统设计[J].微电机,2007,40(3):64-66.
[22] 丛君丽,刘永红,张海峰,等.基于单片机控制的步进电机高低压驱动系统设计[J].电力电子技术,2008,42(2):78-80.
[23] 严天峰.89C51 单片机 I/O 口模拟串行通信的实现方法[J].2001(2):34.
[24] 求是科技,靳达.单片机应用系统开发实例导航[M].北京:人民邮电出版社,2004.
[25] 冯先成,常翠芝,苏文静,等.单片机应用系统设计[M].北京:北京航空航天大学出版社,2009.
[26] 刘征宇,韦立华.最新 74 系列 IC 特性代换手册[M].福州:福建科学技术出版社,2002.